中国博士后科学基金资助项目

信号处理技术学术文库

信号稀疏化与应用

Sparse Methods of Signal and Its Applications

李洪安　著

西安电子科技大学出版社

内 容 简 介

本书系统地介绍了信号稀疏化理论及其应用。全书共分为两部分：第一部分介绍信号稀疏化理论、处理效果评价方法及其数学基础，帮助读者理解并掌握信号稀疏化理论的本质与特点；第二部分介绍信号稀疏化方法在检索和重构、图像修复、数字水印、图像融合等领域的应用及改进方法，以及一个基于稀疏表达的人脸身份识别系统(附源码)。

本书可供模式识别、机器学习、计算机视觉、数字图像处理和计算机图形学等专业研究人员或研究生参考、使用。

图书在版编目(CIP)数据

信号稀疏化与应用/李洪安著. 一西安：西安电子科技大学出版社，2017.10
ISBN 978 - 7 - 5606 - 4727 - 2

Ⅰ. ① 信…　Ⅱ. ① 李…　Ⅲ. ① 信号处理
Ⅳ. ① TN 911.7

中国版本图书馆 CIP 数据核字(2017)第 238658 号

策　　划　李惠萍
责任编辑　李惠萍
出版发行　西安电子科技大学出版社(西安市太白南路 2 号)
电　　话　(029)88242885　88201467　　邮　　编　710071
网　　址　www.xduph.com　　电子邮箱　xdupfxb001@163.com
经　　销　新华书店
印刷单位　陕西天意印务有限责任公司
版　　次　2017 年 10 月第 1 版　2017 年 10 月第 1 次印刷
开　　本　787 毫米×1092 毫米　1/16　印张　14
字　　数　327 千字
印　　数　1～2000 册
定　　价　30.00 元
ISBN 978 - 7 - 5606 - 4727 - 2/TN

XDUP　5019001 - 1

前　言

随着数字图像、计算机图形学、计算机视觉处理技术的快速发展，以及高采样率的数字采样设备的逐渐普及，各种信息资源如音频、数字图像和三维模型等一维或多维信息资源为人们生产、生活的各个领域提供了便利。基于信号的各种性质，时域、频域或小波域等信号处理方法层出不穷，极大地促进了信号处理技术的发展。信号稀疏化理论与方法一直受到研究人员的关注。信号稀疏化理论与方法从信号稀疏性的角度，重新认识了信号的压缩、检测和识别等问题，在计算机图形学、数字图像处理、模式识别以及自动化等工农业、辅助医疗、数字娱乐领域得到了广泛应用。

本书共9章，分为两大部分。第1章到第4章为第一部分，介绍信号稀疏化理论、方法及其数学基础，分析信号稀疏化理论的本质与特点，并介绍了信号处理效果评价方法；第5章到第9章为第二部分，介绍信号稀疏化方法在检索和重构、图像修复、数字水印、图像融合等领域的应用及改进方法，以及一个基于稀疏表达的人脸身份识别系统；附录为基于稀疏表达的人脸身份识别系统的已调试运行好的全部源代码。

本书的主要特点表现在以下几个方面：

(1) **零知识起点**。本书从信号处理基础知识讲起，能使读者了解和掌握本书理论、应用及改进方法所必须掌握的基础知识，为读者扫除因缺乏基础知识而难以理解本书主要内容的障碍，有助于读者迅速掌握理论方法的本质。

(2) **内容系统全面**。本书内容包括理论基础、应用背景及研究现状、理论方法、应用及改进方法，即包含了一个课题研究的全部环节，能使读者系统地了解和掌握信号稀疏化理论与方法的整套知识。每章都附有参考文献及扩展阅读资料，有助于读者拓宽知识面，更加深入了解本章内容。

(3) **语言精练，可读性强**。本书作者力求把基本理论用自己理解后的最简洁的语言表达出来，避免过于复杂的数学推导，提高可读性和可用性。

本书从谋篇布局到具体细节均得到了李占利教授的悉心指导与帮助。在做课题和写作过程中，课题组杜卓明博士、张雷博士、张永新博士、王开同学和作者的三个师妹王琪、张迪、鲍振华为本书提供了宝贵资料和积极帮助。全书各章节由西安科技大学李洪安老师编写。西安电子科技大学出版社的李惠萍编辑为本书的顺利出版做了大量细致、辛勤的工作。李三乐博士也对本书的出版做了一定的工作。本书的研究工作得到中国博士后科学基金资助项目(No. 2016M602941XB)和陕西省教育厅科研计划项目(No. 16JK1497)的支持。在做课题的过程中作者研读了一些非常优秀的网页资源和程序代码，参考文献中未能全部列出，在此特向所有文献作者一并表示诚挚的感谢!

由于作者水平有限，书中难免会出现错误和不准确之处，恳请广大读者批评指正，提出宝贵意见，并欢迎与作者直接沟通交流。

作　者
2017年8月

目录

第 1 章　绪　论

人们日常生活中的音频、数字图像或三维模型等，在计算机中均可以看作一簇一维或多维信号。这些自然信号可以被压缩成稀疏化表达形式，即将信号看成是有限个元素的线性组合，用尽可能少的非 0 系数表示信号的主要信息，或将信号进行分解，利用信号的主要成分来更好地表达该信号，从而简化信号处理过程，提高处理效果。本章介绍信号的概念、研究背景，并简要介绍了本书后续所要介绍的几个信号稀疏化研究方向以及对应用效果的评价方法。

1.1　信　号

现今社会是一个信息社会，多媒体技术是现代社会不可或缺的，并已渗透到人们日常生活的方方面面。人们进行信息交流、处理、传输和存储主要采用声音、文字、图像或视频等多种媒体形式(如图 1.1 所示)。

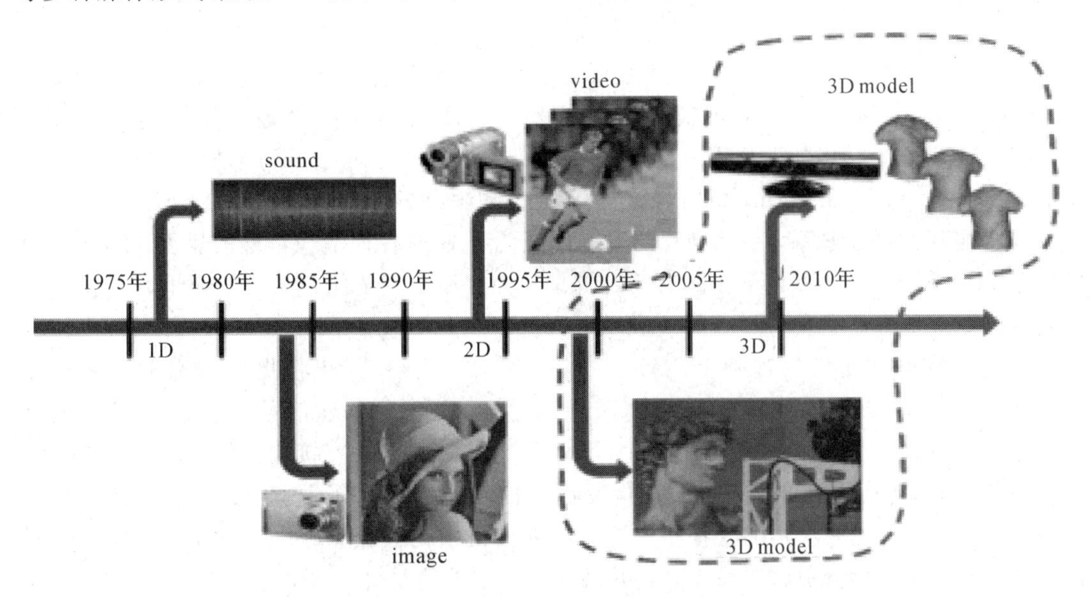

图 1.1　信号形式的发展时间表

信号是信息的表现形式，通常体现为随若干变量而变化的某种物理量。例如，在日常生活中，声音、电视画面都是信号；在电子信息系统中，常用的电压、电流、电荷或磁通等电信号可以理解为是时间 t 或其他变量的函数；在气象观测中，由探空气球携带仪器测量得到的温度、气压等数据信号，可看成是随海拔高度 h 变化的函数；又如在图像处理系统中，描述平面黑白图像像素灰度变化情况的图像信号，可以表示为平面坐标位置(x, y)的

函数，等等。很多物理量在数学上都可以描述为一个或多个独立变量的函数。只有一个自变量的，叫做一维信号；如果有两个自变量，则称为二维信号(图像)；如果有三个自变量，就称为三维信号(例如三维模型)。简言之，在计算机中音频、数字图像或三维模型可以看做一个一维或多维信号。近年来，随着数字图像、计算机图形学、计算机视觉的快速发展，以及高采样率的数字采样设备的逐渐普及，高频率的多维信号在许多应用领域扮演着越来越重要的角色，如三维打印技术、医学影像、虚拟现实、工业设计、影视动画以及分子生物学等，故而技术人员面临着日益膨胀的海量数据。

1.2 信号稀疏化研究背景

随着人类社会的进步与发展，从远古时代的山洞壁画到文艺复兴时期的各种绘画杰作，再到现在的多媒体网络技术，人类一直试图通过各种信号向世界传达和交换各种信息。现代网络科学技术已经集成了各种信息资源，音频、数字图像和三维模型等作为一种高效而又直观的信息资源，不仅为人类生活的各个领域提供了便利，也成为现代社会信息技术的一种“符号”。然而面对人们日益增长的信息需求，这些信息变得越来越庞大，其处理速度也要求越来越快。这些无疑将给现有的存储、传输和处理技术带来巨大的压力。因此寻找一种符合信号自身规律，并且能够有效而又简洁地表示信息的方法，具有十分重要的意义。

信号处理一般分为信号的表示、信号的编码以及信号的重建或恢复等几个方面。而信号的表示是信号处理的核心问题，也是这一领域学者们关注的焦点之一。我们知道一般自然信号都存在其先验知识，即信号的自身规律表明其存在一定的稀疏性。法国数学家傅里叶提出了两个重要的理论：① 周期信号可以表示为“成谐波关系”的正弦信号的加权和；② 非周期信号可以表示为正弦信号的加权积分。这就是著名的傅里叶变换(Fourier Transform，FT)。其中快速傅里叶变换(Fast Fourier Transform，FFT)是离散傅里叶变换(Discrete Fourier Transform，DFT)的快速算法，它满足了香农采样定理的要求，揭示了时域与频域之间的内在联系，在相当长的时间内成为了处理各种平稳信号的重要工具。傅里叶频谱分析采用的三角基函数是具有一定周期、一定波长的光滑函数，但傅里叶变换不能对存在间断点的非平稳信号进行稀疏表示。

在离散傅里叶变换的基础上，Ahmed 等人于 20 世纪 70 年代提出了离散余弦变换(Discrete Cosine Transform，DCT)。DCT 只使用余弦函数来表达信号，它通常是将空间域上的信号经过正交变换映射到系数空间，降低了变换后系数的直接相关性。信号变换本身不改变信源的熵值，即不能压缩数据；但变换后信号能量绝大部分集中到了少量的变换大系数上，而对于其他的大量的变换小系数，则进行粗量化甚至删除。这种方法保留了信号的主要信息，几乎不会引起图像失真，可以有效地压缩信号并达到很高的压缩比。DCT 在现代信号和图像处理中得到了广泛的应用，是一种性能优良的数据稀疏表示方式，被应用于静止图像编码标准 JPEG、运动图像编码标准 MJPEG 和 MPEG 等标准中。DCT 具有很强的能量集中在频谱的低频部分的特性，可以更好地表达信号，从而获得更高的压缩效率。

然而，傅里叶变换、离散余弦变换、小波变换等传统的稀疏数据表示方式，在信号分解变换时，均需根据信号自身的特点，将信号分解在一组完备的正交基上，从而在这些变换域上表达原始信号。这种方式的特点是给定信号的表示形式唯一，一旦信号的特性与基函数不完全匹配，则所获得的分解就不一定是信号的稀疏表示。在小波分析理论的基础上，Mallat 和 Zhang 提出了信号基于过完备字典(Overcomplete Dictionary)上的分解思想，通过信号在过完备字典上的分解，用来表示信号的基可以自适应地根据信号本身的特点灵活选取。该种方法就是信号的稀疏表示(Sparse Representation，SR)，它可以用尽量少的基函数来准确地表示原始信号，并且信号的稀疏性越强，重建原信号的精度就越高。近年来随着压缩传感(Compressed Sensing，CS)与稀疏表示理论的兴起，SR 作为一种新的信号采样方式，打破了香农采样定理的局限，在信号数据表示的研究与应用中，引起了大批学者的广泛关注。

Starck 等基于稀疏表示理论提出了形态成分分析(Morphological Component Analysis，MCA)法。该方法假设自然信号能够表示为不同形态成分的线性组合，分别使用不同的字典对各个形态成分进行稀疏表示，通过迭代可以将自然信号分解成不同的成分。利用 MCA 把图像分解成卡通层和稀疏纹理层，并在分解的同时实现对卡通层和纹理层的处理，最后将两部分相加获得最终结果。鲁棒主成分分析(Robust Principal Component Analysis，RPCA)方法主要是引入适当的非线性处理操作来达到提高算法鲁棒性的目的，即通过寻求子空间的线性模型来完成数据的稀疏降维处理，把较大的数据矩阵分解成低秩矩阵和稀疏矩阵。MCA 和 RPCA 在不同的应用领域取得了较好的处理效果。

因此我们可以把信号的稀疏表示和分解理论应用到信号处理问题中，其目的在于捕获信号的本质特征，只对那些体现信号特征的重要信息感兴趣，从而利用最少的资源表示更多的信息。良好的信号数据表示模型有助于信号的数据度量、数据处理、数据理解与压缩等；一种好的数据模型可以将信号进行有效的区分(如区分信号与噪声等)，并能影响到数据处理算法的设计与性能。

1.3　本书关于信号稀疏化应用的研究

1.3.1　稀疏表达信号的检索与重构算法

如何使设计人员能够从海量的信息中快速、准确地找到合适的可重用信息，从而辅助他们利用这些信息资源高效地设计出满足要求的新产品已成为当前迫切需要解决的挑战性问题。针对这一问题，本书以支持设计重用为目标，对稀疏表达信号的检索与重构(或称恢复)展开研究。对稀疏表达信号的检索与重构是稀疏表达方法得以应用的前提。

1. 基于新拟合函数的稀疏表达信号的重构方法

针对最优化 l_1 范数恢复压缩感知信号过程中的不可解情况，本书提出一种压缩感知信号快速重构方法。该方法从最优化 l_0 范数的观点出发，设计了新的目标函数拟合信号 l_0 范数，以避免求解 NP 问题及不可解情况；求解过程中本书提出了一种类牛顿法的搜索方向进行求解，使求解速度达到线性速度。实验结果表明，此方法重构的成功率高、稳定性强、速度快，适合处理大型数据。

2. 光滑正则化稀疏表达信号重构方法

针对不定线性系统稀疏解三种求解方法不够鲁棒的问题，最小化 l_0 范数属于 NP 问题，

最小化 l_1 范数的无解情况以及最小化 l_p 范数的非凸问题，本书提出了一种基于光滑正则凸优化的方法进行求解。为了获得全局最优解并保证算法的鲁棒性，首先设计了全空间信号 l_0 范数凸拟合函数作为优化的目标函数；其次，将 n 元函数优化问题转变为 n 个一元函数优化问题；最后，求解过程中利用快速收缩算法进行求解，使收敛速度达到二阶收敛。该算法无论在仿真数据集还是在真实数据集上，都取得了优于其他三种类型算法的效果。在仿真实验中，当信号维数大于 150 维时，该方法重构时间为其他算法的 50%左右，具有快速性；在真实数据实验中，该方法重构出的信号与原始信号差的 F 范数为其他算法的 70%，具有良好的鲁棒性。此算法为二阶收敛的凸优化算法，可确保快速收敛到全局最优解，适合处理大型数据，在信息检索、字典学习和图像压缩等领域具有较高的潜在应用价值。

3. 稀疏表达的三维模型检索方法

三维模型检索是近年来的研究热点，三维模型检索过程分为特征提取过程与匹配过程。特征提取过程要提取三维模型库中每个模型的特征，构建三维模型库的特征库。若模型库中有 n 个模型，每个模型提取的特征为 m 维，则三维模型库的特征库可以由一个 $m\times n$ 的矩阵表示，即 $\boldsymbol{A}_{m\times n}$。待检索对象经特征提取后表示为一个 $m\times 1$ 的向量，即 $\boldsymbol{y}_{m\times 1}$；匹配过程要依次计算 $\boldsymbol{y}$ 与 $\boldsymbol{A}$ 各列的欧氏距离，得到 n 个距离值，即 $\mathrm{dis}(\boldsymbol{y}, \boldsymbol{A}(:, i))$；最后比较 n 个距离值，取出前 l 个较小的距离，并返回其对应的模型完成检索。将稀疏化表达方法应用到大规模的三维模型检索上，把三维模型的检索过程转变为求解最稀疏解的优化过程，定义新的 l_0 范数拟合函数，完成优化问题的鲁棒求解。实验表明此方法优于目前广泛使用的最优化 l_1 范数的方法。

在稀疏化表达的模型匹配方法与稀疏化主成分分析降维方法的基础上，本书提出了改进的稀疏核主成分分析方法。实验表明改进的稀疏核主成分分析的模型检索效果良好，查全率与查准率均高于稀疏化主成分分析方法。

1.3.2 稀疏化图像修复算法

图像修复是图像处理和模式识别领域中非常重要的分支，近年来已经引起越来越多研究人员的关注。其基本思想是根据破损图像中的有效信息，对破损区域中的缺损信息进行有效估计，使修复之后的图像在整体上更加协调，并且使不熟悉原始图像的人觉察不到修复痕迹，如图 1.2 所示。目前，图像修复技术在老照片和珍贵文献资料的修复、文物保护、机器人视觉等各个领域发挥了越来越重要的作用。因此，对图像修复方法进行广泛深入的研究具有非常重要的现实意义。本书对图像修复的相关方法以及稀疏表示的相关理论进行研究。

(a) 原始图像　　(b) 破损图像　　(c) 修复效果

图 1.2 图像修复效果

从图像修复的角度出发，边缘提取的根本目的是提取对象的主要边缘轮廓，并且尽可能避免由复杂纹理细节造成的孤立和琐碎的边缘，提出一种基于形态成分分析(Morphological Component Analysis，MCA)的边缘提取方法。首先利用 MCA 方法把图像进行分解，得到平滑层和纹理层(如图 1.3 所示)，然后在平滑层上利用 Otsu 算法估计自适应阈值，最后根据非极大值抑制算法对图像的边缘进行提取。该方法可以避免过多复杂纹理对边缘图像的影响，使边缘图像只保留对象的主要轮廓。

(a) 原图　　(b) 平滑层　　(c) 纹理层

图 1.3　MCA 图像稀疏性分解

针对传统的图像修复方法不能很好地保持对象轮廓的连续性和完整性的问题，首先利用基于 MCA 的边缘提取方法提取边缘图像，对破损的边缘进行修复。针对非局部均值的修复方法容易导致纹理细节模糊的问题，本书提出了一种基于非局部均值的自适应方法。然后，在已修复边缘的引导下，利用非局部均值的自适应修复方法分别对破损图像的边缘区域和其余区域进行修复。该方法可以有效保护对象轮廓的连续性，提高图像修复效果。

1.3.3　稀疏化数字水印算法

以数字水印作为各类数字产品版权保护的支撑技术正在迅猛发展，这使得针对水印技术的研究成为当前信息安全领域研究的热点。数字水印算法对各类常见攻击抵抗能力的强弱直接决定着该算法性能的优良与否。因此，增强算法的鲁棒性，提高算法的透明性，是水印研究领域的重中之重。本书在深入分析图像水印算法研究现状的基础上，综合运用 MCA 和 RPCA 理论的特性，对现有方法导致原始载体图像像素质量严重下降的问题和对常见攻击抵抗能力不强的问题展开了深入研究。

1. 基于 MCA 的图像数字水印算法

形态成分分析是一种用于对信号或者图像进行基于稀疏表示的分解方法。它利用适应于不同形态特征的字典分别对图像进行稀疏表示，将图像中的不同特征成分进行有效分离。利用该方法可以有效地把自然图像分解成稀疏的纹理层和平滑层，其中纹理层包含图像中主要的纹理成分，而平滑层则包含图像中主要的平滑成分。

针对水印算法易导致载体图像像素质量严重下降，且对常见攻击鲁棒性不强的问题，分层嵌入的思想被提出。利用 MCA 将图像分为稀疏的纹理层和平滑层；然后对纹理层进

行 DCT 变换并嵌入水印；最后合并这两层得到含水印的图像。数值实验表明，该算法不仅能获得较高的视觉质量，而且能十分有效地抵抗一定程度的裁切攻击，同时对椒盐噪声(一种脉冲噪声)攻击和 JPEG 有损压缩攻击也都具有很强的抵抗能力。

2. 基于 RPCA 的图像数字水印算法

鲁棒主成分分析(Robust Principal Component Analysis，RPCA)方法的主要实现思路是用低秩矩阵 $\boldsymbol{A}$ 和稀疏矩阵 $\boldsymbol{E}$ 的总和来共同表示较大的数据矩阵 $\boldsymbol{D}$，$\boldsymbol{A}$ 和 $\boldsymbol{E}$ 可以通过 $\boldsymbol{D}$ 的分解处理得到，如图 1.4 所示。其克服了在传统 PCA 中只能存在极少噪声的缺点。在 RPCA 中，$\boldsymbol{E}$ 中的值可以为任意大小，但支撑集却是未知且稀疏的。

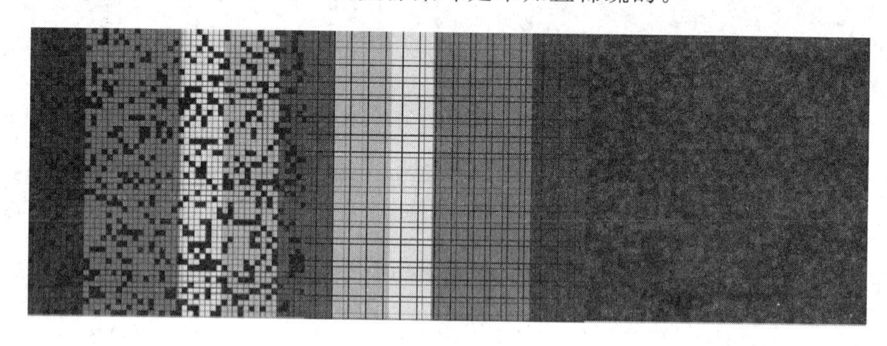

(a) 数据矩阵　　(b) 低秩矩阵　　(c) 稀疏矩阵

图 1.4　RPCA 图像稀疏性分解

针对水印算法易导致载体图像像素质量严重下降，且对常见攻击鲁棒性不强的问题，利用 RPCA 实现原始图像的分层操作。对分层后的纹理部分进行 DCT 变换并嵌入水印，然后合并所有分层得到含水印图像。数值实验表明，该算法不仅能获得较高的视觉质量，而且对一定程度的裁切攻击和椒盐噪声攻击也具有很强的抵抗能力。

1.3.4　基于图像分解的多聚焦图像融合算法

多聚焦图像融合是多源图像融合领域的一个重要分支，主要用于同一光学传感器在相同成像条件下获取的聚焦目标不同的多幅图像的融合处理。由于聚焦范围有限，光学成像系统不能将焦点内外的所有目标同时清晰成像，导致图像分析时需要耗费大量时间和精力。多聚焦图像融合是一种解决光学成像系统聚焦范围局限性问题的有效方法，可以有效提高图像信息的利用率，扩大系统工作范围，增强系统可靠性，更加准确地描述场景中的目标信息。目前，该技术广泛应用于交通、医疗、物流、军事等领域。多聚焦图像像素级融合是多聚焦图像融合的基础，它获得的原始信息最多，能够提供更多的细节信息。如何准确定位并有效提取源图像中的聚焦区域是多聚焦图像像素级融合的关键。由于受图像内容复杂性影响，传统的多聚焦图像像素级融合方法很难对源图像中聚焦区域准确定位，且融合图像质量并不理想。

在空间域内，根据图像分解方法对图像几何特征和潜在信息描述的完整性，利用图像分解的方法来实现多聚焦图像多成分融合算法。该算法利用图像分解算法将源图像分解为卡通成分和纹理成分，根据相应的融合规则将源图像的卡通成分和纹理成分分别融合，将融合后的卡通成分和纹理成分进行合并得到融合图像，避免了外部噪声和划痕破损对融合算法的影响。实验结果表明，此融合算法能够更好地描述源图像中的边缘纹理等细节信息，改善了融合图像的视觉效果。

1.3.5 基于稀疏表达的人脸身份识别系统

人脸特征是一种内在属性，拥有其独特性，是身份识别认证的一种良好根据。人脸识别技术主要分为人脸训练和人脸检测过程，其中人脸训练是将已有的照片应用某种算法进行压缩并存储在数据库中供人脸检测使用，人脸检测是将采集的即时人脸使用相同的算法对照片进行无损压缩并和人脸训练过程的压缩照片进行对比的一个过程。此技术不仅涉及生物特征识别领域而且涉及人工智能领域。本书经过对人脸识别算法的研究与学习，采用基于稀疏表示的人脸识别算法，利用 MATLAB 开发环境开发实现一个人脸身份识别系统（如图 1.5 所示）。

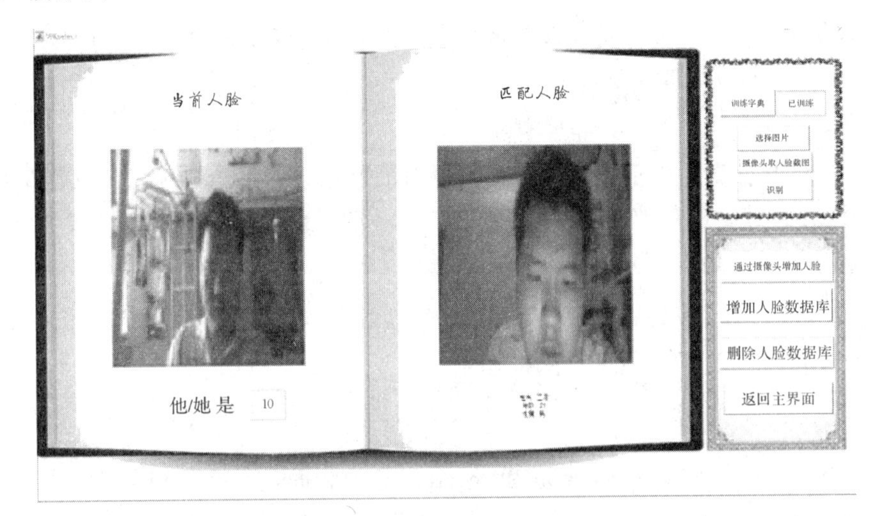

图 1.5 通过摄像头获取人脸进行人脸匹配

稀疏表示人脸识别算法是在保证人脸库的人脸信息对齐的情况下，利用人脸库中的所有人脸类中的人脸信息，构成训练字典。将测试样本由训练字典表示，获得系数向量。通过系数向量分别提取单个人脸类的系数向量，然后分别进行最小残差计算，根据其计算结果获取匹配人脸类。系统中采用压缩存储的方式生成训练字典，降低了运算量，具有运算速度快、识别快的优点。系统采用了稀疏表示分类(Sparse Representation based Classification，SRC)人脸识别方法，该算法对遮挡型误差有着较好的识别率。该系统实现起来较为简单，且具有较高的识别率。本书附录部分为此系统运行调试好的全部程序源代码。

1.4 应用效果评价方法

1.4.1 信号检索性能评价方法

对于各种信号特征提取算法，目前还难以验证其对信号描述的完整性和精准程度。当检索系统返回给检索者一个检索结果时，如何评价一个特征提取算法的质量，需要有一个量化的标准。目前，一般采用如下几种方法来评价特征提取算法的检索性能。

1. Precision-Recall 曲线

Precision-Recall 曲线是度量系统检索性能的曲线图，其纵坐标是精度或查准率，横坐标是查全率。查准率是系统返回的信号中正确的信号数目占全部返回信号的比例，查全率是系统返回的正确信号数占全部相关信号的比例。一般情况下，查准率和查全率都与系统返回的信号数量有关，查全率与返回的信号数量成正比，而查准率与返回的信号数量成反比。设集合 A 为全部相关信号的集合，B 为系统全部返回的信号的集合，则查准率和查全率可以表示为

$$\text{precision} = \frac{A \cap B}{B} \tag{1.1}$$

$$\text{recall} = \frac{A \cap B}{A} \tag{1.2}$$

查全率和查准率越高越好，综合考虑这两种指标，曲线越接近上方，其与坐标轴所包围的面积越大，说明检索性能越好。

2. R-Precision

R-Precision 指标表示当系统返回相关信号的个数是 R 时的查准率，其值越高说明检索性能越好。

3. E-Measure

如果把查准率与查全率组合成一个指标来评价检索的性能，这个指标就称为 E-Measure。首先定义查准率与查全率的加权调和平均值为

$$F_{\alpha} = \frac{(1+\alpha)\times \text{precision} \times \text{recall}}{\alpha \times \text{precision} + \text{recall}} \tag{1.3}$$

其中，α 为权值。当 $\alpha=1$ 时，precision 和 recall 的权值相同：

$$F = 2 \times \frac{\text{precision} \times \text{recall}}{\text{precision} + \text{recall}} \tag{1.4}$$

定义 E-Measure 为 $E=1-F$，即

$$E = 1 - \frac{2}{\dfrac{1}{\text{precision}} + \dfrac{1}{\text{recall}}} \tag{1.5}$$

通过计算每个信号的 Precision-Recall 曲线上的所有点，就可以得到 E-Measure，其值越大表明检索性能越好。

4. 第一等级匹配(First-tier)与第二等级匹配(Second-tier)

第一等级匹配与第二等级匹配描述的是系统返回的结果对检索者心里的预期满足程度，其公式为

$$\text{First\_tier} = \frac{K}{|C|-1} \tag{1.6}$$

$$\text{Second\_tier} = \frac{K}{2\times(|C|-1)} \tag{1.7}$$

其中，$|C|$ 是对类型为 C 的模型进行检索的相关信号数量，系统返回的正确信号的数量为 K。由公式可看出其值越高说明检索性能越好。

5. CG(Cumulated Gain)和DCG(Discounted Cumulated Gain)

CG和DCG是指系统返回的每个信号根据其在返回模型表中的位置来计算对评价指标结果的贡献。在返回信号表中排序越靠前的信号对检索者的价值就越大，排在后面的价值就越小。设系统的返回模型表为$L=[m_1, m_2, \cdots]$，将其转换为二值序列：

$$G' = [r_{m_1}, r_{m_2}, \cdots], \quad r_{m_i} = \begin{cases} 1, & m_i \in R \\ 0, & m_i \notin R \end{cases} \tag{1.8}$$

R是相关信号集合。CG可定义为

$$\mathrm{CG}[i] = \begin{cases} \mathrm{CG}[1], & 若\ i=1 \\ \mathrm{CG}[i-1]+\mathrm{G}[i], & 其他 \end{cases} \tag{1.9}$$

DCG可定义为

$$\mathrm{DCG}[i] = \begin{cases} G[1], & 若\ i=1 \\ \mathrm{DCG}[i-1]+\dfrac{G[i]}{\log_2 i}, & 其他 \end{cases} \tag{1.10}$$

由公式可看出，其值越大说明检索性能越好(注：本书$\log_2$未用lb表示)。

上述五种评价方法从不同的角度来量化地评价一个信号检索系统的性能。评价一个检索方法还应该考虑下面几个方面：检索速度、鲁棒性、能检索的信号的数据格式和是否支持局部特征的匹配等。

1.4.2 图像修复效果评价方法

由于图像修复技术引起众多研究者的密切关注，各种不同的修复方法也相继被提出。对于相同的破损图像，采用不同的修复方法进行修复，得到的修复结果也不尽相同。因此，如何对图像修复效果进行客观地、定量地、系统地评价，对于图像修复方法的研究至关重要。但是，由于受到个体主观差异、图像的类型以及修复的目的等因素的影响，并没有形成统一的评价体系。

1. 主观评价

主观评价从是否满足视觉心理的角度评价图像的修复效果，带有较强的个人主观意识和情感。它以人为评价主体，以修复图像为评价客体，根据修复图像的整体视觉、边缘结构的连续性、纹理细节的清晰完整性以及颜色的协调性等方面进行评价。虽然国际上通用的主观视觉评价标准有5分制、9分制和11分制等分类，但是，这一过程受评价主体个体差异、兴趣爱好等主观因素以及修复的目的、评价的环境等客观因素的影响非常大，因此，在评价过程中往往存在较强的片面性和主观性。

2. 客观评价

由于主观视觉对图像差异的敏感程度并非绝对，其主观判断结果往往与很多客观因素紧密相连。因此，研究者们经过大量观察和统计分析，提出了一系列客观评价的指标，在一定程度上可以减少主观色彩，使图像修复结果的评价更加准确。

1) 峰值信噪比(Peak Signal-to-Noise Ratio，PSNR)

PSNR根据图像灰度值之间的差异进行分析计算，经常用来衡量信号的失真程度，可以根据PSNR反映修复图像与原始图像之间的差异程度，以此对修复效果进行判断。

假设 $f(x, y)$ 和 $\hat{f}(x, y)$ 分别是像素 (x, y) 在修复前后的灰度值，对于一幅 $M\times N$ 的图像，其 PSNR 值定义为

$$\text{PSNR}=10\times\lg\frac{255^2}{\left(\sum_{x=0}^{M-1}\sum_{y=0}^{N-1}[f(x, y)-\hat{f}(x, y)]^2\right)/MN}\quad(\lg=\log_{10})\tag{1.11}$$

2）均方根误差(Root Mean Square Error，RMSE)

对于一幅 $M\times N$ 的图像，其 RMSE 值定义为

$$\text{RMSE}=\left[\frac{1}{MN}\sum_{x=0}^{M-1}\sum_{y=0}^{N-1}[f(x, y)-\hat{f}(x, y)]^2\right]^{1/2}\tag{1.12}$$

3）平方误差的方差(Variation of Square Error，VSE)

在图像中，对应位置上像素的平方误差定义为

$$e(x, y)=(f(x, y)-\hat{f}(x, y))^2\tag{1.13}$$

整幅图像的均方误差(Mean Square Error，MSE)定义为

$$\bar{e}=\frac{1}{MN}\sum_{x=0}^{M-1}\sum_{y=0}^{N-1}[f(x, y)-\hat{f}(x, y)]^2\tag{1.14}$$

则 VSE 定义为

$$\text{VSE}=\frac{1}{MN-1}\sum_{x=0}^{M-1}\sum_{y=0}^{N-1}[e(x, y)-\bar{e}]^2\tag{1.15}$$

相应地，VSE 的标准差(Standard Deviation of Square Error，SDSE)定义为

$$\text{SDSE}=\sqrt{\text{VSE}}=\sqrt{\frac{1}{MN-1}\sum_{x=0}^{M-1}\sum_{y=0}^{N-1}[e(x, y)-\bar{e}]^2}\tag{1.16}$$

4）结构相似度(Structure Similarity，SSIM)

SSIM 指标主要是从主观视觉心理的角度出发，通过亮度、对比度和结构三方面衡量图像在结构信息上的相似程度。SSIM 分别利用均值、标准差和协方差对亮度、对比度和结构进行评估。SSIM 定义为

$$\text{SSIM}(f, \hat{f})=[l(f, \hat{f})]^{\alpha}\times[c(f, \hat{f})]^{\beta}\times[s(f, \hat{f})]^{\gamma}\tag{1.17}$$

其中，$\alpha>0$，$\beta>0$，$\gamma>0$，α、β、γ 用来调整三部分之间的权重。$l(f, \hat{f})$ 为亮度函数，定义为

$$l(f, \hat{f})=\frac{2u_f u_{\hat{f}}+C_1}{u_f^2+u_{\hat{f}}^2+C_1},\ C_1=(K_1L)^2\tag{1.18}$$

其中：L 为像素的动态变化范围，对于灰度图像，其值为 255；$K_1\ll1$，为常数；u_f 和 $u_{\hat{f}}$ 分别为图像的亮度均值。

$c(f, \hat{f})$ 为对比度函数，定义为

$$c(f, \hat{f})=\frac{2\sigma_f\sigma_{\hat{f}}+C_2}{\sigma_f^2+\sigma_{\hat{f}}^2+C_2},\ C_2=(K_2L)^2\tag{1.19}$$

其中：σ_f 和 $\sigma_{\hat{f}}$ 分别为图像的标准差；$K_2\ll1$，为常数。

$s(f, \hat{f})$ 是结构函数，定义为

$$s(f, \hat{f})=\frac{\sigma_{f\hat{f}}+C_3}{\sigma_f\sigma_{\hat{f}}+C_3}\tag{1.20}$$

其中，$C_3=C_2/2$。

在以上几个评价指标中，PSNR、SSIM 值越大，RMSE、VSE 值越小，即修复结果与

原始图像越相似，则认为修复效果相对越好。在具体实验过程中，如果进行去除划痕、填补空洞、去除文字覆盖等修复，则经常采用客观评价指标对修复结果进行评价。如果进行目标移除等修复操作，则经常对修复结果进行主观评价，从是否满足人的视觉心理的角度衡量修复结果，包括从图像的整体视觉、边缘轮廓的连续和完整、纹理细节的清晰等方面进行评价。

1.4.3 数字水印算法效果评价方法

透明性和鲁棒性是评判图像数字水印技术性能优劣的两个重要依据，两者相依相存，缺一不可。水印算法的嵌入强度和抵抗各类攻击的鲁棒性通常与水印信息的嵌入量成正比，而与透明性成反比。因此，在设计相应的水印算法时，应当综合全面地考虑和优化平衡该算法的鲁棒性和透明性。针对水印算法的评价标准大体上可分为主观评价和客观评价两大类。透明性是主观评价的依据，鲁棒性是客观评价的依据，客观评价的依据包含两个方面：峰值信噪比和归一化系数。

1. 主观评价

主观评价法是指结合人眼视觉系统(Human Visual System，HVS)的特性，由不同的观察者依据自身的主观视觉感受，对含水印的图像和提取出的水印分别与原图像和原水印进行观察对比，将每个人的对比评价结果按照一定的准则进行加权处理得到评价结果的一种方法。主观评价法的实现难度高，且不能实现实时传输，因此一般与客观评价法结合使用。

2. 客观评价

客观评价法是指分别检测含水印图像与原始载体图像，由提取出的水印与原始水印间的差异性来评判算法的性能。常用的评估参数有以下几种。

1) 峰值信噪比(Peak Signal-to-Noise Ratio，PSNR)

PSNR是指原始载体图像和经过水印算法完成水印嵌入后得到的含水印图像之间的一种评估参数，其表达式如下：

$$\mathrm{PSNR}=10\times\lg\left(\frac{255^2}{\mathrm{MSE}}\right) \tag{1.21}$$

其中，MSE代表原始载体图像与被处理图像之间的均方误差。PSNR值用来衡量水印算法中嵌入水印信息能力的强弱，其值越大，说明该水印算法的透明性越好，含水印载体图像与原始载体图像的相似度越高，该算法的嵌入操作对原始载体图像像素的损坏或改变程度越小。

2) 归一化相关系数(Normalized Correlation，NC)

NC值是用来衡量原始水印信息和经过水印算法操作后提取出的水印信息之间的一种评估参数，其表达式如下：

$$\mathrm{NC}=\frac{\sum_{i=1}^{M}\sum_{j=1}^{N}W(i,j)W'(i,j)}{\sum_{i=1}^{M}\sum_{j=1}^{N}W(i,j)^2} \tag{1.22}$$

其中，W表示原始水印图像，W'表示从经过攻击处理的含水印产品中提取出来的水印图

像。NC 值用来计算该原始水印图像与经过相应的提取算法提取出的水印图像之间的相似程度。其值越大，则说明两个水印图像之间的相似度越高，该水印算法对原始水印图像像素信息的破坏越小，该算法的鲁棒性和透明性越强。

1.4.4 多聚焦图像融合效果评价方法

图像融合在各个领域的应用快速发展，对于相同的源图像，不同的融合方法可得到不同的融合图像。如何对这些融合图像的质量进行客观的、系统的和量化的评价，对于融合算法的选择、改进以及新融合算法的设计都至关重要。由于受到图像类型、观察者的兴趣以及任务要求的影响，当前融合图像质量评价问题并没有得到很好的解决。研究者已在融合图像质量评价方面提出了不少算法，主要用于图像采集过程中的质量控制、图像处理系统的设计以及图像处理系统和图像处理算法的基准测试等。但目前为止，还没有一个通用的、主观与客观因素相结合的图像质量评价体系。常用的融合图像质量评价可分为主观评价和客观评价两类。

1. 主观评价

融合图像主观评价是一种主观性较强的目测方法，它以人为评价主体，以融合图像为评价对象，根据融合图像的逼真度和可理解度对融合图像质量进行评估。由于人眼视觉对图像边缘和色彩的差异和变化比较敏感，主观评价方法可以较为直观、快捷和方便地对一些差异明显的图像信息进行评价，如配准误差产生的重影、色彩的畸变和边缘的中断等。但是，由于受图像类型、观察者的兴趣、任务需求以及外界环境的影响，主观评价表现出较强的主观性和片面性。虽然通过大量的统计可获得较为准确的质量评价，但该过程需要耗费大量的时间、人力和物力，非常复杂。表 1.1 为国际上通用的主观视觉评价标准的 5 分制评价标准，其他诸如 9 分制标准和 11 分制标准可以看作是 5 分制标准的扩展，但它们的评分精度比 5 分制高。

表 1.1 DSIS 5 分制评价标准

分数	质量尺度	妨碍尺度
5	Best	丝毫看不出图像质量变化
4	Good	能看出图像质量变化，但并不妨碍观看
3	Normal	可清楚地看出图像质量变化，对观看稍有妨碍
2	Bad	对观看有妨碍
1	Worst	非常严重地妨碍观看

2. 客观评价

在大多数条件下，对于融合图像的微小差异，主观上很难对其进行正确评价，为了获取更为准确的融合图像质量评价，研究者们提出了一些客观评价指标，并将客观评价同主观评价相结合，对融合图像质量进行综合评价。客观评价是一种基于统计策略的融合图像定量分析方法，在一定程度上消除了主观因素的干扰，保证了融合图像质量评价的有效性、准确性和稳定性。常用的融合图像质量客观评价指标有以下几种。

1）信息熵（Entropy）

图像的信息主要用来衡量融合图像的信息丰富程度。其值越大，表明融合图像所包含的信息量越丰富，融合图像质量越高。图像信息熵的定义如下：

$$H=-\sum_{i=0}^{N-1}P_i\mathrm{lb}(P_i) \tag{1.23}$$

其中：N 为图像总的灰度级数；P_i 为图像中像素灰度值 i 在图像中出现的概率（通常取灰度值 i 的像素个数与图像总像素数的比值；lb 即 $\log_2$）。

2）峰值信噪比（Peak-to-peak Signal-to-Noise Ratio，PSNR）

峰值信噪比主要反映图像的信噪比变化情况，用来评价图像融合后信息量是否提高，噪声是否得到抑制。图像峰值信噪比（PSNR）定义如下：

$$\mathrm{PSNR}=10\times\lg\left(\frac{M\times N\times G_{\max}^2}{\sum_{i=1}^{M}\sum_{j=1}^{N}(x_{i,j}-y_{i,j})^2}\right) \tag{1.24}$$

其中：图像大小为 $M\times N$；$G_{\max}$ 为图像中的最大灰度；$x_{i,j}$ 为融合图像中的像素；$y_{i,j}$ 为标准参考图像中的像素。

3）互信息（Mutual Information，MI）

互信息可用来衡量融合图像从源图像中继承信息的多少。其值越大，说明融合图像从源图像获取的信息越多，融合图像质量越好。图像 A、B 和融合图像 F 间的互信息量 MI 定义如下：

$$\mathrm{MI}=I_{AF}+I_{BF} \tag{1.25}$$

$$I_{AF}=\sum_{a,f}p_{AF}(a,f)\lg\left[\frac{p_{AF}(a,f)}{p_A(a)p_F(f)}\right] \tag{1.26}$$

$$I_{BF}=\sum_{b,f}p_{BF}(b,f)\lg\left[\frac{p_{BF}(b,f)}{p_B(b)p_F(f)}\right] \tag{1.27}$$

其中：a、b 和 f 分别代表源图像 A、B 和融合图像 F 中的像素灰度值；$p_A(a)$、$p_B(b)$ 和 $p_F(f)$ 表示 A、B 和融合图像 F 中的概率密度函数，可由图像的灰度直方图估计得到；$p_{AF}(a,f)$、$p_{BF}(b,f)$ 表示源图像 A、B 和融合图像 F 的联合概率密度函数，可由归一化联合灰度直方图估计得到。

4）结构相似度（Structural Similarity，SSIM）

结构相似度主要从人眼视觉特性的角度出发，评价两幅图像在亮度、对比度和结构三方面的相似程度。其值越大，表示两幅图像相似程度越高。结构相似度（SSIM）定义如下：

$$\mathrm{SSIM}(A,F)=\left(\frac{2\mu_a\mu_f+c_1}{\mu_a^2+\mu_f^2+c_1}\right)^{\alpha}\cdot\left(\frac{2\sigma_a\sigma_f+c_2}{\sigma_a^2+\sigma_f^2+c_2}\right)^{\beta}\cdot\left(\frac{\mathrm{cov}_{af}+c_3}{\sigma_a\sigma_f+c_3}\right)^{\gamma} \tag{1.28}$$

其中，A 表示标准参考图像，F 表示融合图像。式(1.28)中，SSIM 由三部分构成，从左到右分别表示亮度相似度、对比度相似度和结构相似度。μ_a 和 μ_f 分别表示 A 和 F 的均值；σ_a 和 σ_f 分别表示 A 和 F 的标准差；cov_{af} 表示 A 和 F 间的协方差；α、β 和 γ 分别表示亮度、对比度和结构三部分的比例参数；c_1、c_2 和 c_3 为三个常数。因此，源图像 A、B 和融合图像 F 间的相似度 $\mathrm{SSIM}(A,B,F)$ 可表示如下：

$$\mathrm{SSIM}(A,B,F)=\frac{\mathrm{SSIM}(A,F)+\mathrm{SSIM}(B,F)}{2} \tag{1.29}$$

5）通用图像质量评价指标（Universal Image Quality Index，UIQI）

通用图像质量评价主要从人眼视觉特性出发，评价两幅图像在相关性、亮度和对比度三方面的差异，能够较好地反映图像间的相似程度，且具有通用性。其值越大，表示两幅图像相似程度越高。通用图像质量评价（UIQI）定义如下：

$$Q_0(A, F)=\frac{2\,\overline{af}}{\overline{a}^2+\overline{f}^2}\cdot\frac{2\delta_{af}}{\delta_a^2+\delta_f^2} \tag{1.30}$$

其中：A 表示源图像；F 表示融合图像；δ_{af} 表示 A 和 F 间的协方差；δ_a 和 δ_f 分别表示 A 和 F 间的标准差。因此，源图像 A、B 和融合图像 F 的相似程度 $Q_0(A, B, F)$ 可表示如下：

$$Q_0(A, B, F)=\frac{(Q_0(A, F)+Q_0(B, F))}{2} \tag{1.31}$$

6）加权融合质量指标（Weighted Fusion Quality Index，WFQI）

加权融合质量指标主要用来测量从每一幅原始图像转移到融合图像中的显著信息的多少。其值越大，表示从源图像转移到融合图像中的显著信息越多。加权融合质量指标（WFQI）定义如下：

$$Q_W(A, B, F)=\sum_{w\in W}c(w)(\lambda(w))Q_0(A, F\mid w)+(1-\lambda(w))Q_0(B, F\mid w) \tag{1.32}$$

其中：A 和 B 表示源图像；F 表示融合图像；$c(w)$ 表示源图像在窗口 w 内的某种显著特征；$\lambda(w)$ 表示源图像 A 相对于 B 在窗口 w 内的某种显著特征。

7）边缘融合质量指标（Edge-dependent Fusion Quality Index，EFQI）

边缘融合质量指标主要从人类视觉对边缘信息的敏感性角度来评价融合图像质量。边缘融合质量指标（EFQI）定义如下：

$$Q_E(A, B, F)=Q_W(A, B, F)\cdot Q_W(A', B', F')^{\alpha} \tag{1.33}$$

其中：A，B 表示源图像；F 表示融合图像；A'、B' 和 F' 分别表示 A、B 和 F 所对应的边缘图像；$\alpha\in[0, 1]$ 表示边缘图像对原始图像的贡献，其值越大，说明边缘图像对原始图像的贡献越大。

8）边缘保持度融合质量指标 $Q^{AB/F}$

边缘保持度融合质量指标主要通过测量被转移到融合图像中的源图像边缘信息的多少来评价融合图像质量。边缘保持度融合质量指标 $Q^{AB/F}$ 定义如下：

$$Q^{AB/F}=\frac{\sum_{n=1}^{N}\sum_{m=1}^{M}(Q^{AF}(n, m)w^A(n, m)+Q^{BF}(n, m)w^B(n, m))}{\sum_{i=1}^{N}\sum_{j=1}^{M}(w^A(i, j)+w^B(i, j))} \tag{1.34}$$

其中：M 和 N 为图像大小；$Q^{AF}(n, m)$ 和 $Q^{BF}(n, m)$ 分别为融合图像相对于源图像 A 和 B 的边缘保留值；$w^A(n, m)$ 和 $w^B(n, m)$ 为边缘强度函数；$Q^{AB/F}\in[0, 1]$，表示融合图像相对于源图像 A 和 B 的整体信息保留量，其值越大，说明融合图像保留的源图像边缘信息量越多，融合图像的质量越高，融合算法的性能越好。

根据研究者长期的实验和经验发现，图像的互信息量 MI 和边缘保持度 $Q^{AB/F}$ 结合使用可较为客观准确地评价融合图像质量，它们在融合图像质量评价时被广泛应用。因此，本书采用互信息量 MI 和边缘保持度 $Q^{AB/F}$ 对融合图像质量进行客观评价。另外，在大多数情况下，这些常用的指标都能准确评价融合图像质量，为了更加准确地评价融合图像质量，在实际应用中研究者仍采用以主观评价为主、客观评价为辅的策略。

本章小结

本章介绍了什么是信号、信号的研究背景及意义和本书中信号稀疏化的六个研究方向，这六个方向是信号稀疏化处理较热门的方向，可以作为相关专业研究生的选题参考。本章的最后介绍了如何评价信号处理的效果，这是2010年后比较热门的研究课题，虽然现在还没有一个统一的标准来评价处理后的信号效果，但是这些方法可以作为参考依据。

参考文献及扩展阅读资料

[1] Jeannin S, Cieplinski L, Ohm J R, et al. Mpeg-7 visual part of experimentation model version 9.0[J]. ISO/IEC JTC1/SC29/WG11 N, 2001, 3914.

[2] 樊昌信，张甫翊，等. 通信原理[M]5版. 北京：国防工业出版社，2001.

[3] Candes E J, Romberg J, Tao T. Robust uncertainty principles: Exact signal reconstruction from highly incomplete frequency information[J]. IEEE transactions on information theory, 2006, 52(2): 489-509.

[4] Candes E J, Tao T. Near-optimal signal recovery from random projections: Universal encoding strategies? [J]. IEEE transactions on information theory, 2006, 52(12): 5406-5425.

[5] Donoho D L. Compressed sensing[J]. IEEE Transactions on information theory, 2006, 52(4): 1289-1306.

[6] Candes E J, Romberg J K, Tao T. Stable signal recovery from incomplete and inaccurate measurements[J]. Communications on pure and applied mathematics, 2006, 59(8): 1207-1223.

[7] 施华. 图像处理中的稀疏表示理论及应用研究[D]. 厦门大学，2016.

[8] 张琳琳，王建军. 稀疏特征自适应的彩色图像隐写[J]. 计算机辅助设计与图形学学报，2014，26(7)：1109-1115.

[9] Bobin J, Starck J L, Fadili J M, et al. Morphological component analysis: An adaptive thresholding strategy[J]. IEEE Transactions on Image Processing, 2007, 16(11): 2675-2681.

[10] Dezhong Peng, Zhang Yi, et al. A stable MCA learning algorithm[J]. Computers and Mathematics with Applications, 2008, 56: 847-860.

[11] Fadili M. J, Starck J L, Bobin J, et al. Image decomposition and separation using sparse representations: an overview [J]. Proceedings of the IEEE, 2010, 98(6): 983-994.

[12] Elad M, Starck J L, Querre P, et al. Simultaneous cartoon and texture image inpainting using morphological component analysis (MCA) [J]. Applied and Computational Harmonic Analysis, 2005, 19(3): 340-358.

[13] Yang D, Yang X, Liao G, et al. Strong Clutter Suppression via RPCA in Multichannel SAR/GMTI System[J]. IEEE Geoscience & Remote Sensing Letters, 2015, 12(11): 1-5.

[14] Wang Z, Bovik A C, Sheikh H. R, et al. Image quality assessment: from error visibility to structural similarity[J]. IEEE Transactions on Image Processing, 2004, 13(4): 600-612.

[15] Erkanli, Sertan. Fusion of visual and thermal images using genetic algorithms [D]. PhD Thesis, Old Dominion University, 2011.

[16] 王保云. 图像质量客观评价技术研究 [D]. 中国科学技术大学，2010.

[17] Li S, Kang X, Hu J, et al. Image matting for fusion of multi-focus images in dynamic scenes [J]. Information Fusion, 2013, 14(2): 147 - 162.

[18] Wang Z, Bovik A C, Sheikh H R, et al. Image quality assessment: from error visibility to structural similarity [J]. IEEE Transactions on Image Processing, 2004, 13: 600 - 612.

[19] Wang Z, Bovik A C. A universal image quality index [J]. IEEE Signal Processing Letters, 2002, 9: 81 - 84.

[20] Piella G, Heijmans H. A new quality metric for image fusion [C]. In Proceedings of International Conference on Image Processing, Barcelona, Catalonia, Spain, 2003, III: 173 - 176.

[21] Yang B, Li S. Pixel-level image fusion with simultaneous orthogonal matching pursuit [J]. Information Fusion, 2012, 13: 10 - 19.

[22] Tangelder J W H, Veltkamp R C A survey of content based 3D shape retrieval methods[J]. Multimedia tools and applications, 2008, 39(3): 441 - 471.

[23] Leifman G, Katz S, Tal A, et al. Signatures of 3D Models for Retrieval[J]. 2003: 1 - 5.

[24] Dhar P K, Shimamura T. Blind SVD-based audio watermarking using entropy and log-polar transformation[J]. Journal of Information Security & Applications, 2014, 20: 74 - 83.

[25] 李名. 信息熵视角下的密文图像信息隐藏研究[D]. 重庆大学, 2015, 5: 1 - 3.

[26] Jacques Penders, Ayan Chosh. Human robot interaction in the absence of visual and aural feedback [J]. Procedia Computer Science, 2015(71): 185 - 195.

[27] Klaas Bornbeke, Wout Duthoo, et al. Pupil size directly modulates the feedforward response in human primary visual cortex independently of attention [J]. NeuroImage, 2016(127): 67 - 73.

[28] Claire H C Chang, Christophe Pallier, et al. Adaptation of the human visual system to the statistics of letters and line configurations [J]. NeuroImage, 2015(120): 428 - 440.

[29] 李洪安. 数字人脸变形软件 V1.0[CP]. 计算机软件著作权, 中华人民共和国国家版权局, 2017 年 6 月 27 日, 登记号: 2017SR312944.

[30] Hong-an Li, Zhanli Li, and Zhuoming Du. A Reconstruction Method of Compressed Sensing 3D Medical Models based on the Weighted 0-norm [J]. Computational and Mathematical Methods in Medicine, vol. 2017, 7(2): 614 - 620.

[31] Hong-an Li, Yongxin Zhang, Zhanli Li, and Huilin Li. A Multiscale Constraints Method Localization of 3D Facial Feature Points[J]. Computational and Mathematical Methods in Medicine, vol. 2015, Article ID 178102, 6 pages, 2015.

[32] 李洪安. 图像中人脸定位软件 V1.0[CP]. 计算机软件著作权, 中华人民共和国国家版权局, 2017 年 6 月 27 日, 登记号: 2017SR312961.

[33] Hong-an Li, Zhanli Li, Zhuoming Du, Qi Wang. Digital Image Watermarking Algorithm Using the Intermediate Frequency [J]. TELKOMNIKA Telecommunication Computing Electronics and Control, 2016, 14(4): 1424 - 1431.

[34] Hong-an Li, Zhanli Li, Jie Zhang, et al. Image Edge Detection based on Complex Ridgelet Transform[J]. Journal of Information & Computational Science, 2015, 12(1): 31 - 39.

[35] 杜卓明, 李洪安, 康宝生. 一种压缩感知信号的快速恢复方法[J]. 计算机辅助设计与图形学学报, 2014, 26(12): 2196 - 2202.

[36] 李洪安, 张飞, 杜卓明, 等. 针对合成孔径雷达图像的新型 LOG 边缘检测算法[J]. 图学学报, 2015, 36(3): 413 - 417.

[37] Hong-an Li, Baosheng Kang, Zijuan Zhang. Retrieval Methods of 3D Model Based on Weighted Spherical Harmonic Analysis[J]. Journal of Information & Computational Science, 2013, 10(15):

5005 - 5012.

[38] 李洪安，康宝生，张雷. 小波滤波的移动最小二乘图像变形方法[J]. 小型微型计算机系统，2013，34(8)：1900 - 1903.

[39] Hong-an Li，Jie Zhang，Baosheng Kang. A 3D Surface Reconstruction Algorithm based on Medical Tomographic Images[J]. Journal of Computational Information Systems，2013，9(19)：7873 - 7880.

[40] Hong-an Li，Lei Zhang，Baosheng Kang. A New Control Curve Method for Image Deformation[J]. TELKOMNIKA Telecommunication Computing Electronics and Control，2014，12(1)：135 - 142.

[41] 杜卓明，李洪安，康宝生. 二阶收敛的光滑正则化压缩感知信号重构方法[J]. 中国图像图形学报，2016，21(4)：490 - 498.

[42] Yongxin Zhang，Hongan Li，Zhihua Zhao. Multi-focus Image Fusion with Cartoon-Texture Image Decomposition[J]. International Journal of Signal Processing，Image Processing and Pattern Recognition，2015，8(1)：213 - 224.

[43] Lei Zhang，Baosheng Kang，Hong-an Li. Edge Detection using Morphological Component Analysis [J]. Journal of Computational Information Systems，2014，10(15)：6535 - 6542.

[44] 李洪安. 数字图像修复软件 V1.0[CP]. 计算机软件著作权，中华人民共和国国家版权局，2016 年 8 月 23 日，登记号：2016SR229915.

[45] Zijuan Zhang，Baosheng Kang，Hong-an Li. Improved seam carving for content-aware image retargeting[C]. Microelectronics and Electronics (Prime Asia)，2013 IEEE Asia Pacific Conference on Postgraduate Research in. IEEE，2013：254 - 257.

[46] Fangling SHI，Baosheng KANG，Hong-an Li，Yu ZHU. A New Method for Detecting JEPG Doubly Compression Images by Using Estimated Primary Quantization Step [C]. 2012 International Conference on Systems and Informatics (ICSAI 2012)：1810 - 1814.

[47] 李洪安，刘晓霞，朱玲芳，等. 基于分存的多幅图像信息隐藏方案 [J]. 计算机应用研究，2009，26(6)：2170 - 2172.

[48] 惠巧娟，李洪安，陆焱. 一种基于小波变换和人类视觉系统的图像压缩算法[J]. 电子测量与仪器学报，2016，30(12)：1838 - 1844.

[49] Hao Shuai，Ma Xu，Fu Zhouxing，Wang Qingliang，Li Hong-an. Landing cooperative target robust detection via low rank and sparse matrix decomposition [C]. 2016 IEEE International Symposium on Computer，Consumer and Control，IS3C 2016，July 4-6，2016，Xi'an，China，August 16，2016：172 - 175.

[50] Fei Zhang，Baosheng Kang，Hong-an Li，Lei Zhang，Benting Liu. Cycle spinning dual-domain SAR image denoising[C]. 2015 IEEE International Conference on Signal Processing，Communications and Computing，ICSPCC 2015，November 25，2015，Ningbo，Zhejiang，China.

第2章　最优化方法基础

信号稀疏化问题可转化为求解最优化问题，本章从非线性优化、无约束最优化方法和约束最优化方法三大方面介绍最优化理论的几种经典方法。

2.1　非线性优化方法

线性规划问题的目标函数是线性函数且约束条件是线性等式或不等式，如果实际问题的数学模型的目标函数或约束条件中包含有非线性函数，则这样的最优化问题就是非线性规划问题，又称非线性优化问题。

在求解非线性规划问题时，通常采用迭代算法，其迭代格式为

$$\boldsymbol{x}^{(k+1)} = \boldsymbol{x}^{(k)} + \lambda_k \boldsymbol{p}^{(k)} \tag{2.1}$$

其中迭代步长 $\lambda_k(>0)$的确定是一个非常重要的问题。为使目标函数值 $f(\boldsymbol{x})$不断下降，寻求满足

$$f(\boldsymbol{x}^{(k+1)}) = f(\boldsymbol{x}^{(k)} + \lambda_k \boldsymbol{p}^{(k)}) < f(\boldsymbol{x}^{(k)}) \tag{2.2}$$

的 λ_k的过程称为一维搜索，一维搜索算法的效率直接影响到整个迭代算法的效率。常用的一维搜索算法分为精确一维搜索和不精确一维搜索两类算法。

精确一维搜索方法就是通过求解一元函数 $\phi(\lambda) = f(\boldsymbol{x}^{(k)} + \lambda \boldsymbol{p}^{(k)})$的极小值点，即

$$f(\boldsymbol{x}^{(k)} + \lambda_k \boldsymbol{p}^{(k)}) = \min_{\lambda>0} f(\boldsymbol{x}^{(k)} + \lambda \boldsymbol{p}^{(k)}) \tag{2.3}$$

以便获得 $f(\boldsymbol{x})$的最大下降量。由极值存在的必要条件知，λ_k为满足

$$\nabla^{\mathrm{T}} f(\boldsymbol{x}^{(k)} + \lambda \boldsymbol{p}^{(k)}) \boldsymbol{p}^{(k)} = 0 \tag{2.4}$$

的非负解，用这种方法确定的 λ_k称为最佳步长。精确一维搜索方法具有重要的理论价值，许多无约束非线性规划问题算法的收敛性及收敛速度都是基于精确一维搜索进行的。精确一维搜索方法又分为解析法和直接法，解析法要用到函数的分析性质，而直接法不关心函数的分析性质，只利用函数值，能适应不可微的情况。但是，除非 $f(\boldsymbol{x})$是二次函数，否则式(2.4)的精确解是很难在有限步得到的，其效率也不高。因此在实际应用中常采用不精确一维搜索方法。

不精确一维搜索方法求得的 λ_k，只要使得式(2.2)成立，即要求函数值有充分下降，但并不要求 λ_k是 $f(\boldsymbol{x}^{(k)} + \lambda \boldsymbol{p}^{(k)})$的极小值点。该方法的主要优点是速度快，往往只需要搜索2～3步即可满足要求。

2.1.1　进退法

进退法，又称成功失败法，其基本思想是：从某一点出发，任选一个方向和步长，向前试探性走一步，求出该点的函数值。如果有利(指该点函数值较小)，就向前走一步，并加大

步长再向前试探一步；否则，就缩小步长反方向(后退方向)试探一步。如此反复搜索，当步长缩小到一定程度时停止。最后搜索到的点即为极值点。

进退法的计算步骤如下：

Step1：给定初始点 x_0，初始步长 $h>0$，精度 $\varepsilon>0$，$k=0$，步长因子 $0<\alpha<1$，$\beta>1$，$\alpha\beta\neq1$，计算 $f_0=f(x_0)$。

Step2：令试样点 $t=x_k+h$，计算 $f_t=f(t)$。

Step3：若 $f_k>f_t$，则 $k=k+1$，$x_k=t$，$h=\beta h$，转 Step2；否则，置 $h=-\alpha h$，转 Step4。

Step4：若 $h<\varepsilon$，则停止计算，x_k为近似极小点；否则，转 Step2。

2.1.2 牛顿法

牛顿法的基本思想是：在估计点 x_k附近使 $f'(x)$线性化，并求出该线性函数的零点。用该零点作估计点 x_{k+1}。作 $f(x)$在 x_k附近的泰勒展式得 $f'(x)\approx f'(x_k)+f''(x_k)(x-x_k)$，求其零点，并记作 x_{k+1}，从而得到迭代公式为

$$x_{k+1}=x_k-\frac{f'(x_k)}{f''(x_k)} \tag{2.5}$$

给定初始迭代点 x_0及精度要求 $\varepsilon>0$ 后，用上式迭代，直至 $|x_{k+1}-x_k|<\varepsilon$ 或 $|f'(x_k)|<\varepsilon$。

牛顿法的计算步骤如下：

Step1：给定初始点 x_0及允许误差 $\varepsilon>0$，置 $k=0$；

Step2：若 $|f'(x_k)|<\varepsilon$，则停止迭代，得到极小点 x_k；

Step3：计算点 $x_{k+1}=x_k-\dfrac{f'(x_k)}{f''(x_k)}$，置 $k:=k+1$，转 Step2。

设 $f(x)$存在连续三阶导数，$\bar{x}$ 满足 $f'(\bar{x})=0$ 且 $f''(\bar{x})\neq0$，若初始点 x_0充分接近 $\bar{x}$，则牛顿法产生的序列$\{x_k\}$收敛于$\bar{x}$，且至少为 2 阶收敛。

2.1.3 割线法

割线法的基本思想是：用割线逼近目标函数的导数曲线 $y=f'(x_k)$，把割线的零点作为目标函数驻点的估计。

设$f'(x_k)$和$f'(x_{k-1})$分别为目标函数 $f(x)$在 x_k和 x_{k-1}点处的导数。由$(x_k, f'(x_k))$和$(x_{k-1}, f'(x_{k-1}))$两点式得 $f''(x)$在 x_k处的近似估计

$$\phi(x)=f'(x_k)+\frac{f'(x_k)-f'(x_{k-1})}{x_k-x_{k-1}}(x-x_k) \tag{2.6}$$

令 $\phi(x)=0$，可推出迭代公式为

$$x_{k+1}=x_k-\frac{x_k-x_{k-1}}{f'(x_k)-f'(x_{k-1})}f'(x_k) \tag{2.7}$$

割线法的计算步骤与牛顿法类似，只是要给两个初始点。设 $f(x)$存在连续三阶导数，$\bar{x}$ 满足 $f'(\bar{x})=0$ 且 $f''(\bar{x})\neq0$，若 x_1，x_2充分接近 $\bar{x}$，则割线法产生的序列$\{x_k\}$收敛于$\bar{x}$，且收敛阶为 1.618。

牛顿法和割线法二者都不具有全局收敛性，即初始点的选择非常重要，如果初始点靠近极小点，则可能很快收敛；如果初始点远离极小点，则迭代产生的点列可能不收敛于极小点。割线法比牛顿法收敛速度慢，但却不需要计算二阶导数。

2.1.4 下降迭代法

下降迭代法不仅用于求解无约束最优化问题，而且在求解约束最优化问题时也常常用到，此时的迭代下降序列可能是目标函数值下降的序列，也可能是建立在目标函数值基础上的其它效益函数(如罚函数、障碍函数等)的下降序列。在一定条件下，这些序列趋向于所求规划问题的极小点或我们所期望的其它点(如 K－T 点等)。

1. 下降迭代法的基本思想

下降迭代法的基本思想：任取一个初始迭代点 $\boldsymbol{x}^{(0)}$，在 $\boldsymbol{x}^{(0)}$ 处找一个下降方向 $\boldsymbol{p}^{(0)}$，移动 $\boldsymbol{x}^{(0)}$ 到 $\boldsymbol{x}^{(0)}+\lambda_0\boldsymbol{p}^{(0)}$ 处，令 $\boldsymbol{x}^{(1)}=\boldsymbol{x}^{(0)}+\lambda_0\boldsymbol{p}^{(0)}$，显然 $f(\boldsymbol{x}^{(1)})<f(\boldsymbol{x}^{(0)})$。然后判断 $\boldsymbol{x}^{(1)}$ 是否为极小点，若是，则停止迭代；否则，再从 $\boldsymbol{x}^{(1)}$ 出发，寻找比 $\boldsymbol{x}^{(1)}$ 更好的点 $\boldsymbol{x}^{(2)}$，…，如此继续，就产生了一个解点的序列 $\{\boldsymbol{x}^{(k)}\}$，满足

$$f(\boldsymbol{x}^{(0)})>f(\boldsymbol{x}^{(1)})>\cdots>f(\boldsymbol{x}^{(k)})>\cdots \tag{2.8}$$

对于任何一个下降迭代法，必须解决以下几个问题：

(a) 迭代初值 $\boldsymbol{x}^{(0)}$ 的选择；

(b) 当 $\nabla f(\boldsymbol{x}^{(k)})\neq 0$ 时，如何找 $\boldsymbol{x}^{(k)}$ 处的下降方向 $\boldsymbol{p}^{(k)}$；

(c) 找到 $\boldsymbol{x}^{(k)}$ 处的下降方向 $\boldsymbol{p}_k$ 后，如何选取步长 λ_k，使得

$$f(\boldsymbol{x}^{(k+1)})=f(\boldsymbol{x}^{(k)}+\lambda\boldsymbol{p}_k)<f(\boldsymbol{x}^{(k)}) \tag{2.9}$$

(d) 序列 $\{x^{(k)}\}$ 一定能收敛到极小点吗；

(e) 迭代算法的收敛速度如何评价；

(f) 迭代算法何时终止(即如何判定迭代停止)。

2. 迭代初值的选择

迭代算法的收敛性与迭代初值 $\boldsymbol{x}^{(0)}$ 的选择密切相关。若算法具有全局收敛性，则可取可行域内任一点作为迭代初值 $\boldsymbol{x}^{(0)}$，若算法仅具有局部收敛性，则迭代初值 $\boldsymbol{x}^{(0)}$ 应取在极值点附近，这样才能使迭代算法收敛。

3. 下降方向的选择

当 $\nabla f(\boldsymbol{x}^{(k)})\neq 0$ 时，$\boldsymbol{x}^{(k)}$ 处的下降方向 $\boldsymbol{p}^{(k)}$ 应满足 $\nabla^{\mathrm{T}} f(\boldsymbol{x}^{(k)})\boldsymbol{p}^{(k)}<0$。特别地，负梯度方向 $-\nabla f(\boldsymbol{x}^{(k)})$ 称为最速下降方向，而无约束非线性规划算法的主要差异就在于下降方向的选择规则。

4. 迭代步长的确定

迭代步长 λ_k 只要满足 $f(\boldsymbol{x}^{(k)}+\lambda_k\boldsymbol{p}^{(k)})<f(\boldsymbol{x}^{(k)})$ 即可。这实质上是一个单变量(一维)问题的算法，既可独立地用于求解单变量问题，同时也是在求解多变量问题中反复用到的一维(线性)搜索方法。搜索算法的效率直接影响到整个算法的收敛性和收敛速度。

5. 迭代序列的收敛性

理想的收敛性：设 $\boldsymbol{x}^*$ 是 $f(x)$ 的极小点，$\{\boldsymbol{x}^{(k)}\}$ 是迭代算法产生的序列，$\boldsymbol{x}^*\in\{\boldsymbol{x}^{(k)}\}$ 或 $\boldsymbol{x}^{(k)}\neq\boldsymbol{x}^*$ $(k=0, 1, 2, \cdots)$，但 $\lim\limits_{k\to\infty}\boldsymbol{x}^{(k)}=\boldsymbol{x}^*$ 时，称此算法收敛到 $\boldsymbol{x}^*$。而在实际计算中，理想收敛是很难达到的。对于有些迭代算法，当初始迭代点 $\boldsymbol{x}^{(0)}$ 充分靠近极小点(或平稳点) $\boldsymbol{x}^*$ 时，才能保证序列 $\{\boldsymbol{x}^{(k)}\}$ 收敛到 $\boldsymbol{x}^*$，称这类算法具有局部收敛性。若迭代算法对任一初始

迭代点 $\boldsymbol{x}^{(0)}$，都能保证序列$\{\boldsymbol{x}^{(k)}\}$收敛到 $\boldsymbol{x}^*$ 或迭代序列的任何聚点都是极小点，则称这类算法具有全局收敛性。

对于下降迭代算法，可以证明，只要下降方向 $\boldsymbol{p}^{(k)}$ 与 $\boldsymbol{x}^{(k)}$ 处的梯度方向 $\nabla f(\boldsymbol{x}^{(k)})$ 的夹角为钝角，序列$\{\boldsymbol{x}^{(k)}\}$的子列一定能收敛到梯度为零的点。由于目标函数值不断下降，故收敛点一定不会是极大点。可以通过检查收敛点附近的若干个近邻点以防止把鞍点作为极小点。

6. 迭代算法的收敛速度

对于一个迭代算法，不仅要了解该算法是局部收敛还是全局收敛，产生的迭代序列是收敛到极小点还是平稳点，同时还需要了解迭代算法收敛的快慢程度，即收敛速度。

设某迭代算法产生的序列$\{\boldsymbol{x}^{(k)}\}$收敛到点 $\bar{\boldsymbol{x}}\in\mathbf{R}^n$，用误差函数 $e(\boldsymbol{x})$ 来度量其收敛速度，其中 $e(\boldsymbol{x})$ 满足如下条件：

$$e(\bar{\boldsymbol{x}})=0;\ e(\boldsymbol{x})>0;\ \forall\,\boldsymbol{x}\in\mathbf{R}^n \tag{2.10}$$

常用的误差函数有：

$$e(\boldsymbol{x})=\|\boldsymbol{x}-\bar{\boldsymbol{x}}\|;\ e(\boldsymbol{x})=|f(\boldsymbol{x})-f(\bar{\boldsymbol{x}})| \tag{2.11}$$

对于第一种误差函数，设存在 $\alpha>0$ 及 $q>0$，使得

$$\lim_{k\to\infty}\frac{e(\boldsymbol{x}^{(k+1)})}{[e(\boldsymbol{x}^{(k)})]^\alpha}=q \tag{2.12}$$

则称$\{x^{(k)}\}$是 α 阶收敛的。

当 $\alpha=1$ 且 $q>1$ 时，称$\{\boldsymbol{x}^{(k)}\}$是线性阶收敛的；当 $1<\alpha<2$ 或 $\alpha=1$、$q=0$ 时，称$\{\boldsymbol{x}^{(k)}\}$是超线性阶收敛的；当 $\alpha=2$ 且 $q\neq\infty$时，称$\{\boldsymbol{x}^{(k)}\}$是二阶收敛的。

若某个无约束非线性规划算法应用于任一具有正定 Hesse 阵的二次函数时，都能在有限步内达到最优解(极小点)，则称该算法具有有限收敛性或二次终结性。

7. 下降迭代算法的收敛准则

收敛准则又称停机条件。可以证明，若迭代序列$\{\boldsymbol{x}^{(k)}\}$超线性收敛于 $\bar{\boldsymbol{x}}$，当且仅当

$$\lim_{k\to\infty}\frac{\|\boldsymbol{x}^{(k+1)}-\bar{\boldsymbol{x}}\|}{\|\boldsymbol{x}^{(k)}-\bar{\boldsymbol{x}}\|}=0 \tag{2.13}$$

时$\{\boldsymbol{x}^{(k)}\}$超线性收敛于 $\bar{\boldsymbol{x}}$，则

$$\lim_{k\to\infty}\frac{\|\boldsymbol{x}^{(k+1)}-\boldsymbol{x}^{(k)}\|}{\|\boldsymbol{x}^{(k)}-\bar{\boldsymbol{x}}\|}=1 \tag{2.14}$$

因此若 $\bar{\boldsymbol{x}}$ 为问题的最优解，则可用$\|\boldsymbol{x}^{(k+1)}-\boldsymbol{x}^{(k)}\|$来估计误差$\|\boldsymbol{x}^{(k+1)}-\bar{\boldsymbol{x}}\|$。

从而，收敛准则是：当迭代点的改变充分小时，即

$$\|\boldsymbol{x}_{k+1}-\boldsymbol{x}_k\|<\varepsilon\quad\text{或}\quad\frac{\|\boldsymbol{x}_{k+1}-\boldsymbol{x}_k\|}{\|\boldsymbol{x}_k\|}<\varepsilon$$

时，停止计算；当函数值的下降量充分小时，即

$$f(\boldsymbol{x}_k)-f(\boldsymbol{x}_{k+1})<\varepsilon\quad\text{或}\quad\frac{f(\boldsymbol{x}_k)-f(\boldsymbol{x}_{k+1})}{|f(\boldsymbol{x}_k)|}<\varepsilon$$

时，停止计算；当梯度充分小时，即

$$\|\nabla f(\boldsymbol{x}_k)\|<\varepsilon$$

时，停止计算。

8. 求解优化问题的下降迭代算法的基本框架

Step1：选取初值 $\boldsymbol{x}^{(0)}\in \boldsymbol{S}$，$\varepsilon>0$，令 $k=0$。

Step2：确定 $\boldsymbol{x}^{(k)}$ 处的下降方向 $\boldsymbol{p}^{(k)}$（对约束优化问题，$\boldsymbol{p}^{(k)}$ 应为下降可行方向）。

Step3：用一维搜索方法求 λ_k，并令 $\boldsymbol{x}^{(k+1)}=\boldsymbol{x}^{(k)}+\lambda_k\boldsymbol{p}^{(k)}$。

Step4：判断 $\boldsymbol{x}^{(k+1)}$ 是否满足停机条件，若满足，则输出近似最优解 $\boldsymbol{x}^{(k+1)}$ 并停止计算；否则，令 $k=k+1$，转 Step2。

2.2 无约束最优化方法

一般来说，无约束最优化问题的求解是通过一系列一维搜索来实现的。因此，如何选择搜索方向是求解无约束最优化问题的核心问题，搜索方向的不同选择，形成不同的求解方法。

2.2.1 最速下降法

最速下降法是由法国数名数学家 Cauchy 于 1847 年首先提出的，是求解无约束最优化问题的最简单方法，许多优化算法都借鉴了最速下降法的思想。

1. 最速下降法原理

设目标函数 $f(\boldsymbol{x})$ 连续可微，且 $\nabla f(\boldsymbol{x}^{(k)})\neq 0$。$\forall\, \boldsymbol{p}\in \mathbf{R}^n(\boldsymbol{p}\neq 0)$，若 $\nabla^{\mathrm{T}} f(\boldsymbol{x}^{(k)})\boldsymbol{p}<0$，则 $\boldsymbol{p}$ 是 $f(\boldsymbol{x})$ 在 $\boldsymbol{x}^{(k)}$ 处的下降方向。最速下降法的基本思想是：以负梯度方向 $-\nabla f(\boldsymbol{x}^{(k)})$ 作为下降迭代法的迭代公式 $\boldsymbol{x}^{(k+1)}=\boldsymbol{x}^{(k)}+\lambda_k\boldsymbol{p}^{(k)}$ 中的 $\boldsymbol{p}^{(k)}$，并通过求解

$$\min_{\lambda>0} f(\boldsymbol{x}^{(k)}-\lambda\nabla f(\boldsymbol{x}^{(k)})) \tag{2.15}$$

确定最佳步长 λ_k，每一次迭代力求做到目标函数值最大幅度地下降。

若 $f(\boldsymbol{x})$ 具有二阶连续偏导，在 $\boldsymbol{x}^{(k)}$ 域作 $f(\boldsymbol{x}^{(k)}-\lambda\nabla f(\boldsymbol{x}^{(k)}))$ 的二阶泰勒展式，

$$f(\boldsymbol{x}^{(k)}-\lambda\nabla f(\boldsymbol{x}^{(k)}))\approx f(\boldsymbol{x}^{(k)})-\nabla^{\mathrm{T}} f(\boldsymbol{x}^{(k)})\lambda\nabla f(\boldsymbol{x}^{(k)})+\frac{1}{2}\lambda\nabla^{\mathrm{T}} f(\boldsymbol{x}^{(k)})H(\boldsymbol{x}^{(k)})\lambda\nabla f(\boldsymbol{x}^{(k)}) \tag{2.16}$$

对 λ 求导并令其等于零，得最佳步长

$$\lambda_k=\frac{\nabla^{\mathrm{T}} f(\boldsymbol{x}^{(k)})\nabla f(\boldsymbol{x}^{(k)})}{\nabla^{\mathrm{T}} f(\boldsymbol{x}^{(k)})H(\boldsymbol{x}^{(k)})\nabla f(\boldsymbol{x}^{(k)})} \tag{2.17}$$

也可以用精确一维搜索方法求解 $\min\limits_{\lambda>0} f(\boldsymbol{x}^{(k)}+\lambda\boldsymbol{p}^{(k)})$，确定最佳步长。

2. 最速下降法的计算步骤

Step1：给定初始点 $\boldsymbol{x}^{(0)}$，允许误差 $\varepsilon>0$，置 $k=0$。

Step2：计算搜索方向 $\boldsymbol{p}^{(k)}=-\nabla f(\boldsymbol{x}^{(k)})$。

Step3：若 $\|\boldsymbol{p}^{(k)}\|<\varepsilon$，则停止计算；否则，确定最佳步长 λ_k。

Step4：令 $\boldsymbol{x}^{(k+1)}=\boldsymbol{x}^{(k)}+\lambda_k\boldsymbol{p}^{(k)}$，置 $k=k+1$，转 Step2。

2.2.2 共轭梯度法

共轭梯度法最初由 Hesteness 和 Stiefel 于 1952 年为求解线性方程组而提出，1964 年

Fietcher 和 Reeves 在此基础上，首先提出了求解无约束最优化问题的共轭梯度法。

1. 共轭梯度法的基本思想

把共轭性与最速下降法相结合，利用已知点处的梯度构造一组共轭方向，并沿这组方向进行搜索，求出目标函数的极小点。该方法具有收敛速度快、存储空间小等特点，尤其是对于正定二次函数能在有限步内达到极小点，即具有二次终结性。

定义 2.1　设 $\boldsymbol{A}$ 为 n 阶对称正定阵，$\boldsymbol{x}$，$\boldsymbol{y}\in\mathbf{R}^n$，若有 $\boldsymbol{x}^{\mathrm{T}}\boldsymbol{A}\boldsymbol{y}=\boldsymbol{0}$，则称 $\boldsymbol{x}$ 和 $\boldsymbol{y}$ 关于 $\boldsymbol{A}$ 共轭，或 $\boldsymbol{x}$ 和 $\boldsymbol{y}$ 关于 $\boldsymbol{A}$ 正交。若向量组 $\boldsymbol{p}_1$，$\boldsymbol{p}_2$，…，$\boldsymbol{p}_n\in\mathbf{R}^n$ 中任意两个向量关于 $\boldsymbol{A}$ 共轭，即满足条件 $\boldsymbol{p}_i^{\mathrm{T}}\boldsymbol{A}\boldsymbol{p}_j=0(i\neq j;\ i、j=1, 2, \cdots, n)$，则称该向量组关于 $\boldsymbol{A}$ 共轭。

如果 $A=I$(单位阵)，则上述条件即为通常的正交条件。因此，A 共轭概念实际上是通常正交概念的推广。

定理 2.1　设 $\boldsymbol{A}$ 为 n 阶对称正定阵，$\boldsymbol{p}_1$，$\boldsymbol{p}_2$，…，$\boldsymbol{p}_n$ 为 $\boldsymbol{A}$ 共轭的非零向量，则该向量组线性无关。

定义 2.2　设 $\boldsymbol{A}$ 是 n 阶对称正定阵，$\boldsymbol{x}$ 和 $\boldsymbol{b}$ 是 n 元列向量，c 是常量，则称 n 元二次函数 $f(\boldsymbol{x})=\dfrac{1}{2}\boldsymbol{x}^{\mathrm{T}}\boldsymbol{A}\boldsymbol{x}+\boldsymbol{b}^{\mathrm{T}}\boldsymbol{x}+\boldsymbol{c}$ 为正定二次函数，称

$$\min \frac{1}{2}\boldsymbol{x}^{\mathrm{T}}\boldsymbol{A}\boldsymbol{x}+\boldsymbol{b}^{\mathrm{T}}\boldsymbol{x}+\boldsymbol{c} \tag{2.18}$$

为正定二次函数极小化问题。对于 n 元二次函数 $f(\boldsymbol{x})$，显然有 $\nabla f(\boldsymbol{x})=\boldsymbol{A}\boldsymbol{x}+\boldsymbol{b}$，$\nabla^2 f(\boldsymbol{x})=H(\boldsymbol{x})=\boldsymbol{A}$。

定理 2.2　设 $f(x)$ 是二次正定函数，$\boldsymbol{p}_0$，$\boldsymbol{p}_1$，…，$\boldsymbol{p}_{k-1}(k\leqslant n)$ 为 $\boldsymbol{A}$ 共轭，则从任一点 $\boldsymbol{x}^{(0)}$ 出发，依次沿 $\boldsymbol{p}_0$，$\boldsymbol{p}_1$，…，$\boldsymbol{p}_{k-1}$ 进行一维搜索，即

$$\begin{cases}\min\limits_{\lambda>0} f(\boldsymbol{x}^{(k)}+\lambda\boldsymbol{p}_k)=f(\boldsymbol{x}^{(k)}+\lambda_k^*\boldsymbol{p}_k)\\ \boldsymbol{x}^{(k+1)}=\boldsymbol{x}^{(k)}+\lambda_k^*\boldsymbol{p}_k\end{cases} \tag{2.19}$$

到达点 $\boldsymbol{x}^{(k)}$，那么，$\nabla f(\boldsymbol{x}^{(k)})$ 垂直于前面所有的搜索方向，即 $\boldsymbol{p}_j^{\mathrm{T}}\nabla f(\boldsymbol{x}^{(k)})=0\quad(j=0, 1, \cdots, k-1)$。

定理 2.3　设向量 $\boldsymbol{p}_0$，$\boldsymbol{p}_1$，…，$\boldsymbol{p}_{n-1}$ 是一组关于 $\boldsymbol{A}$ 共轭的非零向量，从任一点 $\boldsymbol{x}^{(0)}$ 出发，相继以 $\boldsymbol{p}_0$，$\boldsymbol{p}_1$，…，$\boldsymbol{p}_{n-1}$ 为搜索方向，使用式(2.19)的迭代算法，则经 n 次一维搜索后收敛于问题式(2.18)的极小点。

如果已知某共轭向量组 $\boldsymbol{p}_0$，$\boldsymbol{p}_1$，…，$\boldsymbol{p}_{n-1}$，正定二次函数极小化问题式(2.18)的极小点 $\boldsymbol{x}^*$ 可通过下列算法得到：

$$\begin{cases}\boldsymbol{x}^{(k+1)}=\boldsymbol{x}^{(k)}+\lambda_k\boldsymbol{p}^{(k)}\ (k=0, 1, 2, \cdots, n-1)\\ \lambda_k:\min\limits_{\lambda} f(\boldsymbol{x}^{(k)}+\lambda\boldsymbol{p}^{(k)})\\ \boldsymbol{x}^*=\boldsymbol{x}^{(n)}\end{cases} \tag{2.20}$$

该算法称为共轭方向法。它要求搜索方向 $\boldsymbol{p}_0$，$\boldsymbol{p}_1$，…，$\boldsymbol{p}_{n-1}$ 必须关于 $\boldsymbol{A}$ 共轭。

可得到共轭梯度法的计算公式如下：

$$\begin{cases}\boldsymbol{x}^{(k+1)}=\boldsymbol{x}^{(k)}+\lambda_k\boldsymbol{p}^{(k)}\\ \lambda_k=-\dfrac{\boldsymbol{g}_k^{\mathrm{T}}\boldsymbol{p}^{(k)}}{(\boldsymbol{p}^{(k)})^{\mathrm{T}}\boldsymbol{A}\boldsymbol{p}^{(k)}},\quad(k=0, 1, 2, \cdots, n-1)\\ \beta_k=\dfrac{\boldsymbol{g}_{k+1}^{\mathrm{T}}\boldsymbol{g}_{k+1}}{\boldsymbol{g}_k^{\mathrm{T}}\boldsymbol{g}_k}\end{cases} \tag{2.21}$$

其中，$\boldsymbol{x}^{(0)}$为初始迭代点，$\boldsymbol{p}^{(0)}=-\boldsymbol{g}_0=-\nabla f(\boldsymbol{x}^{(0)})$。

2. 共轭梯度法的计算步骤

Step1：选择初始迭代点 $\boldsymbol{x}^{(0)}$，给出允许误差 $\varepsilon>0$。

Step2：计算 $\boldsymbol{p}^{(0)}=-\nabla f(\boldsymbol{x}^{(0)})$，置 $k=0$。

Step3：用式(2.21)计算 λ_k、$\boldsymbol{x}^{(k+1)}$、β_k和 $\boldsymbol{p}^{(k)}$(求 λ_k也可直接使用精确一维搜索方法)。

Step4：若 $k<n-1$ 且$\|\boldsymbol{g}_{k+1}\|>\varepsilon$，则置 $k=k+1$，转 Step3；否则，转 Step5。

Step5：若$\|\boldsymbol{g}_{k+1}\|\leqslant\varepsilon$，停止计算，$\boldsymbol{x}^{(k+1)}$即为近似极小点；否则，令 $\boldsymbol{x}^{(0)}=\boldsymbol{x}^{(n)}$，并转向 Step2，重新开始迭代。

2.2.3 牛顿法

对一维搜索方法中的牛顿法加以推广，就得到了求解无约束优化问题的牛顿法。该方法具有收敛速度快的特点，在其基础上的改进算法如阻尼牛顿法在实际中被广泛应用。

牛顿法的基本思想：利用二次函数近似目标函数。设 $f(\boldsymbol{x})$是二次可微的实函数，$\boldsymbol{x}\in\mathbf{R}^n$，$\boldsymbol{x}^{(k)}$是 $f(\boldsymbol{x})$的极小点的一个估计，作 $f(\boldsymbol{x})$在 $\boldsymbol{x}^{(k)}$处的二阶泰勒展式

$$f(\boldsymbol{x})\approx\varphi(\boldsymbol{x})=f(\boldsymbol{x}^{(k)})+\boldsymbol{g}_k^{\mathrm{T}}(\boldsymbol{x}-\boldsymbol{x}^{(k)})+\frac{1}{2}(\boldsymbol{x}-\boldsymbol{x}^{(k)})^{\mathrm{T}}\boldsymbol{G}_k(\boldsymbol{x}-\boldsymbol{x}^{(k)}) \tag{2.22}$$

为求 $\varphi(\boldsymbol{x})$的驻点，令$\nabla\varphi(\boldsymbol{x})=0$，即

$$\boldsymbol{g}_k+\boldsymbol{G}_k(\boldsymbol{x}-\boldsymbol{x}^{(k)})=0 \tag{2.23}$$

设 $f(\boldsymbol{x})$在 $\boldsymbol{x}^{(k)}$处的 Hesse 矩阵 $\boldsymbol{G}_k$可逆，由上式得到牛顿法的迭代公式

$$\boldsymbol{x}^{(k+1)}=\boldsymbol{x}^{(k)}-\boldsymbol{G}_k^{-1}\boldsymbol{g}_k \tag{2.24}$$

称$-\boldsymbol{G}_k^{-1}\nabla f(\boldsymbol{x}^{(k)})$为牛顿方向。

可以证明，若 $f(x)$是二次连续可微函数，$\boldsymbol{x}\in\mathbf{R}^n$，$\boldsymbol{x}^*$满足$\nabla f(\boldsymbol{x}^*)=0$，且 $\boldsymbol{G}_k^{-1}$存在，当初始点 $\boldsymbol{x}^{(0)}$充分接近 $\boldsymbol{x}^*$时，在一定条件下由牛顿迭代公式(2.24)产生的序列$\{\boldsymbol{x}^{(k)}\}$收敛于 $\boldsymbol{x}^*$。

特别地，对于正定二次函数的极小值问题，用牛顿法求解，一次迭代就可达到极小点。事实上，由于 $\boldsymbol{G}=\boldsymbol{A}$，任取初始点 $\boldsymbol{x}^{(0)}$，由牛顿迭代公式(2.24)，则有

$$\boldsymbol{x}^{(1)}=\boldsymbol{x}^{(0)}-\boldsymbol{A}^{-1}\nabla f(\boldsymbol{x}^{(0)})=x^{(0)}-\boldsymbol{A}^{-1}(\boldsymbol{A}\boldsymbol{x}^{(0)}+\boldsymbol{b})=-\boldsymbol{A}^{-1}\boldsymbol{b} \tag{2.25}$$

由于$\nabla f(\boldsymbol{x}^{(1)})=\boldsymbol{A}\boldsymbol{x}^{(1)}+\boldsymbol{b}=\boldsymbol{A}(-\boldsymbol{A}^{-1}\boldsymbol{b})+\boldsymbol{b}=0$，所以 $\boldsymbol{x}^{(1)}=-\boldsymbol{A}^{-1}\boldsymbol{b}$是极小点。

2.2.4 拟牛顿法

拟牛顿法，又称变尺度法。拟牛顿法是近 30 多年来发展起来的求无约束最优化问题的一种有效方法。它既吸收了共轭梯度法计算量小、适合求解大规模优化问题的优点，比梯度法的收敛速度快，又吸收了牛顿法收敛速度快的优点，同时避免了牛顿法计算 Hesse 阵 $\boldsymbol{G}_k$及其求逆过程，对高维问题比牛顿法的计算量小。从收敛速度、计算工作量、所需内存等各项指标综合衡量，拟牛顿法是求解中小规模无约束优化问题最有效的算法。

拟牛顿法的基本思想是：在 $\boldsymbol{x}^{(k)}$处，按某种规则产生一个对称正定矩阵 $\overline{\boldsymbol{H}}_{k+1}$(称之为尺度矩阵)，并以

$$\boldsymbol{p}^{(k)}=-\overline{\boldsymbol{H}}_{k+1}\boldsymbol{g}_k \tag{2.26}$$

作为 $\boldsymbol{x}^{(k)}$处的搜索方向。显然，只要 $\boldsymbol{g}_k\neq0$，$\boldsymbol{p}^{(k)}$就是下降方向。若取 $\overline{\boldsymbol{H}}_{k+1}=\boldsymbol{I}$(单位阵)，$\boldsymbol{p}^{(k)}$

就是最速下降方向；若取 $\overline{\boldsymbol{H}}_{k+1}=\boldsymbol{G}_k^{-1}$，$\boldsymbol{p}^{(k)}$ 就是牛顿方向(如果存在)。我们已经知道，前者收敛太慢，有锯齿现象，而后者计算量较大，可能不收敛。

设 $\boldsymbol{x}^{(k)}$ 和 $\boldsymbol{x}^{(k+1)}$ 是两个相继的迭代点，作 $\nabla f(\boldsymbol{x}^{(k)})$ 在 $\boldsymbol{x}^{(k+1)}$ 处的泰勒展式

$$\nabla f(\boldsymbol{x}^{(k)})\approx\nabla f(\boldsymbol{x}^{(k+1)})+\nabla^2 f(\boldsymbol{x}^{(k+1)})(\boldsymbol{x}^{(k)}-\boldsymbol{x}^{(k+1)}) \tag{2.27}$$

即 $\nabla f(\boldsymbol{x}^{(k+1)})-\nabla f(\boldsymbol{x}^{(k)})\approx\nabla^2 f(\boldsymbol{x}^{(k+1)})(\boldsymbol{x}^{(k+1)}-\boldsymbol{x}^{(k)})$，亦即 $\Delta\boldsymbol{g}_k\approx\boldsymbol{G}_{k+1}\Delta\boldsymbol{x}_k$。对于二次正定函数，上式等号成立。称

$$\Delta\boldsymbol{g}_k=\boldsymbol{G}_{k+1}\Delta\boldsymbol{x}_k \tag{2.28}$$

或者

$$\boldsymbol{G}_{k+1}^{-1}\Delta\boldsymbol{g}_k=\Delta\boldsymbol{x}_k \tag{2.29}$$

为拟牛顿方程或拟牛顿条件。

我们要构造对称正定矩阵 $\overline{\boldsymbol{H}}_{k+1}$ 满足拟牛顿方程式(2.29)，即

$$\overline{\boldsymbol{H}}_{k+1}\Delta\boldsymbol{g}_k=\Delta\boldsymbol{x}_k \tag{2.30}$$

也可先找到 $\boldsymbol{B}_{k+1}$ 满足拟牛顿方程式(2.28)，再令 $\overline{\boldsymbol{H}}_{k+1}=\boldsymbol{B}_{k+1}^{-1}$，即

$$\begin{cases}\boldsymbol{B}_{k+1}\Delta\boldsymbol{x}_k=\Delta\boldsymbol{g}_k\\ \overline{\boldsymbol{H}}_{k+1}=\boldsymbol{B}_{k+1}^{-1}\end{cases} \tag{2.31}$$

由式(2.30)导出的算法称为 DFP 算法(Davidon FletcherPowell，DFP)；由式(2.31)导出的算法称为 BFGS 算法(BroydenFletcherGoldfarbShanno，BFGS)。

1. DFP 拟牛顿法

构造 Hesse 逆矩阵最早的、最巧妙的一种格式是由 Davidon 于 1959 年首先提出的，后来由 Fletcher 和 Powell 作了改进，成为 DFP 法。

为了构造在 $\boldsymbol{x}^{(k+1)}$ 处对称正定且满足式(2.30)的尺度矩阵 $\overline{\boldsymbol{H}}_{k+1}$，假定在 $\boldsymbol{x}^{(k)}$ 处已经有对称正定阵 $\overline{\boldsymbol{H}}_k$($\overline{\boldsymbol{H}}_0$ 可取任一对称正定阵，如 $\overline{\boldsymbol{H}}_0=\boldsymbol{I}$)。考虑到算法的迭代性，我们希望在 $\overline{\boldsymbol{H}}_k$ 的基础上加上一个修正项 $\Delta\overline{\boldsymbol{H}}_k$ 就能得到 $\overline{\boldsymbol{H}}_{k+1}$。这样 $\overline{\boldsymbol{H}}_{k+1}$ 的结构及要求如下：

(1) $\overline{\boldsymbol{H}}_{k+1}=\overline{\boldsymbol{H}}_k+\Delta\overline{\boldsymbol{H}}_k$；

(2) $\overline{\boldsymbol{H}}_{k+1}\Delta\boldsymbol{g}_k=\Delta\boldsymbol{x}_k$；

(3) $\overline{\boldsymbol{H}}_{k+1}$ 正定(当 $\overline{\boldsymbol{H}}_k$ 对称正定时)。

显然，关键是构造 $\Delta\overline{\boldsymbol{H}}_k$。因为 $\overline{\boldsymbol{H}}_k$ 对称，要使 $\overline{\boldsymbol{H}}_{k+1}$ 对称，必须使 $\Delta\overline{\boldsymbol{H}}_k$ 对称。设

$$\Delta\overline{\boldsymbol{H}}_k=\boldsymbol{u}\boldsymbol{u}^{\mathrm{T}}+\boldsymbol{v}\boldsymbol{v}^{\mathrm{T}} \tag{2.32}$$

其中，$\boldsymbol{u},\ \boldsymbol{v}\in\mathbf{R}^n$，上式称为秩 2 校正公式。为使 $\overline{\boldsymbol{H}}_{k+1}$ 满足要求(2)，必须使

$$(\overline{\boldsymbol{H}}_k+\boldsymbol{u}\boldsymbol{u}^{\mathrm{T}}+\boldsymbol{v}\boldsymbol{v}^{\mathrm{T}})\Delta\boldsymbol{g}_k=\Delta\boldsymbol{x}_k \tag{2.33}$$

即

$$\boldsymbol{u}\boldsymbol{u}^{\mathrm{T}}\Delta\boldsymbol{g}_k+\boldsymbol{v}\boldsymbol{v}^{\mathrm{T}}\Delta\boldsymbol{g}_k=\Delta\boldsymbol{x}_k-\overline{\boldsymbol{H}}_k\Delta\boldsymbol{g}_k \tag{2.34}$$

由于 $\boldsymbol{u}^{\mathrm{T}}\Delta\boldsymbol{g}_k$、$\boldsymbol{v}^{\mathrm{T}}\Delta\boldsymbol{g}_k$ 是一个数值，分别与 $\boldsymbol{u}$，$\boldsymbol{v}$ 交换后得

$$(\boldsymbol{u}^{\mathrm{T}}\Delta\boldsymbol{g}_k)\boldsymbol{u}+(\boldsymbol{v}^{\mathrm{T}}\Delta\boldsymbol{g}_k)\boldsymbol{v}=\Delta\boldsymbol{x}_k-\overline{\boldsymbol{H}}_k\Delta\boldsymbol{g}_k \tag{2.35}$$

为使上式成立，只要选择 $\boldsymbol{u}$，$\boldsymbol{v}$，使得

$$(\boldsymbol{u}^{\mathrm{T}}\Delta\boldsymbol{g}_k)\boldsymbol{u}=\Delta\boldsymbol{x}_k \tag{2.36}$$

$$(\boldsymbol{v}^{\mathrm{T}}\Delta\boldsymbol{g}_k)\boldsymbol{v}=-\overline{\boldsymbol{H}}_k\Delta\boldsymbol{g}_k \tag{2.37}$$

即可。式(2.36)说明 $\boldsymbol{u}$ 和 $\Delta\boldsymbol{x}_k$ 共线，故可设 $\boldsymbol{u}=\alpha\Delta\boldsymbol{x}_k$，代入式(2.36)，得到

$$\alpha^2=\frac{1}{\Delta \boldsymbol{x}_k^{\mathrm{T}}\Delta \boldsymbol{g}_k},\ \boldsymbol{u}\boldsymbol{u}^{\mathrm{T}}=\frac{\Delta \boldsymbol{x}_k\Delta \boldsymbol{x}_k^{\mathrm{T}}}{\Delta \boldsymbol{x}_k^{\mathrm{T}}\Delta \boldsymbol{g}_k} \tag{2.38}$$

对式(2.37)经过同样的推理，得到

$$\boldsymbol{v}\boldsymbol{v}^{\mathrm{T}}=-\frac{\overline{\boldsymbol{H}}_k\Delta \boldsymbol{g}_k\Delta \boldsymbol{g}_k^{\mathrm{T}}\overline{\boldsymbol{H}}_k}{\Delta \boldsymbol{g}_k^{\mathrm{T}}\overline{\boldsymbol{H}}_k\Delta \boldsymbol{g}_k} \tag{2.39}$$

于是，最终得到

$$\overline{\boldsymbol{H}}_{k+1}=\overline{\boldsymbol{H}}_k+\frac{\Delta \boldsymbol{x}_k\Delta \boldsymbol{x}_k^{\mathrm{T}}}{\Delta \boldsymbol{x}_k^{\mathrm{T}}\Delta \boldsymbol{g}_k}-\frac{\overline{\boldsymbol{H}}_k\Delta \boldsymbol{g}_k\Delta \boldsymbol{g}_k^{\mathrm{T}}\overline{\boldsymbol{H}}_k}{\Delta \boldsymbol{g}_k^{\mathrm{T}}\overline{\boldsymbol{H}}_k\Delta \boldsymbol{g}_k} \tag{2.40}$$

称为 DFP 公式。至于要求(3)，可以证明，当 $\overline{\boldsymbol{H}}_k$ 正定时，$\overline{\boldsymbol{H}}_{k+1}$ 也正定。

2. BFGS 拟牛顿法

BFGS 拟牛顿法的尺度矩阵构造是依据式(2.31)推导得到的，推导过程与 DFP 公式完全类似，实际上只要将 $\Delta \boldsymbol{g}_k$ 与 $\Delta \boldsymbol{x}_k$ 互换，即可得到

$$\boldsymbol{B}_{k+1}=\boldsymbol{B}_k+\frac{\Delta \boldsymbol{g}_k\Delta \boldsymbol{g}_k^{\mathrm{T}}}{\Delta \boldsymbol{g}_k^{\mathrm{T}}\Delta \boldsymbol{x}_k}-\frac{\boldsymbol{B}_k\Delta \boldsymbol{x}_k\Delta \boldsymbol{x}_k^{\mathrm{T}}\boldsymbol{B}_k}{\Delta \boldsymbol{x}_k^{\mathrm{T}}\boldsymbol{B}_k\Delta \boldsymbol{x}_k} \tag{2.41}$$

由于 $\overline{\boldsymbol{H}}_{k+1}=\boldsymbol{B}_{k+1}^{-1}$，经变换可得到 BFGS 尺度矩阵修正公式为

$$\overline{\boldsymbol{H}}_{k+1}=\left[\boldsymbol{I}-\frac{\Delta \boldsymbol{x}_k\Delta \boldsymbol{g}_k^{\mathrm{T}}}{\Delta \boldsymbol{x}_k^{\mathrm{T}}\Delta \boldsymbol{g}_k}\right]\overline{\boldsymbol{H}}_k\left[I-\frac{\Delta \boldsymbol{x}_k\Delta \boldsymbol{g}_k^{\mathrm{T}}}{\Delta \boldsymbol{x}_k^{\mathrm{T}}\Delta \boldsymbol{g}_k}\right]+\frac{\Delta \boldsymbol{x}_k\Delta \boldsymbol{x}_k^{\mathrm{T}}}{\Delta \boldsymbol{x}_k^{\mathrm{T}}\Delta \boldsymbol{g}_k} \tag{2.42}$$

或

$$\overline{\boldsymbol{H}}_{k+1}=\overline{\boldsymbol{H}}_k+\left[1+\frac{\Delta \boldsymbol{g}_k^{\mathrm{T}}\overline{\boldsymbol{H}}_k\Delta \boldsymbol{g}_k}{\Delta \boldsymbol{x}_k^{\mathrm{T}}\Delta \boldsymbol{g}_k}\right]\frac{\Delta \boldsymbol{x}_k\Delta \boldsymbol{x}_k^{\mathrm{T}}}{\Delta \boldsymbol{x}_k^{\mathrm{T}}\Delta \boldsymbol{g}_k}-\frac{\Delta \boldsymbol{x}_k\Delta \boldsymbol{g}_k^{\mathrm{T}}\overline{\boldsymbol{H}}_k+\overline{\boldsymbol{H}}_k\Delta \boldsymbol{g}_k\Delta \boldsymbol{x}_k^{\mathrm{T}}}{\Delta \boldsymbol{x}_k^{\mathrm{T}}\Delta \boldsymbol{g}_k} \tag{2.43}$$

采用不同的方法来构造尺度矩阵 $\overline{\boldsymbol{H}}_{k+1}$，就形成了不同的拟牛顿法。DFP 法和 BFGS 法只是拟牛顿法中常用的两种方法，还有其他形式的拟牛顿法。

无论是 DFP 法还是 BFGS 法，初始尺度矩阵 $\overline{\boldsymbol{H}}_0$ 的选取对算法的效果有一定的影响。开始时由于没有任何信息只好取 $\overline{\boldsymbol{H}}_0=I$，但当得到 $\boldsymbol{x}^{(1)}$ 后，就要用 $\Delta \boldsymbol{g}_0$ 与 $\Delta \boldsymbol{x}_0$ 对 $\overline{\boldsymbol{H}}_0$ 进行修正，使 $\overline{\boldsymbol{H}}_0$ 与 $\boldsymbol{G}_0^{-1}$ 更接近。常用的方法是令 $\widetilde{\boldsymbol{H}}_0=\gamma\overline{\boldsymbol{H}}_0$，使式(2.30)成立，即

$$\widetilde{\boldsymbol{H}}_0\Delta \boldsymbol{g}_0=\Delta \boldsymbol{x}_0 \tag{2.44}$$

从而可得

$$\gamma=\frac{\Delta \boldsymbol{g}_0^{\mathrm{T}}\Delta \boldsymbol{x}_0}{\Delta \boldsymbol{g}_0^{\mathrm{T}}\overline{\boldsymbol{H}}_0\Delta \boldsymbol{g}_0} \tag{2.45}$$

即

$$\widetilde{\boldsymbol{H}}_0=\frac{\Delta \boldsymbol{g}_0^{\mathrm{T}}\Delta \boldsymbol{x}_0}{\Delta \boldsymbol{g}_0^{\mathrm{T}}\overline{H}_0\Delta \boldsymbol{g}_0}\overline{\boldsymbol{H}}_0 \tag{2.46}$$

拟牛顿法的计算步骤如下：

Step1：取初始点 $\boldsymbol{x}^{(0)}$，允许误差 $\varepsilon>0$，$\overline{\boldsymbol{H}}_0=I$，置 $k=0$；

Step2：计算 $\boldsymbol{g}_k$，若 $\|\boldsymbol{g}_k\|<\varepsilon$，得到极小点 $\boldsymbol{x}^*=\boldsymbol{x}^{(k)}$，停止迭代；

Step3：令 $\boldsymbol{p}^{(k)}=-\overline{\boldsymbol{H}}_k\boldsymbol{g}_k$，$\boldsymbol{x}^{(k+1)}=\boldsymbol{x}^{(k)}+\lambda_k\boldsymbol{p}^{(k)}$，其中 λ_k 为最佳步长，即

$$f(\boldsymbol{x}^{(k)}+\lambda_k\boldsymbol{p}^{(k)})=\min_{\lambda>0}f(\boldsymbol{x}^{(k)}+\lambda\boldsymbol{p}^{(k)}) \tag{2.47}$$

Step4：计算 $\boldsymbol{g}_{k+1}$，若 $\|\boldsymbol{g}_{k+1}\|<\varepsilon$，得到极小点 $\boldsymbol{x}^*=\boldsymbol{x}^{(k+1)}$，停止迭代；

Step5：若 $k=n-1$，令 $\boldsymbol{x}^{(0)}=\boldsymbol{x}^{(k+1)}$，置 $k=0$，转 Step3；

Step6：若 $k=0$，计算 $\Delta \boldsymbol{g}_0$ 和 $\Delta \boldsymbol{x}_0$，按式(2.46)对 $\overline{\boldsymbol{H}}_0$ 进行修正；

Step7：计算 $\Delta \boldsymbol{g}_k$ 和 $\Delta \boldsymbol{x}_k$，对于 DFP 法，按式(2.41)计算 $\overline{\boldsymbol{H}}_{k+1}$，对于 BFGS 法，按式(2.42)或式(2.43)计算 $\overline{\boldsymbol{H}}_{k+1}$，置 $k=k+1$，转 Step3。

2.3　约束最优化方法

求解约束最优化问题比求解无约束最优化问题要困难得多，因为每次迭代不仅要使目标函数值下降(对最小化问题)，同时还要考虑解的可行性问题。本节介绍常用的约束最优化方法。

2.3.1　罚函数法

罚函数法(Penalty Function Method，PFM)是求解约束优化问题的一类有效方法。其基本思想是：根据约束的特点构造某种惩罚函数(也称罚函数)，并把惩罚函数添加到目标函数上得到一个增广目标函数(辅助函数)，这样就将约束优化问题的求解转化为一系列无约束优化问题的求解。称这种方法为序列无约束极小化技术(SUMT)。常用的 SUMT 法有两类：一类是 SUMT 外点法，另一类是 SUMT 内点法。

1. SUMT 外点法

SUMT 外点法又称制约函数法(Condition Function Method，CFM)，其惩罚策略是：对违反约束条件的点在目标函数中加入相应的惩罚，而对可行点不予惩罚。迭代初期，迭代点一般在可行域外部移动，随着迭代的进行，不断加大惩罚力度，迫使迭代点不断逼近并最终成为可行点，以便找到原约束优化问题的最优解。

对于约束优化问题，利用目标函数和约束条件构造辅助函数

$$F(\boldsymbol{x},\ M)=f(\boldsymbol{x})+MP(x) \tag{2.48}$$

其中，$F(\boldsymbol{x},\ M)$称为增广目标函数，$MP(\boldsymbol{x})$称为惩罚项，$M(>0)$称为罚因子，$P(\boldsymbol{x})$称为制约函数。

$F(\boldsymbol{x},\ M)$应具有这样的性质：当点 $\boldsymbol{x}$ 位于可行域以外时，$F(\boldsymbol{x},\ M)$取值很大，而且离可行域越远其值越大；当点 $\boldsymbol{x}$ 位于可行域内时，函数 $F(\boldsymbol{x},\ M)=f(\boldsymbol{x})$。这样可将约束优化问题转化为关于增广目标函数 $F(\boldsymbol{x},\ M)$的无约束极小值问题：

$$\min F(\boldsymbol{x},\ M)=f(\boldsymbol{x})+MP(\boldsymbol{x}) \tag{2.49}$$

在极小化过程中，若 $\boldsymbol{x}$ 不是可行点，则惩罚项 $MP(\boldsymbol{x})$取很大的值，其作用是迫使迭代点靠近可行域。能得到约束优化问题的近似解，而且 M 越大，近似程度越好。

制约函数有不同的定义方法，只要对非可行点能起制约的作用即可。

$\boldsymbol{P}(\boldsymbol{x})$的一般形式为

$$\boldsymbol{P}(\boldsymbol{x})=\sum_{i=1}^{m}\Phi(g_i(\boldsymbol{x}))+\sum_{j=1}^{l}\Psi(h_j(\boldsymbol{x})) \tag{2.50}$$

其中，Φ 和 Ψ 是满足下列条件的连续函数：

(a) 当 $g_i(\boldsymbol{x})\geqslant 0$ 时，$\Phi(g_i(\boldsymbol{x}))=0$；当 $g_i(\boldsymbol{x})<0$ 时，$\Phi(g_i(\boldsymbol{x}))>0$；

(b) 当 $h_j(\boldsymbol{x})=0$ 时，$\Psi(h_j(\boldsymbol{x}))=0$；当 $h_j(\boldsymbol{x})\neq 0$ 时，$\Psi(h_j(\boldsymbol{x}))>0$。

函数 Φ 和 Ψ 的典型取法如下：

$$\Phi(g_i(\boldsymbol{x}))=|[\min\{0,\ g_i(\boldsymbol{x})\}]|^{\alpha},\ \Psi(h_j(\boldsymbol{x}))=|h_j(\boldsymbol{x})|^{\beta} \tag{2.51}$$

其中，$\alpha \geqslant 1$，$\beta \geqslant 1$ 均为给定的常数。通常 $\alpha=\beta=2$。

SUMT 外点法的计算步骤如下：

Step1：给定初始迭代点 $\boldsymbol{x}^{(0)}$，初始罚因子 $M_0>0$，放大系数 $\alpha>1$，允许误差 $\varepsilon>0$，并置 $k=0$；

Step2：求解无约束规划问题 $\min\limits_{x\in R_n^{\ n}} F(\boldsymbol{x},\ M_k)$，得其极小点 $\boldsymbol{x}^{(k)}$；

Step3：若 $M_k P(x^{(k)})\leqslant\varepsilon$，则停止计算，得原问题近似极小点 $\boldsymbol{x}^{(k)}$，否则，令 $M_{k+1}=\alpha M_k$，并置 $k=k+1$，转 Step2。

2. SUMT 内点法

SUMT 内点法又称障碍函数法(Barrier Function Method)，其惩罚策略是：从任一可行点开始迭代，设法使迭代过程始终保持在可行域的内部进行。为此，在可行域的边界设置一道“墙”，对企图穿越这道“墙”的点在辅助目标函数中加入相应的障碍，越接近边界，障碍也越大，从而保证迭代始终在可行域的内部进行迭代。

从障碍函数法的惩罚策略可知，该方法仅用于含有不等式约束的非线性规划问题(NIP)：

$$\begin{aligned}\min \quad & f(\boldsymbol{x}) \\ \text{s.t.} \quad & g_i(\boldsymbol{x})\geqslant 0 \quad (i\in I)\end{aligned} \tag{2.52}$$

设 $\boldsymbol{S}$ 为问题(2.52)的可行域，记 $\boldsymbol{S}^0$ 为 $\boldsymbol{S}$ 的内点的集合，$\partial\boldsymbol{S}$ 为 $\boldsymbol{S}$ 的边界点的集合。

对于 NIP 问题(2.52)，利用目标函数和约束条件构造辅助函数

$$F(\boldsymbol{x},\ r)=f(\boldsymbol{x})+rB(\boldsymbol{x}) \tag{2.53}$$

其中，$F(\boldsymbol{x},\ r)$称为增广目标函数，$rB(\boldsymbol{x})$称为障碍项，$r(>0)$称为障碍因子，$B(\boldsymbol{x})$称为障碍函数。

$F(\boldsymbol{x},\ r)$应具有这样的性质：当 $\boldsymbol{x}\notin\boldsymbol{S}$ 时，$F(\boldsymbol{x},\ r)$无意义或其值为∞；当 $x=\partial\boldsymbol{S}$ 时，$F(\boldsymbol{x},\ r)$的值趋于∞；当 $x\in\boldsymbol{S}^0$时，$F(\boldsymbol{x},\ r)$连续且可微，其值与 $f(\boldsymbol{x})$近似。因此，当迭代点一接近可行域的边界时，就因“墙”的障碍自动碰回来。这样可将 NIP 问题(2.52)转化成关于增广目标函数 $F(\boldsymbol{x},\ r)$的无约束极小值问题：

$$\min \quad F(\boldsymbol{x},\ r)=f(\boldsymbol{x})+rB(\boldsymbol{x}) \tag{2.54}$$

在极小化过程中，若 $\boldsymbol{x}$ 在可行域的边界附近，则障碍项 $rB(\boldsymbol{x})$取很大的值，其作用是迫使迭代点在可行域的内部。因此求解问题(2.54)能得到 NIP 问题(2.52)的近似解，而且 r 越小，$F(\boldsymbol{x},\ r)$逼近似 $f(\boldsymbol{x})$的程度越好。

障碍函数只要对非可行点能起制约的性质即可。一般地，$B(\boldsymbol{x})$应满足以下条件：

(a) $B(\boldsymbol{x})$在 $\boldsymbol{S}^0$ 内连续；

(b) $\forall\,\boldsymbol{x}\in\boldsymbol{S}^0$，$B(\boldsymbol{x})\geqslant 0$；

(c) 当 $\boldsymbol{x}$ 由 $\boldsymbol{S}^0$ 内趋于$\partial\boldsymbol{S}$ 时，$B(\boldsymbol{x})\rightarrow+\infty$。

即

$$B(\boldsymbol{x})=\begin{cases}+\infty & x\in\partial\boldsymbol{S} \\ \geqslant 0 & x\in\boldsymbol{S}^0\end{cases} \tag{2.55}$$

通常取 $B(\boldsymbol{x})=\sum\limits_{i=1}^{m}\phi(g_i(\boldsymbol{x}))$，其中连续函数 $\phi(g_i(\boldsymbol{x}))\geqslant 0$，对于 $g_i(\boldsymbol{x})\geqslant 0$，有

$\lim\limits_{g_i(x)\to 0^+} \phi(g_i(\boldsymbol{x})) = +\infty$。

为了保持迭代点含于可行域内部，定义障碍函数

$$F(\boldsymbol{x}, r) = f(\boldsymbol{x}) + rB(\boldsymbol{x}) \tag{2.56}$$

其中，$B(\boldsymbol{x})$是连续函数，当点 $\boldsymbol{x}$ 趋于可行域边界时，$B(\boldsymbol{x}) \to +\infty$，两种常用的形式是：

$$B(\boldsymbol{x}) = \sum_{i=1}^{m} \frac{1}{g_j(\boldsymbol{x})} \tag{2.57}$$

或

$$B(\boldsymbol{x}) = -\sum_{i=1}^{m} \log g_j(\boldsymbol{x}) \tag{2.58}$$

注：上式中 log 是对数障碍(logarithmic barrier)的习惯性写法，所以不能加底数。

SUMT 内点法的计算步骤如下：

Step1：给定初始迭代点 $\boldsymbol{x}^{(0)} \in \boldsymbol{S}$，初始参数 $r_0 > 0$，缩小系数 $\beta \in (0, 1)$，允许误差$\varepsilon > 0$，置 $k=0$。

Step2：以 $\boldsymbol{x}^{(k)}$ 为初始点，求解障碍因子为 r_k 的无约束优化问题(2.54)，得其极小点 $\boldsymbol{x}^{(k)}$。

Step3：若 $r_k B(\boldsymbol{x}^{(k)}) \leqslant \varepsilon$，则停止，得近似极小点 $\boldsymbol{x}^{(k)}$；否则，令 $r_{k+1} = \beta r_k$，置 $k=k+1$，转 Step2。

2.3.2　二次规划问题

目标函数是二次函数的线性约束最优化问题称为二次规划(QP)问题。二次规划问题是最简单且重要的约束最优化问题之一。它不仅因为二次规划本身的重要性，而且由于它在一般约束最优化问题的求解中也起着重要的作用。由于二次规划本身的特点，可以建立一些更有效的方法。

1. 等式约束二次规划问题

等式约束二次规划(QNP)问题的数学模型如下：

$$\begin{gathered}\min \quad f(\boldsymbol{x}) = \frac{1}{2} x^{\mathrm{T}} \boldsymbol{G} x + \boldsymbol{c}^{\mathrm{T}} \boldsymbol{x} \\ \text{s. t.} \quad \boldsymbol{A}\boldsymbol{x} = \boldsymbol{b}\end{gathered} \tag{2.59}$$

其中，$\boldsymbol{G}$ 是 n 阶对称阵，$\boldsymbol{A}$ 是 $m \times n$ 矩阵，并假设 $\boldsymbol{A}$ 的秩为 m。

直接消去法，又称高斯消去(Gauss)法，其基本思想是：利用等式约束消去部分变量，将 QNP 问题转化为无约束最优化问题。设有以下分块：

$$\boldsymbol{x} = \begin{bmatrix} \boldsymbol{x}_B \\ \boldsymbol{x}_C \end{bmatrix}, \boldsymbol{A} = [\boldsymbol{A}_B \quad \boldsymbol{A}_N], \boldsymbol{G} = \begin{bmatrix} \boldsymbol{G}_{BB} & \boldsymbol{G}_{BN} \\ \boldsymbol{G}_{NB} & \boldsymbol{G}_{NN} \end{bmatrix}, \boldsymbol{c} = \begin{bmatrix} \boldsymbol{c}_B \\ \boldsymbol{c}_N \end{bmatrix} \tag{2.60}$$

其中，$\boldsymbol{x}_B \in \boldsymbol{R}^m$，$\boldsymbol{x}_N \in \boldsymbol{R}^{n-m}$。则 $\boldsymbol{A}\boldsymbol{x} = \boldsymbol{b}$ 可写成 $\boldsymbol{A}_B \boldsymbol{x}_B + \boldsymbol{A}_N \boldsymbol{x}_N = \boldsymbol{b}$，由高斯消去法得

$$\boldsymbol{x}_B = \boldsymbol{A}_B^{-1}(\boldsymbol{b} - \boldsymbol{A}_N \boldsymbol{x}_N) \tag{2.61}$$

将其代入 $f(\boldsymbol{x})$，则可将 QNP 问题转化为下列无约束最优化问题：

$$\min_{\boldsymbol{x}_N \in \boldsymbol{R}^{n-m}} \frac{1}{2} \boldsymbol{x}_N^{\mathrm{T}} \bar{\boldsymbol{G}} \boldsymbol{x}_N + \bar{\boldsymbol{c}} \boldsymbol{x}_N + \hat{\boldsymbol{c}} \tag{2.62}$$

其中

$$\bar{\boldsymbol{G}}=\boldsymbol{G}_{NN}-\boldsymbol{G}_{NB}\boldsymbol{A}_B^{-1}\boldsymbol{A}_N-\boldsymbol{A}_N^{\mathrm{T}}\boldsymbol{A}_B^{-\mathrm{T}}\boldsymbol{G}_{BN}+\boldsymbol{A}_N^{\mathrm{T}}\boldsymbol{A}_B^{-\mathrm{T}}\boldsymbol{G}_{BB}\boldsymbol{A}_B^{-1}\boldsymbol{A}_N \tag{2.63}$$

$$\bar{\boldsymbol{c}}=\boldsymbol{c}_N-\boldsymbol{A}_N^{\mathrm{T}}\boldsymbol{A}_B^{-\mathrm{T}}\boldsymbol{c}_B+(\boldsymbol{G}_{NB}-\boldsymbol{A}_N^{\mathrm{T}}\boldsymbol{A}_B^{-\mathrm{T}}\boldsymbol{G}_{BB})\boldsymbol{A}_B^{-\mathrm{T}}\boldsymbol{b} \tag{2.64}$$

$$\hat{\boldsymbol{c}}=\frac{1}{2}\boldsymbol{b}^{\mathrm{T}}\boldsymbol{A}_B^{-\mathrm{T}}\boldsymbol{G}_{BB}\boldsymbol{A}_B^{-1}\boldsymbol{b}+\boldsymbol{c}_B^{\mathrm{T}}\boldsymbol{A}_B^{-\mathrm{T}}\boldsymbol{b} \tag{2.65}$$

如果 $\bar{\boldsymbol{G}}$ 正定，则问题(2.62)的唯一最优解为 $\boldsymbol{x}_N^*=-\bar{\boldsymbol{G}}^{-1}\bar{\boldsymbol{c}}$。从而 QNP 问题的最优解为

$$\boldsymbol{x}^*=\begin{bmatrix}\boldsymbol{x}_B^*\\ \boldsymbol{x}_N^*\end{bmatrix}=\begin{bmatrix}\boldsymbol{A}_B^{-1}\boldsymbol{b}+\boldsymbol{A}_B^{-1}\boldsymbol{A}_N\bar{\boldsymbol{G}}^{-1}\bar{\boldsymbol{c}}\\ -\bar{\boldsymbol{G}}^{-1}\bar{\boldsymbol{c}}\end{bmatrix} \tag{2.66}$$

相应的最优 Lagrange 乘子 $\boldsymbol{\lambda}^*$ 满足 $\nabla f(\boldsymbol{x}^*)=\boldsymbol{A}^{\mathrm{T}}\boldsymbol{\lambda}^*$，即

$$\boldsymbol{c}+\boldsymbol{G}\boldsymbol{x}^*=\boldsymbol{A}^{\mathrm{T}}\boldsymbol{\lambda}^* \tag{2.67}$$

由上式的前 m 个方程可解得

$$\boldsymbol{\lambda}^*=\boldsymbol{A}_B^{-\mathrm{T}}(\boldsymbol{G}_{BB}\boldsymbol{x}_B^*+\boldsymbol{G}_{BN}\boldsymbol{x}_N^*+\boldsymbol{c}_B) \tag{2.68}$$

如果 $\bar{\boldsymbol{G}}$ 有负的特征值，则问题(2.62)无界，从而 QNP 问题无最优解。如果 $\bar{\boldsymbol{G}}$ 半正定，情况较复杂了，QNP 问题可能有最优解，也可能无最优解。

直接消去法适合在问题规模较小时用手工计算，当问题规模较大时，计算 $\boldsymbol{A}_B^{-1}$ 时不仅计算量大、而且会影响算法的稳定性。基于避免直接求解 $\boldsymbol{A}_B^{-1}$ 的改进算法称为广义消去法。

这里我们介绍 Lagrange 乘子法。首先定义 QNP 问题的 Lagrange 函数为

$$L(\boldsymbol{x},\boldsymbol{\lambda})=\frac{1}{2}\boldsymbol{x}^{\mathrm{T}}\boldsymbol{G}\boldsymbol{x}+\boldsymbol{c}^{\mathrm{T}}\boldsymbol{x}-\boldsymbol{\lambda}^{\mathrm{T}}(\boldsymbol{A}\boldsymbol{x}-\boldsymbol{b}) \tag{2.69}$$

令

$$\begin{cases}\nabla_x L(\boldsymbol{x},\boldsymbol{\lambda})=\boldsymbol{G}\boldsymbol{x}+\boldsymbol{c}-\boldsymbol{A}^{\mathrm{T}}\boldsymbol{\lambda}=0\\ \nabla_\lambda L(\boldsymbol{x},\boldsymbol{\lambda})=-\boldsymbol{A}\boldsymbol{x}+\boldsymbol{b}=0\end{cases} \tag{2.70}$$

即

$$\begin{bmatrix}\boldsymbol{G} & -\boldsymbol{A}^{\mathrm{T}}\\ -\boldsymbol{A} & 0\end{bmatrix}\begin{bmatrix}\boldsymbol{x}\\ \boldsymbol{\lambda}\end{bmatrix}=\begin{bmatrix}-\boldsymbol{c}\\ -\boldsymbol{b}\end{bmatrix} \tag{2.71}$$

设上式的系数矩阵可逆，且记

$$\begin{bmatrix}\boldsymbol{G} & -\boldsymbol{A}^{\mathrm{T}}\\ -\boldsymbol{A} & 0\end{bmatrix}^{-1}=\begin{bmatrix}\boldsymbol{Q} & -\boldsymbol{R}^{\mathrm{T}}\\ -\boldsymbol{R} & \boldsymbol{S}\end{bmatrix} \tag{2.72}$$

则

$$\begin{aligned}&\boldsymbol{S}=-(\boldsymbol{A}\boldsymbol{G}^{-1}\boldsymbol{A}^{\mathrm{T}})^{-1}\\ &\boldsymbol{R}=(\boldsymbol{A}\boldsymbol{G}^{-1}\boldsymbol{A}^{\mathrm{T}})^{-1}\boldsymbol{A}\boldsymbol{G}^{-1}\\ &\boldsymbol{Q}=\boldsymbol{G}^{-1}-\boldsymbol{G}^{-1}\boldsymbol{A}^{\mathrm{T}}(\boldsymbol{A}\boldsymbol{G}^{-1}\boldsymbol{A}^{\mathrm{T}})^{-1}\boldsymbol{A}\boldsymbol{G}^{-1}\end{aligned} \tag{2.73}$$

从而得最优解及最优 Lagrange 乘子为

$$\begin{aligned}&\boldsymbol{x}^*=-\boldsymbol{Q}\boldsymbol{c}+\boldsymbol{R}^{\mathrm{T}}\boldsymbol{b}\\ &\lambda^*=\boldsymbol{R}\boldsymbol{c}-\boldsymbol{S}\boldsymbol{b}\end{aligned} \tag{2.74}$$

设 $\boldsymbol{x}^{(k)}$ 是 QNP 问题的任一可行解，即 $\boldsymbol{A}\boldsymbol{x}^{(k)}=\boldsymbol{b}$，此时 $\boldsymbol{g}_k=\boldsymbol{G}\boldsymbol{x}^{(k)}+\boldsymbol{c}$，由(2.74)式可以推导出最优解及最优 Lagrange 乘子的另一表示式

$$\begin{aligned}&\boldsymbol{x}^*=\boldsymbol{x}^{(k)}-\boldsymbol{Q}\boldsymbol{g}_k\\ &\boldsymbol{\lambda}^*=\boldsymbol{R}\boldsymbol{g}_k\end{aligned} \tag{2.75}$$

2. 一般形式二次规划问题的起作用约束集法

一般形式二次规划(QP)问题的数学模型如下：

$$
\begin{aligned}
&\min \quad f(\boldsymbol{x})=\frac{1}{2}\boldsymbol{x}^{\mathrm{T}}\boldsymbol{G}\boldsymbol{x}+\boldsymbol{c}^{\mathrm{T}}\boldsymbol{x} \\
&\text{s.t.} \quad \begin{cases}\boldsymbol{A}\boldsymbol{x}\geqslant \boldsymbol{b}\\ \hat{\boldsymbol{A}}\boldsymbol{x}=\hat{\boldsymbol{b}}\end{cases}
\end{aligned}
\tag{2.76}
$$

其中，$\boldsymbol{G}$ 是 n 阶对称阵，$\boldsymbol{A}$ 是 $m\times n$ 矩阵，$\hat{\boldsymbol{A}}$ 是 $l\times n$ 矩阵。

下面先介绍起作用约束集理论：设 $\boldsymbol{x}^{(k)}$ 为 QP 问题的当前可行迭代点，其起作用约束指标集

$$I_k=\{i\,|\,a_i\boldsymbol{x}^{(k)}=\boldsymbol{b}_i,\ i=1,\ 2,\ \cdots,\ m\}\cup\{j\,|\,\hat{a}_j\boldsymbol{x}^{(k)}=\boldsymbol{b}_j,\ j=1,\ 2,\ \cdots,\ l\} \tag{2.77}$$

并记 $I_k'=\{i\,|\,a_i\boldsymbol{x}^{(k)}=\boldsymbol{b}_i,\ i=1,\ 2,\ \cdots,\ m\}$ 为不等式约束的起作用约束指标集。则在第 k 步，原 QP 问题可通过求解下列子问题来解决：

$$
\begin{aligned}
&\min \quad f(\boldsymbol{x})=\frac{1}{2}\boldsymbol{x}^{\mathrm{T}}\boldsymbol{G}\boldsymbol{x}+\boldsymbol{c}^{\mathrm{T}}\boldsymbol{x} \\
&\text{s.t.} \quad \boldsymbol{A}_k\boldsymbol{x}=\bar{\boldsymbol{b}}
\end{aligned}
\tag{2.78}
$$

其中，$\boldsymbol{A}_k$是以 $a_i(i\in I_k)$为行向量的矩阵，$\bar{\boldsymbol{b}}$ 为相应约束的右端项。若令 $\boldsymbol{x}=\boldsymbol{x}^{(k)}+\boldsymbol{p}$，则问题(2.78)可化为

$$
\begin{aligned}
&\min \quad f(\boldsymbol{x})=\frac{1}{2}\boldsymbol{p}^{\mathrm{T}}\boldsymbol{G}\boldsymbol{p}+\boldsymbol{g}_k^{\mathrm{T}}\boldsymbol{p} \\
&\text{s.t.} \quad a_ip=0(i\in I_k)
\end{aligned}
\tag{2.79}
$$

其中，$\boldsymbol{g}_k=\nabla f(\boldsymbol{x}^{(k)})=\boldsymbol{G}\boldsymbol{x}^{(k)}+\boldsymbol{c}$。通过求解子问题(2.79)可以确定搜索方向 $\boldsymbol{p}^{(k)}$。当 $\boldsymbol{G}$ 为对称正定阵时，子问题(2.79)有唯一解 $\boldsymbol{p}^{(k)}$。

若 $\boldsymbol{p}^{(k)}=0$，则 $\boldsymbol{x}^{(k)}$ 为子问题(2.78)的最优解。若再有对应的 Lagrange 乘子 $\lambda_i^{(k)}\geqslant 0$ $(i\in I_k')$，由最优性理论知，$\boldsymbol{x}^{(k)}$ 为原 QP 问题的最优解；否则，计算

$$\lambda_{i_k}^{(k)}=\min\{\lambda_i^{(k)}\,|\,i\in I_k'\} \tag{2.80}$$

令 $I_k'=I_k'-\{i_k\}$。可以证明，对新的指标集 I_k，子问题(2.79)的最优解为原 QP 问题的一个下降可行方向。

若 $\boldsymbol{p}^{(k)}\neq 0$，计算最大迭代步长

$$\beta_{\max}=\min\left\{\frac{b_i-a_i\boldsymbol{x}^{(k)}}{a_i\boldsymbol{p}^{(k)}}\,\middle|\,a_i\boldsymbol{p}^{(k)}<0,\ i\notin I_k\right\} \tag{2.81}$$

在 $\boldsymbol{x}^{(k)}$ 中作沿方向 $\boldsymbol{p}^{(k)}$ 的限制步长的一维搜索，求出

$$\beta_k=\min\{\beta_{\max},\ 1\} \tag{2.82}$$

令 $\boldsymbol{x}^{(k+1)}=\boldsymbol{x}^{(k)}+\beta_k\boldsymbol{p}^{(k)}$，进行下一次迭代。

综上所述，得到求解 QP 问题的起作用约束集算法框架。

起作用约束集算法步骤如下：

Step1：给定初始迭代点 $\boldsymbol{x}^{(1)}$，确定有效集 I_1，令 $k=1$。

Step2：求解子问题(2.79)，若 $\boldsymbol{p}^{(k)}=0$，转 Step3；否则，转 Step4。

Step3：由式(2.79)计算 Lagrange 乘子 $\lambda^{(k)}$，并用式(2.80)确定 $\lambda_{i_k}^{(k)}$：

若 $\lambda_i^{(k)} \geqslant 0$，则 $\boldsymbol{x}^* = \boldsymbol{x}^{(k)}$，得到近似最优解，停止计算；

若 $\lambda_i^{(k)} < 0$，修改有效集，令 $I_{k+1} = I'_k - \{i_k\}$，转 Step6。

Step4：由式(2.82)计算步长 β_k，令 $\boldsymbol{x}^{(k+1)} = \boldsymbol{x}^{(k)} + \beta_k \boldsymbol{p}^{(k)}$。

Step5：若 $\beta_k < 1$，则在有效集 I_k 中增加相应的约束构成 I_{k+1}，转 Step6。

Step6：令 $k = k+1$，转 Step2。

本 章 小 结

最优化方法是信号稀疏化处理的数学基础，信号稀疏化问题的求解可以转化为求解最优化问题，所以为帮助读者更好地理解信号稀疏化理论与方法。本章介绍了求解信号稀疏化问题中最常用的三大方面的经典方法：非线性优化、无约束最优化方法和约束最优化方法。

参考文献及扩展阅读资料

[1] 李占利，张卫国，库向阳. 最优化理论与方法[M]. 徐州：中国矿业大学出版社，2012.

[2] 李占利. 运筹学简明教程[M]. 2版. 西安：西北工业大学出版社，2001.

[3] 运筹学编写组. 运筹学[M]. 2版. 北京：清华大学出版社，1990.

[4] 陈宝林. 最优化理论与算法[M]. 2版. 北京：清华大学出版社，2005.

[5] 吴祈宗. 运筹学与最优化方法[M]. 北京：机械工业出版社，2003.

[6] 孙文瑜，徐成贤，朱德通. 最优化方法[M]. 北京：高等教育出版社，2004.

[7] 徐成贤，陈志平，李乃成. 近代最优化方法[M]. 北京：科学出版社，2002.

[8] 万仲平，费浦生. 优化理论与方法[M]. 武汉：武汉大学出版社，2004.

[9] Sierksma G.. Linear and integer programming[M]. New York：Marcel Dekker，inc.，1996.

[10] 刑文训，谢金星. 现代优化方法[M]. 2版. 北京：清华大学出版社，2005.

[11] 汪定伟，王俊伟，王洪峰，等. 智能优化方法[M]. 北京：高等教育出版社，2007.

[12] 于歆杰，周根贵. 遗传算法与工程优化[M]. 北京：清华大学出版社，2004.

[13] 谢金星，薛毅. 优化建模与LINDO/LINGO软件[M]. 北京：清华大学出版社，2005.

[14] 韩中庚，郭晓莉，杜剑平，等. 实用运筹学模型、方法与计算[M]. 北京：清华大学出版社，2007.

第 3 章　信号稀疏处理基础

本章介绍信号稀疏表达和分解所需的信号处理知识，为读者扫除因缺乏基础知识而难理解本书主要内容的障碍，有助于读者迅速学习、掌握理论方法的本质。

3.1　二维信号基础

3.1.1　二维数字图像信号

数字图像处理是指把模拟图像信号经过采样与量化后转换成数字格式并进行计算处理的过程。本书所说的图像都是指数字图像。数字图像用 f 来表示，如果采样后的图像有 M 行 N 列，则可用 $M\times N$ 的矩阵来表示数字图像，即：

$$f=\begin{bmatrix} f(0,\ 0) & f(0,\ 1) & \cdots & f(0,\ N-1) \\ f(1,\ 0) & f(1,\ 1) & \cdots & f(1,\ N-1) \\ \vdots & \vdots & \ddots & \vdots \\ f(M-1,\ 0) & f(M-1,\ 1) & \cdots & f(M-1,\ N-1) \end{bmatrix} \tag{3.1}$$

式中，$f(x,\ y)(x\in 0,\ 1,\ \cdots,\ M-1;\ y\in 0,\ 1,\ \cdots,\ N-1)$表示像素点，如图 3.1 所示。

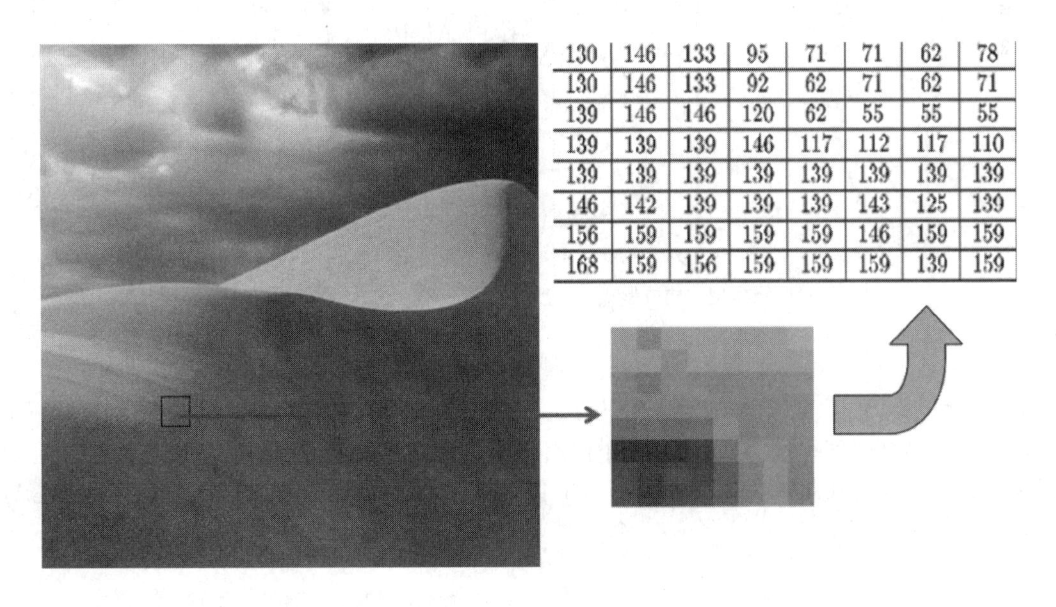

130	146	133	95	71	71	62	78
130	146	133	92	62	71	62	71
139	146	146	120	62	55	55	55
139	139	139	146	117	112	117	110
139	139	139	139	139	139	139	139
146	142	139	139	139	143	125	139
156	159	159	159	159	146	159	159
168	159	156	159	159	159	139	159

图 3.1　数字图像示意图

图像可看成是每个离散采样点均具有各自属性的离散单元的集合，对图像的处理就是

通过对每个像素点的操作来完成对这些离散单元的操作。数字图像的特点为：从其内容上看有极其丰富的细节和高度的复杂性，通常来源于客观世界的物理存在。从其存储格式上来看，一幅数字图像可以用一个矩阵来表示，矩阵的行和列记录像素点的位置坐标，其元素表示像素的量化值。一幅数字图像是许多离散点的集合，具有离散性。这种离散化像素的存储格式没有直接包含表示各离散点之间的关联信息。任何图像都可以用这些离散的点来表示，数字图像之间的不同就是各个离散点的灰度值的不同，和数字图像内容相关的仅仅是整个离散点集所表现出来的整体的灰度信息。一个像素点到另一个像素点灰度值的变化，从整幅数字图像来看，是用离散的变化来表示连续的内容。一幅数字图像的相邻像素点灰度变化的快慢也就表现出图像的高频和低频信息，这些信息直接与内容相关。因此，处理数字图像时不仅仅是考虑单个的像素点，而是考虑整幅图像的内容，其处理的难度就会大大地增加。

在数字图像中，图像的高频信息是像素点到像素点之间变化比较快的像素点的集合，在图像的内容上往往表现为图像的细节信息。而低频信息是像素点到像素点之间变化比较慢的像素点的集合，在图像的内容上往往表现为图像的轮廓信息。

3.1.2 基于一维信号的二维信号分析

二维轮廓线模型由一条封闭的轮廓线表示。这条轮廓线由一组二维空间中的点连接成小段的直线段构成。图 3.2(a)描述了二维轮廓线模型的构成形式。这条轮廓线上的点可以通过坐标向量 $\boldsymbol{V}_{n\times 2}$ 来表达，其中 n 表示顶点的个数，2 表示每个点由 x、y 两个分量确定。图 3.2(b)说明了轮廓线的表示方法。

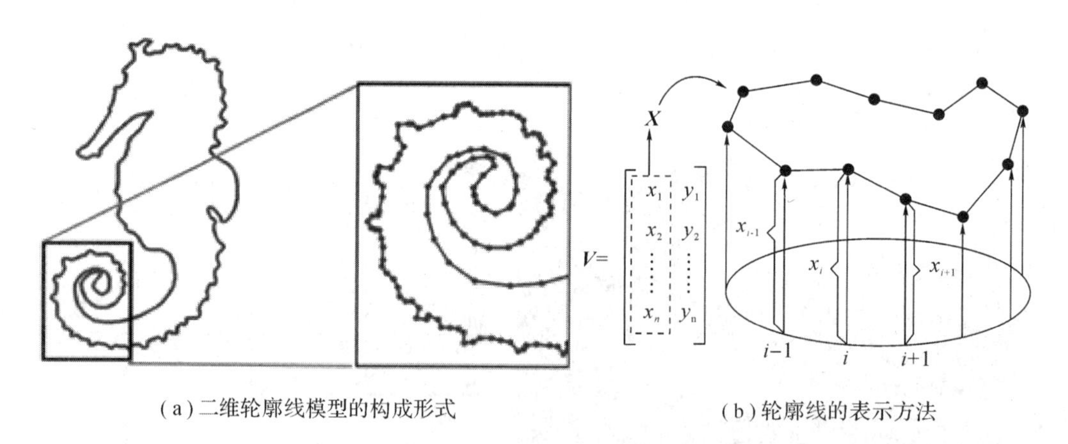

(a)二维轮廓线模型的构成形式　　(b)轮廓线的表示方法

图 3.2　轮廓线模型表示图

$\boldsymbol{V}_{n\times 2}=[\boldsymbol{X}\quad \boldsymbol{Y}]$，可以将轮廓线看作两组分离的一维信号，因此以下的分析只针对一维信号 $\boldsymbol{X}$ 进行分析，同样的方法可以应用于 $\boldsymbol{Y}$。应用压缩感知的方法对信号进行处理的前提是信号必须在一组基底下为稀疏信号。为了得到 $\boldsymbol{X}$ 信号的稀疏表达，引入离散 Laplace 算子如下：

$$\delta(\boldsymbol{X})=\boldsymbol{L}\boldsymbol{X}=\begin{bmatrix} 1 & -\frac{1}{2} & 0 & \cdots & \cdots & 0 & -\frac{1}{2} \\ -\frac{1}{2} & 1 & -\frac{1}{2} & 0 & \cdots & \cdots & 0 \\ \vdots & \vdots & \vdots & \vdots & \vdots & \vdots & \vdots \\ 0 & \cdots & \cdots & 0 & -\frac{1}{2} & 1 & -\frac{1}{2} \\ -\frac{1}{2} & 0 & \cdots & \cdots & 0 & -\frac{1}{2} & 1 \end{bmatrix}\boldsymbol{X} \tag{3.2}$$

$\boldsymbol{L}$ 为对称矩阵，有实特征值与实特征向量，这些特征向量构成了一组正交基。任意的 n 维向量(信号)均可以表示为这组正交基的线性组合，其组合系数构成了 n 维向量(信号)的另一种表达形式。图 3.3 表示了 $\boldsymbol{L}$ 前 8 个特征值对应的 8 个特征向量。

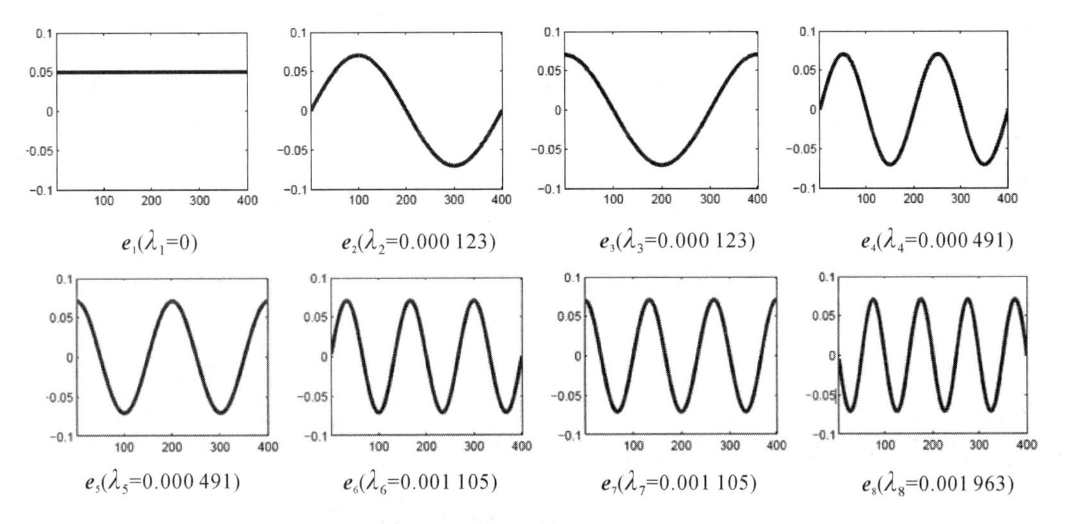

图 3.3　Laplace 算子的频率分布图

设 $\boldsymbol{e}_1$，$\boldsymbol{e}_2 \cdots \boldsymbol{e}_n$ 为 $\boldsymbol{L}$ 的标准化特征向量，分别对应于特征值 λ_1，$\lambda_2 \cdots \lambda_n$。由此可得到矩阵 $\boldsymbol{E}=[\boldsymbol{e}_1 \quad \boldsymbol{e}_2 \quad \cdots \quad \boldsymbol{e}_n]$。

$$\boldsymbol{X}=\sum_{i=1}^{n}\boldsymbol{e}_i\tilde{\boldsymbol{x}}_i=e_1\tilde{x}_1+e_2\tilde{x}_2+\cdots+e_n\tilde{x}_n=\begin{bmatrix} E_{11} & \cdots & E_{1n} \\ E_{21} & \cdots & E_{2n} \\ \vdots & \vdots & \vdots \\ E_{n1} & \cdots & E_{nn} \end{bmatrix}\begin{bmatrix} \tilde{x}_1 \\ \tilde{x}_2 \\ \vdots \\ \tilde{x}_n \end{bmatrix}=\boldsymbol{E}\tilde{\boldsymbol{X}} \tag{3.3}$$

式(3.3)中的 $\tilde{\boldsymbol{X}}$ 为信号 $\boldsymbol{X}$ 在新的坐标基下的表达。将信号 $\boldsymbol{X}$ 在新的坐标基下的表达表示为三元组：$[\lambda_i \quad \boldsymbol{e}_i \quad \tilde{x}_i]$，其中 $\boldsymbol{e}_i$ 为特征向量，即坐标基，λ_i 为 $\boldsymbol{e}_i$ 所对应的特征值，$\tilde{x}_i$ 为 $\boldsymbol{e}_i$ 的系数。因此 λ_i 与 $\tilde{x}_i$ 构成函数关系。

图 3.2(a)中海马的轮廓线由 401 个点构成，其 $\boldsymbol{X}$ 信号由图 3.4(a)表示。横轴为点的序列，纵轴为信号幅度。图 3.2(a)中海马几何形状的 λ_i 与 $\tilde{x}_i$ 的函数关系可由图 3.4(b)表示。从图 3.4(a)中可以看出，此信号几乎处处非 0，因此是非稀疏信号。从图 3.4(b)中可以看出图 3.4(a)的信号经过变换后信号几乎处处为 0，因此是稀疏信号。同样的方法可以作用于 $\boldsymbol{Y}$，使得大部分的 $\tilde{y}_i$ 也均为 0。这样就得到了二维几何信号的稀疏表达。

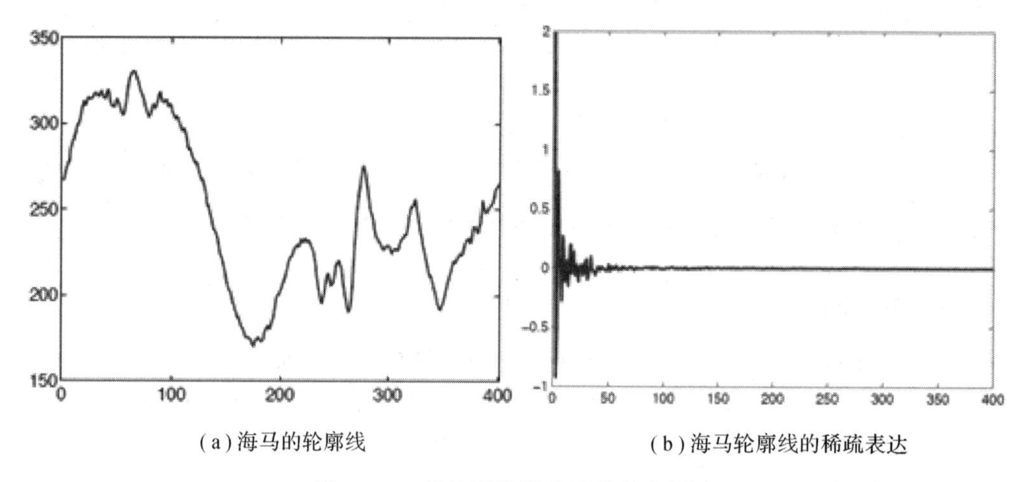

(a)海马的轮廓线　　(b)海马轮廓线的稀疏表达

图 3.4　二维轮廓线模型 X 信号分析图

由于 $\boldsymbol{X}$、$\boldsymbol{Y}$ 信号在 Laplace 坐标基底下可以稀疏化表达，因此可以使用压缩感知的方法对信号进行稀疏表达。

3.2　三维信号基础

3.2.1　三维模型

一般地，三维模型都是由点、线和面组成的。通常处理的三维模型信息主要是表示物体在欧氏空间中位置、大小与形状的几何信息和表示物体相互间的连接关系与物体各分量数目的拓扑信息，图 3.5 即为三维网格模型的示例。

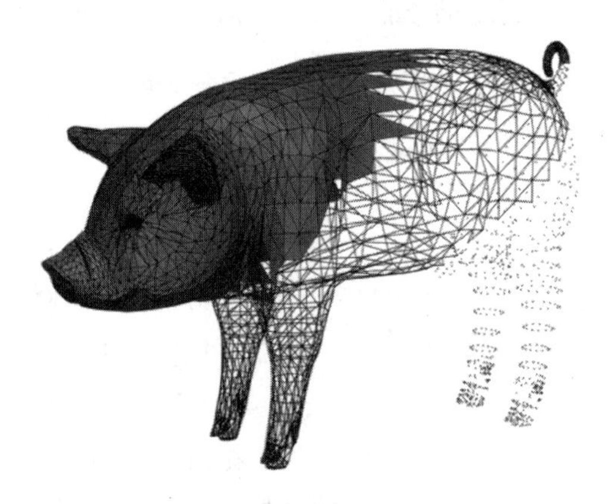

图 3.5　三维网格模型的表示

三维模型的表示方法很多，比较常见的有：参数曲面表示、点云表示、隐函数表示和多边形网格表示等，其中最常用的是三维网格模型。网格模型与传统曲面模型相比有如下优点：

(1) 多边形网格的形状比较容易表达，而且进行整体计算和全局处理比较方便；

(2) 多边形网格能以任意的精度拟合任何有复杂拓扑结构的曲面物体；

(3) 若想表达一个物体的几何信息，仅只需把每个多边形的顶点和它的属性存储起来即可；

(4) 多边形网格内的任一可见点的信息可以通过顶点信息的插值或拟合运算获得。

这种处理方式可以使用硬件加速技术实现对多边形网格的绘制，使三维模型外形更加流畅。在多边形网格模型中，三角形网格模型使用得尤为普遍。三角网格有很强的表达能力，任何多边形都可以剖分成一个三角形集。

若干个三角形拼接成一个三角网格，其可由顶点数组和三角面片数组进行描述，可表示为：V:(float$x$, y, z)[m]与 T:(intv_0, v_1, v_2)[n]。每个三角形可以由三个顶点来确定，x、y、z 是每个顶点的三个坐标分量，这三个顶点在顶点数组 V 中的索引是 v_0、v_1、v_2，顶点数为 m，三角面片数为 n。

有些三角网格模型除了存储每个顶点的坐标外，还存储了各种用于绘制模型的属性信息，像模型每个顶点的颜色、法向量和纹理等。比较常见的三维模型格式的后缀名为：PLY、OBJ、WRL、3DS、OFF 等。其中 OFF 格式表达比较简单，Princeton 大学提供了 OFF 格式的三维模型库。下面就 OFF 格式的三维模型做一个简单的介绍，图 3.6 即为三维网格模型 OFF 格式文件。

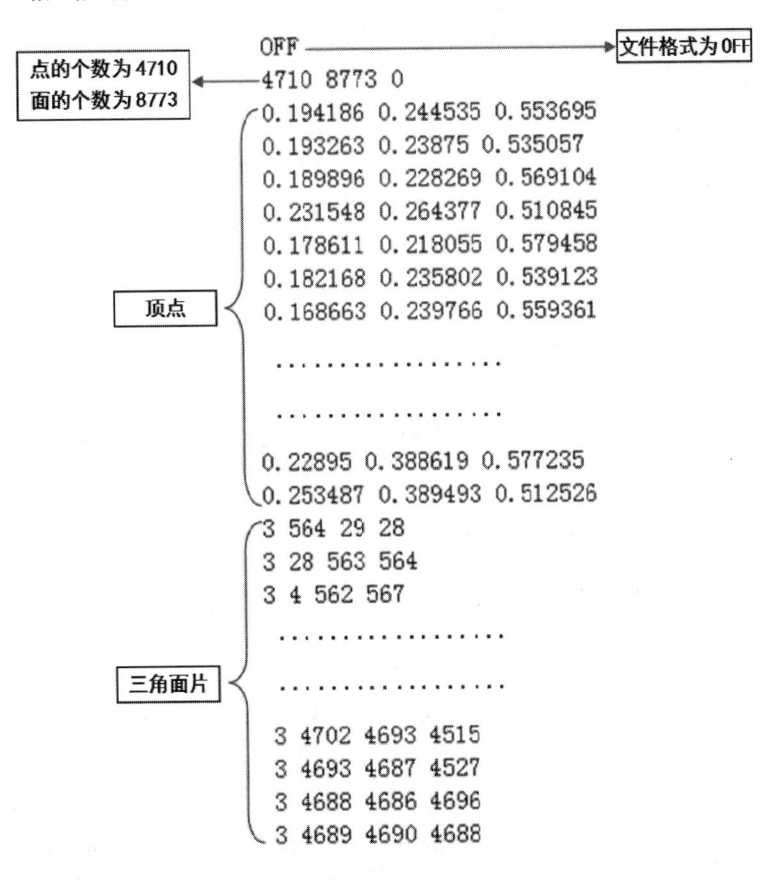

图 3.6　三维网格模型 OFF 格式文件

OFF 格式文件是用一个 ASCII 文件存储一个三维模型，包含能足够表达模型绘制所必需的几何信息，同时信息量最小。图 3.6 所示就是一个 OFF 格式的三维模型的 ASCII 文件，文件的第一行都是以关键字 OFF 开头，文件的第二行的数字分别是点数、面片数和边数，其中边数一般可略去，写成 0。第三行开始就是模型的顶点坐标，每个顶点有 x、y 和 z 轴的三个坐标值，每个顶点各占一行。顶点数据的下面是三角面片的信息，以 3 开头，每行有四个数据，3 表示由 3 个顶点表示一个三角面片，后面三个数字表示的是顶点的索引，即由哪几个顶点组成个三角面片，如三角面片的第一行 3、564、29、28 四个数字表示这个三角面片由第 564、第 29 和第 28 三个顶点组成，顶点索引计数从 0 开始，依次递加，即文件开始的第三行是模型的第 0 个顶点，第四行是模型的第 1 个顶点……。

不同格式的三维模型都包含必要的几何信息，可以相互转化。因为转化后的三维模型文件有的仅丢失顶点的属性信息，但都包含几何信息，所以转化后的模型都同样具有比较强的可操作性。

3.2.2　三维模型几何信号分析

上节中分析了二维轮廓线模型的几何信号，本节的工作是将二维轮廓线模型几何信号的分析方法推广到三维模型上。

上节中已经描述了三维模型的结构，三维模型的结构中包括几何部分与拓扑部分。几何部分表示顶点的信息，即顶点的坐标，由浮点数表示。拓扑部分表示面的信息，由整型数表示。因此对三维模型的稀疏化应当放在几何结构的稀疏表达上。

从信号抽样的观点看，模型的几何部分是对原始模型，即连续信号 $z=f(x, y)$ 抽样得到的结果。顶点的个数取决于连续信号 $z=f(x, y)$ 的最大截止频率。从这种观点看，三维模型文件较大的根本原因在于原始模型，即连续信号 $z=f(x, y)$ 的最大截止频率太高，所以按照香农-奈奎斯特定理采样时，得到的顶点个数是 $z=f(x, y)$ 最大截止频率的 2 倍。图 3.7 中描述了三维模型的模拟采样过程。

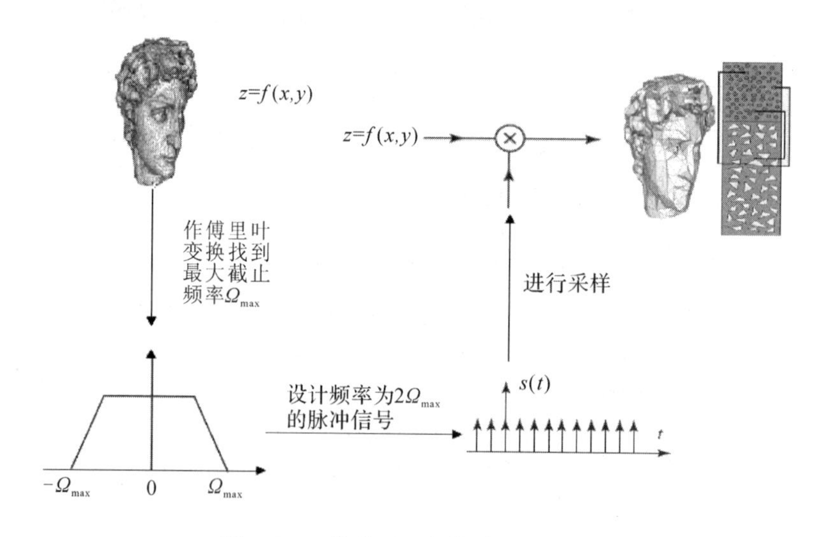

图 3.7　三维模型几何信号的采样过程

从图 3.7 中可以知道，按照抽样的观点，经过抽样后得到三维模型，再对模型进行稀疏化，因此所有的稀疏化算法均是在完成抽样以后进行的。图 3.8 描述了传统模型稀疏压缩算法的工作过程。

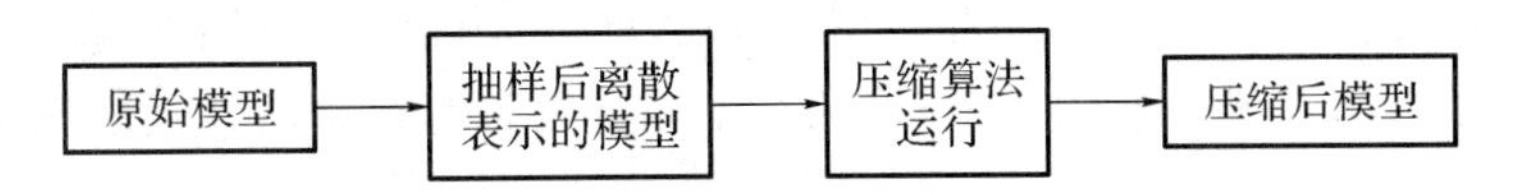

图 3.8　传统三维模型的稀疏压缩过程

从图 3.8 中可以知道，传统的三维模型稀疏压缩方法是在获得模型以后再对模型进行稀疏压缩。可以想象这是一种效率很低的做法。而压缩感知的方法与传统的方法完全不同，图 3.9 描述了压缩感知方法对三维模型进行稀疏压缩的工作过程。

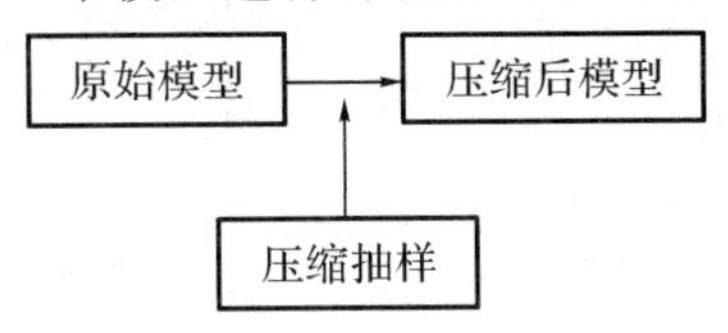

图 3.9　压缩感知方法对三维模型的稀疏压缩过程

从图 3.9 可知，采用压缩感知方法对三维模型的压缩在对模型抽样的时候就已经稀疏压缩了，不再出现大规模数据存在的情况。大大提高了工作效率，而且还大大降低了对抽样设备的要求。

采用压缩感知方法对三维模型进行稀疏压缩的前提是可以找到一组基，使得三维模型的几何结构在这组基底下可以稀疏表达。由上节可知通过使用离散 Laplace 算子使得二维轮廓线模型的几何信息可以稀疏化表达。这里通过对二维轮廓线模型的离散 Laplace 算子进行推广得到三维模型的离散 Laplace 算子，使得三维模型的几何结构也可以稀疏化表达，进而可以使用压缩感知的方法对其进行压缩。

图 3.10 给出了二维轮廓线模型的 Laplace 算子的几何解释。

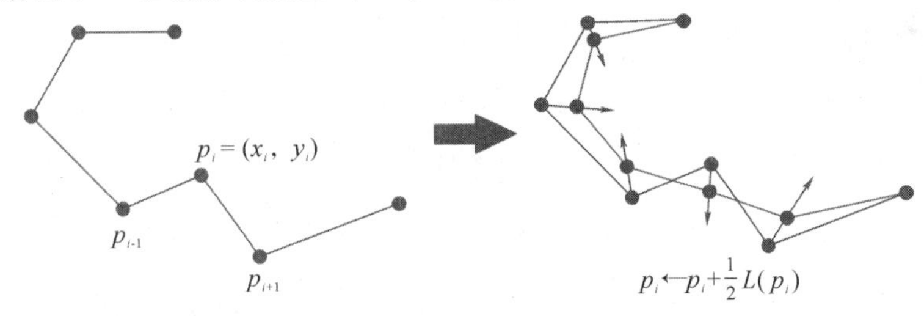

图 3.10　二维轮廓线模型的 Laplace 算子的几何解释图

由图 3.10 可以得出 $L(p_i)=\frac{1}{2}(p_{i+1}-p_i)+\frac{1}{2}(p_{i-1}-p_i)=\frac{1}{2}(p_{i+1}+p_{i-1})-p_i$。图 3.11给出了将二维轮廓线模型的 Laplace 算子推广到三维模型的情况。

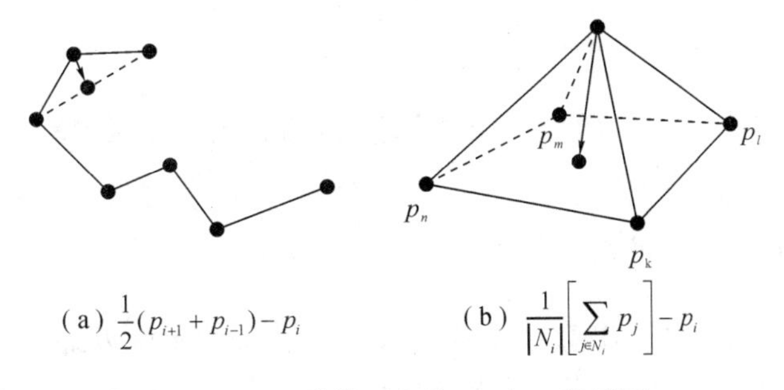

(a) $\frac{1}{2}(p_{i+1}+p_{i-1})-p_i$　　(b) $\frac{1}{|N_i|}\left[\sum_{j\in N_i} p_j\right]-p_i$

图 3.11　三维模型上的 Laplace 算子图

图 3.11(a)给出了二维上的 Laplace 算子，很自然地可以导出图 3.11(b)所示的三维 Laplace 算子。要计算三维模型的 Laplace 算子，首先要计算模型的邻接矩阵 $\boldsymbol{A}$ 与顶点度的矩阵 $\boldsymbol{D}$。则三维模型 Laplace 算子为：$\boldsymbol{L}=\boldsymbol{A}-\frac{1}{\boldsymbol{D}}$。三维模型几何结构可以由图 3.12 表示。

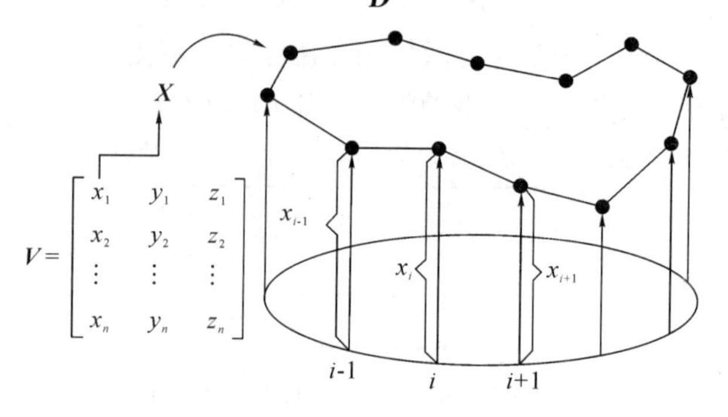

图 3.12　三维模型几何结构图

$\boldsymbol{V}=[\boldsymbol{X}\quad \boldsymbol{Y}\quad \boldsymbol{Z}]$，可以将三维模型的几何结构看作三组分离的一维信号，因此以下的分析只针对一维信号 $\boldsymbol{X}$ 进行分析，同样的方法可以应用于 $\boldsymbol{Y}$，$\boldsymbol{Z}$。图 3.13 表达了三维模型 $\boldsymbol{X}$ 信号的分布。

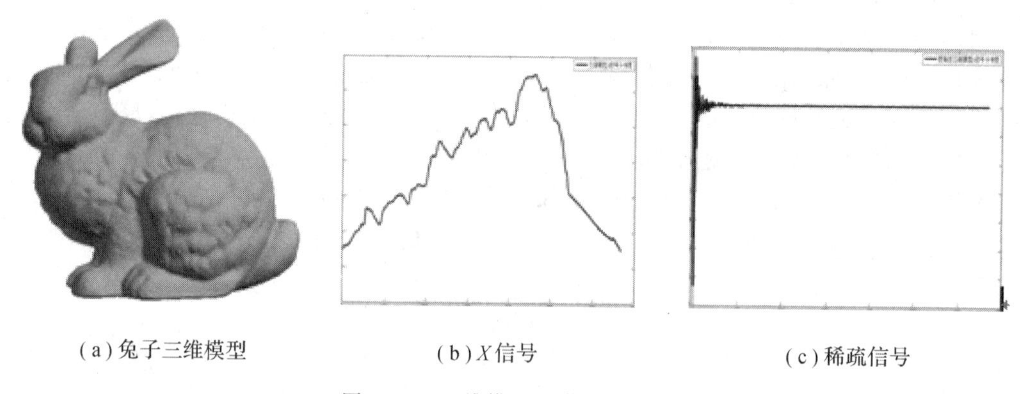

(a)兔子三维模型　　(b)X信号　　(c)稀疏信号

图 3.13　三维模型 $\boldsymbol{X}$ 信号的分布

图 3.13(a)中兔子三维模型的几何结构由 35 947 个点构成，其 $\boldsymbol{X}$ 信号由图 3.13(b)表示(为了方便表示只取出前 500 点作图)。横轴为点的序列，纵轴为信号幅度。图 3.13(a)中兔子三维模型的 λ_i 与 $\tilde{x}_i$ 的函数关系可由图 3.13(c)表示。从图 3.13(b)中可以看出，此信号几乎处处非 0，因此是非稀疏信号。从图 3.13(c)中可以看出 3.13(a)的信号经过变换后信号几乎处处为 0，因此是稀疏信号。同样的方法可以作用于 $\boldsymbol{Y}$，$\boldsymbol{Z}$，使得大部分的 $\tilde{y}_i$、$\tilde{z}_i$ 也均为 0。这样就得到了三维模型几何结构的稀疏表达。

3.3　信号压缩感知稀疏化过程

3.3.1　压缩感知稀疏化过程

压缩感知的信号稀疏化方法是近年来出现的一种新的采样方法，不同于传统的香农-奈奎斯特采样方法，它在数据获取的开始阶段就已经将数据压缩了。香农-奈奎斯特定理是：设连续信号 $x(t)$经傅里叶变换后的最高截止频率为 f_{max}，则设计最高频率为 $2f_{max}$的脉冲信号对 $x(t)$抽样，得到抽样信号 $x[k]=x(kT_S)$。此抽样信号可以完全恢复原有的连续信号 $x(t)$。图 3.14 描述了香农-奈奎斯特定理的采样过程。

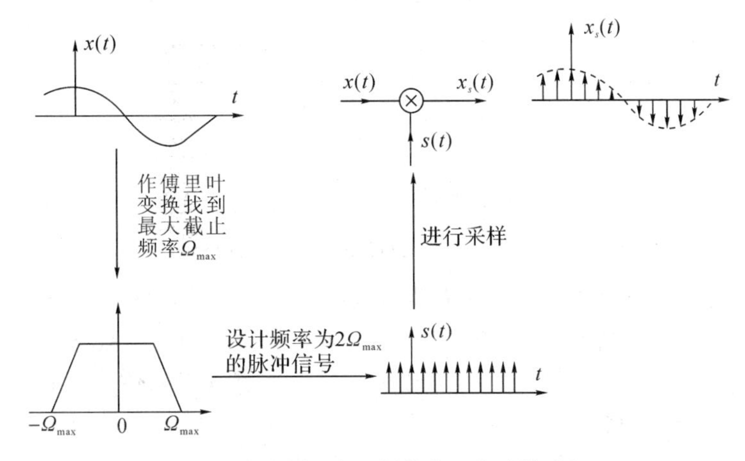

图 3.14　香农-奈奎斯特定理的采样过程

从图 3.14 香农-奈奎斯特定理的采样过程可知，数据的获取过程是一个采样过程。首先要对信号作傅里叶变换，找到最大截止频率 Ω_{max}，然后用频率为 $2\Omega_{max}$的脉冲信号对原始信号抽样，获得的信号就是抽样得到的数据。按照香农-奈奎斯特定理的观点，音频、图像等多媒体数据都是通过这种方式获取的。但是现在的信号多为宽频信号，即经过傅里叶变换后最大截止频率 Ω_{max}较大，这样抽样脉冲频率也随之增大，而导致抽样得到的数据量过大。如果从数据抽样的角度理解 JPEG 压缩方法，可以认为先对图像进行抽样(通常是由数码采样设备完成)。(由于原始图像的最大截止频率很高，使得抽样脉冲的频率更高，这样最终得到的抽样数据量极大，因此必须对抽样数据进行压缩。) 再采用 JPEG 的方法对得到的数据进行压缩，保留低频信息，丢弃高频信息。但是这是一种整体效率很低的方法，因为首先要获得大量的数据，然后再通过对数据的压缩丢掉 97%～99%的数据。因此从数据抽样的角度可以认为之所以要用 JPEG 方法压缩，是由于不适合的抽样方法导致的数据量过大造成的。

压缩感知的思想简单地说就是压缩抽样，即在抽样的时候不按照香农-奈奎斯特定理所说的二倍于初始信号最高截止频率的频率抽样，而是大大地减少抽样的数据量，因此也就不需要后面对数据再压缩了。

从压缩感知的理论看，传统的抽样方法可以将抽样过程看做测量与投影两个过程。图 3.15 描述了从压缩感知的观点看待香农-奈奎斯特抽样的过程。

从图 3.15 可知，其中的测量过程就是图 3.14 描述的香农-奈奎斯特定理的采样过程。在信号的测量过程中使用二倍于信号最高截止频率的电子开关对信号进行测量，得到的是 n 维的测量信号，其中 n 反映了信号的频率，即电子开关的速度。在投影过程中，将得到的 n 维的测量信号向恒等矩阵投影，得到最终的抽样信号，抽样结果与测量的结果是一致的。从数学的角度看此处的投影过程毫无意义，但是从工程的角度看，这体现了一种块抽样的思想。

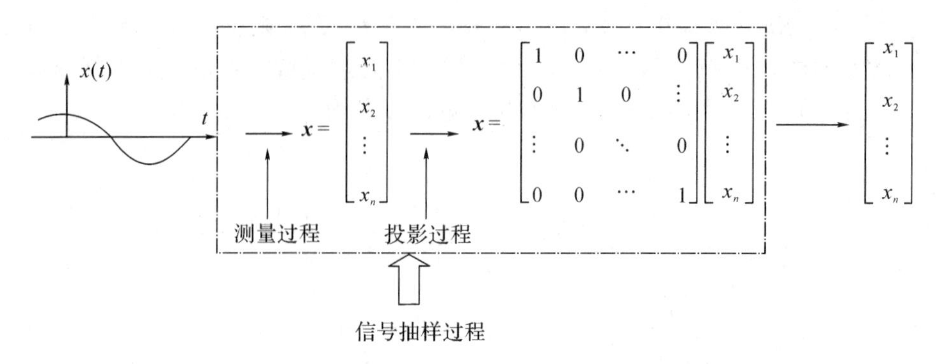

图 3.15　用压缩感知的观点理解传统抽样过程图

目前，随着计算机硬件技术与网络技术的发展，人们对多媒体信息质量的要求不断提高，导致多媒体数据包含所有的细节信息。因此多媒体数据的信号表达多为宽频信号，信号的采样频率为频带宽度的两倍，这就导致了 n 是一个极大的数字。在投影过程中，传统的香农-奈奎斯特方法将信号向恒等矩阵投影，得到的信号仍是 n 维信号。从工程的角度看，传统抽样方法只有信号的测量过程，而没有信号的投影过程，因此这是造成最终数据量大的根本原因。

压缩感知的抽样也同样是分为两个过程，第一个过程同样是测量过程，在这个过程中与传统的香农-奈奎斯特方法是相同的；不同的是压缩感知方法改进了信号的投影过程，采用 $m\times n(m\ll n)$的矩阵进行投影，使得最终得到的信号维数为 m 维。

压缩感知是通过一组有限的基表达信号并将其复原的方法。压缩感知方法将信号投影到一组随机的基上，利用这些投影得到的信号可以将原始信号恢复出来。使用压缩感知方法对信号进行采样的前提是信号可以在一组基底下被表示为稀疏信号。若信号 x 的长度为 n，如果信号 x 中有 r 个非 0 元素，$r\ll n$，则称信号 x 为 r 稀疏信号。几乎所有信号都可以被一组基底变换为稀疏信号，常用的变换有：离散余弦变换、离散傅里叶变换、离散小波变换等。压缩感知抽样的过程可以由图 3.16 描述。

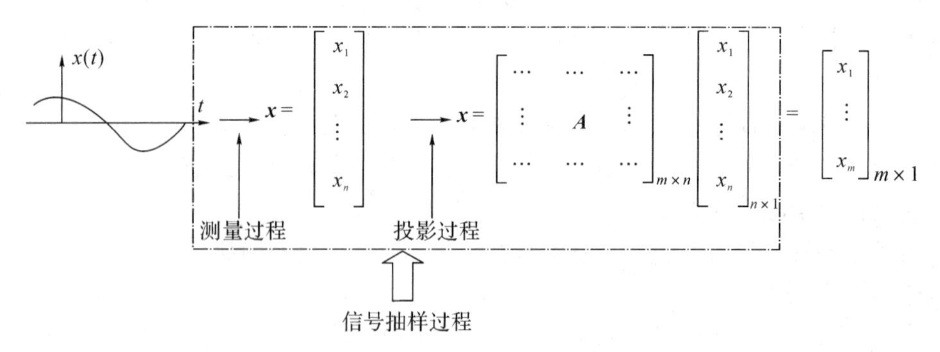

图 3.16　压缩感知的抽样过程

根据图 3.16 压缩感知的抽样过程可知，抽样过程中第一步与传统的香农-奈奎斯特抽样是相同的，都是测量过程，不同的是投影过程，压缩感知的方法采用的投影矩阵是 $m\times n$ $(m\ll n)$的随机矩阵，因此得到的采样信号长度为 m，所以信号在抽样的过程中就已经被压缩了。

根据上面的论述可知，压缩感知理论可以表述为：有信号 $x_{n\times 1}$，在基 $\boldsymbol{\Psi}=$

$[\psi_1 \quad \psi_2 \quad \cdots \quad \psi_n]$下为 K 稀疏信号，$K \ll n$，$\boldsymbol{\Phi}$ 为 $n \times n$ 的随机矩阵，从 $\boldsymbol{\Phi}$ 中随机抽取 m 行($m \ll n$)，组成矩阵 $\boldsymbol{\Phi}_{m \times n}$，经压缩感知方法采样得到的信号表示为

$$\boldsymbol{y}_{m \times 1} = \boldsymbol{\Phi}_{m \times n} \boldsymbol{x}_{n \times 1} \tag{3.4}$$

由于 $m \ll n$，因此采样得到的信号 y 的长度远小于 x 的长度，即 $\mathrm{len}(y) \ll \mathrm{len}(x)$。因此信号在抽样的过程中就已经压缩了。

3.3.2 基于压缩感知的三维模型稀疏化算法

三维模型三组分离的一维信号$[\boldsymbol{X} \quad \boldsymbol{Y} \quad \boldsymbol{Z}]$在 Laplace 算子 L 的作用下均为稀疏信号，因此可以使用压缩感知的方法对三维模型进行压缩抽样。操作步骤如下：

Step1：确定三维几何信号 $\boldsymbol{V} = [\boldsymbol{X} \quad \boldsymbol{Y} \quad \boldsymbol{Z}]$的 Laplace 算子，并对其进行特征值分解，得到一组特征向量，确认三维几何信号在以这组特征向量为基的空间中是稀疏的，即 $\tilde{\boldsymbol{V}} = [\tilde{\boldsymbol{X}} \quad \tilde{\boldsymbol{Y}} \quad \tilde{\boldsymbol{Z}}]$为稀疏信号。

Step2：生成随机矩阵 $\boldsymbol{\Phi}_{m \times n}(m \ll n)$，分别对 $\boldsymbol{X}$、$\boldsymbol{Y}$、$\boldsymbol{Z}$ 进行抽样。即 $\theta = \boldsymbol{\Phi}_{m \times n} \cdot \boldsymbol{X}$，$\theta = \boldsymbol{\Phi}_{m \times n} \cdot \boldsymbol{Y}$，$\theta = \boldsymbol{\Phi}_{m \times n} \cdot \boldsymbol{Z}$，得到 m 维的信号。实现原始信号的压缩表示，压缩完成。

Step3：利用$\underset{x}{\mathrm{minimize}} \|\tilde{\boldsymbol{X}}\|_1$ subject to$\theta = \boldsymbol{\Phi} L^{-1} \tilde{\boldsymbol{X}}$，求解出 $\tilde{\boldsymbol{X}}$。

利用$\underset{y}{\mathrm{minimize}} \|\tilde{\boldsymbol{Y}}\|_1$ s. t. $\theta = \boldsymbol{\Phi} L^{-1} \tilde{\boldsymbol{Y}}$，求解出 $\tilde{\boldsymbol{Y}}$；

利用$\underset{z}{\mathrm{minimize}} \|\tilde{\boldsymbol{Z}}\|_1$ s. t. $\theta = \boldsymbol{\Phi} L^{-1} \tilde{\boldsymbol{Z}}$，求解出 $\tilde{\boldsymbol{Z}}$；

Step4：通过 $\boldsymbol{X} = L^{-1} \tilde{\boldsymbol{X}}$，恢复出原来的信号 $\boldsymbol{X}$；

通过 $\boldsymbol{Y} = L^{-1} \tilde{\boldsymbol{Y}}$，恢复出原来的信号 $\boldsymbol{Y}$；

通过 $\boldsymbol{Z} = L^{-1} \tilde{\boldsymbol{Z}}$，恢复出原来的信号 $\boldsymbol{Z}$。

3.4 稀疏化信号的恢复过程

采用压缩感知的方法对信号进行稀疏化抽样，在抽样的过程就已经完成了对信号的压缩。因此对信号的恢复就成为压缩感知方法中最关键的问题。而能否根据抽样得到的压缩信号将原始信号恢复出来，取决于抽样矩阵的行数，即 m 的大小。因此为了能够根据 y 恢复出 x，最关键的问题就是确定 m 的大小。

定义 3.1　设数据字典 $D = [\boldsymbol{\Phi} \boldsymbol{\Psi}]$，则 $\boldsymbol{\Phi}$ 与 $\boldsymbol{\Psi}$ 的相关性定义为 $\mu(\boldsymbol{\Phi}, \boldsymbol{\Psi}) = \sqrt{n} \max\limits_{1 \leqslant k,\, j \leqslant n} |\varphi_k^{\mathrm{T}} \psi_j|$。可以证明 $\mu \in [1, \sqrt{n}]$。

数据字典 $\boldsymbol{D} = [\boldsymbol{\Phi} \ \boldsymbol{\Psi}]$中，$\boldsymbol{\Psi}$ 被称为变换矩阵，$\boldsymbol{\Phi}$ 被称为抽样矩阵。常用的变换矩阵 $\boldsymbol{\Psi}$ 有离散余弦变换、离散傅里叶变换、离散小波变换等。其数据字典的相关性分别为

$$\begin{cases} \mu(I_n \quad C_n^{\mathrm{T}}) = \sqrt{2} \\ \mu(I_n \quad F_n^{\mathrm{H}}) = 1 \\ \mu(I_n \quad W_n) = 1 \end{cases} \tag{3.5}$$

定理 3.1　给定信号 $\boldsymbol{x} \in \boldsymbol{R}^n$，$\boldsymbol{x}$ 在基 $\boldsymbol{\Psi}$ 下是 K 稀疏信号。那么均匀随机地从 $\boldsymbol{x}$ 中选取 m 行，则(n, m, K)满足关系：$m \geqslant C \cdot \mu^2(\boldsymbol{\Phi}, \boldsymbol{\Psi}) \cdot K \cdot \log n$。其中 C 为常数。普遍认为 $C \in [2, 2.5]$。

根据定理3.1可以确定抽样矩阵$\boldsymbol{\Phi}_{m\times n}$的大小。但是很多学者通过大量的实验已经证明当$m\geqslant 4K$时，即可通过抽样信号恢复出原始信号。

定义3.2 信号$\boldsymbol{x}=[x_1 \quad x_2 \quad \cdots \quad x_n]^{\mathrm{T}}$，$\boldsymbol{x}$的$l_p$范数定义为：$\|\boldsymbol{x}\|_p=\left[\sum_{i=1}^{n}|x_i|^p\right]^{\frac{1}{p}}$。

常用的范数有l_p范数($p<1$)、l_1范数、l_2范数、l_∞范数等。图3.17分别表示了这几种常用的范数。

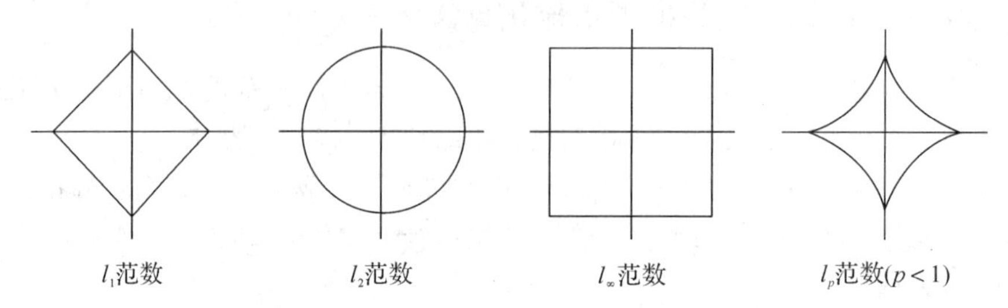

图3.17 常用范数示意图

由压缩感知的方法采样后得到信号：

$$\boldsymbol{y}_{m\times 1}=\boldsymbol{\Phi}_{m\times n}\boldsymbol{x}_{n\times 1} \tag{3.6}$$

其中$\boldsymbol{y}_{m\times 1}$为抽样得到的结果，因此为已知量，抽样矩阵$\boldsymbol{\Phi}_{m\times n}$也是已知量，$\boldsymbol{x}_{n\times 1}$是要恢复的信号，是未知量。由于$m\ll n$，因此$\boldsymbol{y}_{m\times 1}=\boldsymbol{\Phi}_{m\times n}\boldsymbol{x}_{n\times 1}$是未知量个数多于方程个数的奇异方程组，有无穷多组解。但是由于$\boldsymbol{x}_{n\times 1}$在变换矩阵$\boldsymbol{\Psi}$下是稀疏的，因此可以求出$\boldsymbol{x}_{n\times 1}$的最优解(最稀疏的解)。优化方程为

$$\begin{gathered}\underset{x}{\operatorname{minimize}}\|\theta\|_0 \\ \text{s.t.} \quad \boldsymbol{\Phi x}=\boldsymbol{y} \Rightarrow \boldsymbol{\Phi \Psi}^{-1}\theta=\boldsymbol{y}\end{gathered} \tag{3.7}$$

优化的目标函数为$\|\theta\|_0$，θ为$\boldsymbol{x}$在变换$\boldsymbol{\Psi}$下的稀疏信号。上述的优化问题被证明是NP问题，在常规时间内无法求解。因此可以考虑使用其他优化范数的方法进行求解。图3.18给出了最常使用的范数l_p范数($p<1$)、l_1范数、l_2范数、l_∞范数的求解示意图。

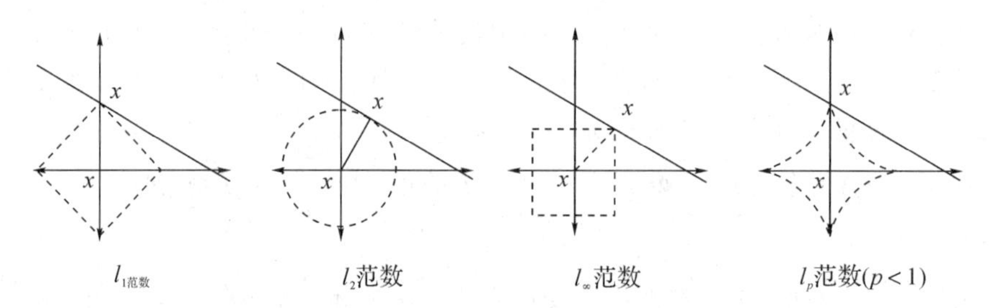

图3.18 常用范数的求解示意图

从图3.18中可以直观地看出采用优化l_2范数与优化l_∞范数求解无法得到稀疏解。而采用优化l_1范数与优化l_p范数($p<1$)求解均可得到最优的稀疏解。但是从图中也可以看到优化l_1范数是线性优化问题，而优化l_p范数($p<1$)为非线性优化问题。Denoho采用优化l_1范数的方法进行求解。Denoho给出了新的优化方程：

$$\begin{gathered}\underset{x}{\operatorname{minimize}}\|\theta\|_1 \\ \text{s.t.} \quad \boldsymbol{\Phi \Psi}^{-1}\theta=\boldsymbol{y}\end{gathered} \tag{3.8}$$

通过此优化方程即可求解出 θ，再通过 $\boldsymbol{x}=\boldsymbol{\Psi}^{-1}\theta$，即可恢复出原始信号 $\boldsymbol{x}$。

将信号稀疏化表示是使用压缩感知方法进行压缩的前提。然而采用压缩感知方法直接分析三维模型的压缩方法十分困难，首先分析二维轮廓线模型的几何信号，因为二维轮廓线模型与三维模型都是矢量模型，所以可以方便地将二维轮廓线模型的谱压缩方法推广到三维模型上。

3.5　奇异值分解稀疏化方法

图像矩阵 **A** 的奇异值(Singular Value)及其特征空间反映了图像中的不同成分和特征。奇异值分解(Singular Value Decomposition，SVD)是一种基于特征向量的矩阵变换方法，在信号处理、模式识别、数字水印技术等方面都得到了一定应用。

3.5.1　奇异值分解

定义 3.3　设 **A** 是秩为 r 的 $m\times n$ 复矩阵，$\boldsymbol{A}^{\mathrm{T}}\boldsymbol{A}$ 的特征值为 $\lambda_1\geqslant\lambda_2\geqslant\cdots\geqslant\lambda_r>\lambda_{r+1}=\cdots=\lambda_n=0$，则称 $\sigma_i=\sqrt{\lambda_i}\,(i=1,2,\cdots,n)$ 为 **A** 的奇异值。

易见，零矩阵的奇异值都是零，矩阵 **A** 的奇异值的个数等于 **A** 的列数，**A** 的非零奇异值的个数等于其秩。

矩阵的奇异值具有如下性质：

(a) **A** 为正则矩阵时，**A** 的奇异值是 **A** 的特征值的模；

(b) **A** 为半正定的 Hermite 矩阵时，**A** 的奇异值是 **A** 的特征值；

(c) 若存在酉矩阵 $\boldsymbol{U}\in\boldsymbol{C}^{m\times m}$，$\boldsymbol{V}\in\boldsymbol{C}^{n\times n}$，矩阵 $\boldsymbol{B}\in\boldsymbol{C}^{m\times n}$，使 $\boldsymbol{UAV}=\boldsymbol{B}$，则称 **A** 和 **B** 酉等价。酉等价的矩阵 **A** 和 **B** 有相同的奇异值。

奇异值分解定理：设 **A** 是秩为 $r(r>0)$ 的 $m\times n$ 复矩阵，则存在 m 阶酉矩阵 **U** 与 n 阶酉矩阵 **V**，使得

$$\boldsymbol{U}^{\mathrm{H}}\boldsymbol{A}\boldsymbol{V}=\begin{bmatrix}\boldsymbol{\Sigma} & \boldsymbol{O}\\ \boldsymbol{O} & \boldsymbol{O}\end{bmatrix}=\boldsymbol{\Delta}\tag{3.9}$$

其中 $\boldsymbol{\Sigma}=\mathrm{diag}(\sigma_1,\sigma_2,\cdots,\sigma_r)$，$\sigma_i(i=1,2,\cdots,r)$ 为矩阵 **A** 的全部非零奇异值。

设 Hermite 矩阵 $\boldsymbol{A}^{\mathrm{H}}\boldsymbol{A}$ 的 n 个特征值按大小排列为 $\lambda_1\geqslant\lambda_2\geqslant\cdots\geqslant\lambda_r>\lambda_{r+1}=\cdots=\lambda_n=0$，则存在 n 阶酉矩阵 **V**，使得

$$\boldsymbol{V}^{\mathrm{H}}(\boldsymbol{A}^{\mathrm{H}}\boldsymbol{A})\boldsymbol{V}=\begin{bmatrix}\lambda_1 & & \\ & \ddots & \\ & & \lambda_n\end{bmatrix}=\begin{bmatrix}\boldsymbol{\Sigma}^2 & \boldsymbol{O}\\ \boldsymbol{O} & \boldsymbol{O}\end{bmatrix}\tag{3.10}$$

将 **V** 分块为 $\boldsymbol{V}=(\boldsymbol{V}_1\quad\boldsymbol{V}_2)$，其中 $\boldsymbol{V}_1$，$\boldsymbol{V}_2$ 分别是 **V** 的前 r 列与后 $n-r$ 列。
并改写式(3.10)为

$$\boldsymbol{A}^{\mathrm{H}}\boldsymbol{A}\boldsymbol{V}=\boldsymbol{V}\begin{bmatrix}\boldsymbol{\Sigma}^2 & \boldsymbol{O}\\ \boldsymbol{O} & \boldsymbol{O}\end{bmatrix}\tag{3.11}$$

则有

$$\boldsymbol{A}^{\mathrm{H}}\boldsymbol{A}\boldsymbol{V}_1=\boldsymbol{V}_1\boldsymbol{\Sigma}^2,\ \boldsymbol{A}^{\mathrm{H}}\boldsymbol{A}\boldsymbol{V}_2=\boldsymbol{O}\tag{3.12}$$

由式(3.12)的第一式可得 $\boldsymbol{V}_1^{\mathrm{H}}\boldsymbol{A}^{\mathrm{H}}\boldsymbol{A}\boldsymbol{V}_1=\boldsymbol{\Sigma}^2$，或者 $(\boldsymbol{A}\boldsymbol{V}_1\boldsymbol{\Sigma})^{\mathrm{H}}(\boldsymbol{A}\boldsymbol{V}_1\boldsymbol{\Sigma})=\boldsymbol{E}_r$。由式(3.12)的第二式

可得$(\boldsymbol{AV}_2)^{\mathrm{H}}(\boldsymbol{AV}_2)=\boldsymbol{O}$或者$\boldsymbol{AV}_2=\boldsymbol{O}$。

令$\boldsymbol{U}_1=\boldsymbol{AV}_1\boldsymbol{\Sigma}^{-1}$，则$\boldsymbol{U}_1^{\mathrm{H}}\boldsymbol{U}_1=\boldsymbol{E}_r$，即$\boldsymbol{U}_1$的$r$个列是两两正交的单位向量。记作$\boldsymbol{U}_1=(\boldsymbol{u}_1, \boldsymbol{u}_2, \cdots, \boldsymbol{u}_r)$，因此可将$\boldsymbol{u}_1, \boldsymbol{u}_2, \cdots, \boldsymbol{u}_r$扩充成$\boldsymbol{C}^m$的标准正交基，记增添的向量为$\boldsymbol{u}_{r+1}, \cdots, \boldsymbol{u}_m$，并构造矩阵$\boldsymbol{U}_2=(\boldsymbol{u}_{r+1}, \cdots, \boldsymbol{u}_m)$，则$\boldsymbol{U}=(\boldsymbol{U}_1, \boldsymbol{U}_2)=(\boldsymbol{u}_1, \boldsymbol{u}_2, \cdots, \boldsymbol{u}_r, \boldsymbol{u}_{r+1}, \cdots, \boldsymbol{u}_m)$是$m$阶酉矩阵，且有$\boldsymbol{U}_1^{\mathrm{H}}\boldsymbol{U}_1=\boldsymbol{E}_r$，$\boldsymbol{U}_2^{\mathrm{H}}\boldsymbol{U}_1=\boldsymbol{O}$。于是可得

$$\boldsymbol{U}^{\mathrm{H}}\boldsymbol{AV}=\boldsymbol{U}^{\mathrm{H}}(\boldsymbol{AV}_1, \boldsymbol{AV}_2)=\begin{bmatrix}\boldsymbol{U}_1^{\mathrm{H}}\\ \boldsymbol{U}_2^{\mathrm{H}}\end{bmatrix}(\boldsymbol{U}_1\Sigma, \boldsymbol{O})=\begin{bmatrix}\boldsymbol{\Sigma} & \boldsymbol{O}\\ \boldsymbol{O} & \boldsymbol{O}\end{bmatrix} \tag{3.13}$$

由式(3.10)可得

$$\boldsymbol{A}=\boldsymbol{U}\begin{bmatrix}\Sigma & \boldsymbol{O}\\ \boldsymbol{O} & \boldsymbol{O}\end{bmatrix}\boldsymbol{V}^{\mathrm{H}}=\sigma_1\boldsymbol{u}_1\boldsymbol{v}_1^{\mathrm{H}}+\sigma_2\boldsymbol{u}_2\boldsymbol{v}_2^{\mathrm{H}}+\cdots+\sigma_r\boldsymbol{u}_r\boldsymbol{v}_r^{\mathrm{H}} \tag{3.14}$$

称式(3.14)为矩阵$\boldsymbol{A}$的奇异值分解。

值得注意的是：在奇异值分解中$\boldsymbol{u}_1, \boldsymbol{u}_2, \cdots, \boldsymbol{u}_r, \boldsymbol{u}_{r+1}, \cdots, \boldsymbol{u}_m$是$\boldsymbol{AA}^{\mathrm{H}}$的特征向量，而$\boldsymbol{V}$的列向量是$\boldsymbol{A}^{\mathrm{H}}\boldsymbol{A}$的特征向量，并且$\boldsymbol{AA}^{\mathrm{H}}$与$\boldsymbol{A}^{\mathrm{H}}\boldsymbol{A}$的非零特征值完全相同。但矩阵$\boldsymbol{A}$的奇异值分解不唯一。

设 Hermite 矩阵$\boldsymbol{A}^{\mathrm{H}}\boldsymbol{A}$的$n$个特征值按大小排列为

$$\lambda_1\geqslant\lambda_2\geqslant\cdots\geqslant\lambda_r>\lambda_{r+1}=\cdots=\lambda_n=0 \tag{3.15}$$

则存在n阶酉矩阵$\boldsymbol{V}$，使得

$$\boldsymbol{V}^{\mathrm{H}}(\boldsymbol{A}^{\mathrm{H}}\boldsymbol{A})\boldsymbol{V}=\begin{bmatrix}\lambda_1 & & \\ & \ddots & \\ & & \lambda_n\end{bmatrix}=\begin{bmatrix}\boldsymbol{\Sigma}^2 & \boldsymbol{O}\\ \boldsymbol{O} & \boldsymbol{O}\end{bmatrix} \tag{3.16}$$

将$\boldsymbol{V}$分块为$\boldsymbol{V}=(\boldsymbol{v}_1, \boldsymbol{v}_2, \cdots, \boldsymbol{v}_n)$，它的$n$个列$v_1, v_2, \cdots, v_n$是对应于特征值$\lambda_1, \lambda_2, \cdots, \lambda_n$的标准正交的特征向量。

为了得到酉矩阵$\boldsymbol{U}$，首先考察$\boldsymbol{C}^m$中的向量组$\boldsymbol{Av}_1, \boldsymbol{Av}_2, \cdots, \boldsymbol{Av}_r$，由于当$i$不等于$j$时有$(\boldsymbol{Av}_i, \boldsymbol{Av}_j)=(\boldsymbol{Av}_j)^{\mathrm{H}}(\boldsymbol{Av}_i)=\boldsymbol{v}_j^{\mathrm{H}}\boldsymbol{A}^{\mathrm{H}}\boldsymbol{Av}_i=\boldsymbol{v}_j^{\mathrm{H}}\lambda_i\boldsymbol{v}_i=\lambda_i\boldsymbol{v}_j^{\mathrm{H}}\boldsymbol{v}_i=\boldsymbol{0}$，所以向量组$\boldsymbol{Av}_1, \boldsymbol{Av}_2, \cdots, \boldsymbol{Av}_r$是$\boldsymbol{C}^m$中的正交向量组。又$\|\boldsymbol{Av}_i\|^2=\boldsymbol{v}_i^{\mathrm{H}}\boldsymbol{A}^{\mathrm{H}}\boldsymbol{Av}_i=\lambda_i\boldsymbol{v}_i^{\mathrm{H}}\boldsymbol{v}_i=\sigma_i^2$，所以$\|\boldsymbol{Av}_i\|_i=\sigma_i$。令$\boldsymbol{u}_i=\dfrac{1}{\sigma_i}\boldsymbol{Av}_i$ $(i=1, 2, \cdots, r)$，则得到$\boldsymbol{C}^m$中的标准正交向量组$\boldsymbol{u}_1, \boldsymbol{u}_2, \cdots, \boldsymbol{u}_r$，把它扩充成为$\boldsymbol{C}^m$中的标准正交基$\boldsymbol{u}_1, \cdots, \boldsymbol{u}_r, \boldsymbol{u}_{r+1}, \cdots\boldsymbol{u}_m$，令$\boldsymbol{U}=(\boldsymbol{u}_1, \cdots, \boldsymbol{u}_r, \boldsymbol{u}_{r+1}, \cdots\boldsymbol{u}_m)$，则$\boldsymbol{U}$是$m$阶酉矩阵。由已知及前面的推导可得$\boldsymbol{Av}_i=\sigma_i\boldsymbol{u}_i(i=1, 2, \cdots, r)$；$\boldsymbol{Av}_i=\boldsymbol{0}$，$i=r+1, \cdots, n$；从而

$$\begin{aligned}\boldsymbol{AV}&=\boldsymbol{A}(\boldsymbol{v}_1, \boldsymbol{v}_2, \cdots, \boldsymbol{v}_n)=(\boldsymbol{Av}_1, \cdots, \boldsymbol{Av}_r, \boldsymbol{0}, \cdots, \boldsymbol{0})\\ &=(\sigma\boldsymbol{u}_1, \cdots, \sigma\boldsymbol{u}_r, \boldsymbol{0}, \cdots, \boldsymbol{0})=(\boldsymbol{u}_1, \boldsymbol{u}_2, \cdots, \boldsymbol{u}_m)\left(\begin{array}{ccc|c}\sigma_1 & \cdots & 0 & \\ \vdots & \ddots & \vdots & \boldsymbol{O}\\ 0 & \cdots & \sigma_r & \\ \hline & \boldsymbol{O} & & \boldsymbol{O}\end{array}\right)\\ &=\boldsymbol{U}\begin{pmatrix}\boldsymbol{\Sigma} & \boldsymbol{O}\\ \boldsymbol{O} & \boldsymbol{O}\end{pmatrix}\end{aligned} \tag{3.17}$$

故有$\boldsymbol{AV}=\boldsymbol{U\Delta}$，即$\boldsymbol{U}^{\mathrm{H}}\boldsymbol{AV}=\boldsymbol{\Delta}$。

例：求矩阵 $\boldsymbol{A}=\begin{bmatrix}1 & 2 & 0\\ 2 & 0 & 2\end{bmatrix}$ 的奇异值分解。

解　$\boldsymbol{A}^{\mathrm{T}}\boldsymbol{A}=\begin{bmatrix}5 & 2 & 4\\ 2 & 4 & 0\\ 4 & 0 & 4\end{bmatrix}$ 的特征值为 $\lambda_1=9$，$\lambda_2=4$，$\lambda_3=0$，对应的单位特征向量依次为

$$\boldsymbol{v}_1=\frac{1}{3\sqrt{5}}(5,\ 2,\ 4)^{\mathrm{T}},\ \boldsymbol{v}_2=\frac{1}{\sqrt{5}}(0,\ 2,\ -1)^{\mathrm{T}},\ \boldsymbol{v}_3=\frac{1}{3}(-2,\ 1,\ 2)^{\mathrm{T}}$$

所以

$$\boldsymbol{V}=\frac{1}{3\sqrt{5}}\begin{bmatrix}5 & 0 & -2\sqrt{5}\\ 2 & 6 & \sqrt{5}\\ 4 & -3 & 2\sqrt{5}\end{bmatrix}$$

于是可得

$$r(\boldsymbol{A})=2,\ \boldsymbol{\Sigma}=\begin{bmatrix}3 & 0\\ 0 & 2\end{bmatrix}$$

计算 $\boldsymbol{U}=\boldsymbol{A}\boldsymbol{V}_1\boldsymbol{\Sigma}^{-1}=\frac{1}{\sqrt{5}}\begin{bmatrix}1 & 2\\ 2 & -1\end{bmatrix}$，则 $\boldsymbol{A}$ 的奇异值分解为

$$\boldsymbol{A}=\boldsymbol{U}\begin{bmatrix}3 & 0 & 0\\ 0 & 2 & 0\end{bmatrix}\boldsymbol{V}^{\mathrm{T}}$$

在 $\boldsymbol{A}$ 的奇异值分解中，酉矩阵 $\boldsymbol{V}$ 的列向量称为 $\boldsymbol{A}$ 的右奇异向量，$\boldsymbol{V}$ 的前 r 列是 $\boldsymbol{A}^{\mathrm{H}}\boldsymbol{A}$ 的 r 个非零特征值所对应的特征向量，将它们取为矩阵 $\boldsymbol{V}_1$，则 $\boldsymbol{V}=(\boldsymbol{V}_1,\ \boldsymbol{V}_2)$。酉矩阵 $\boldsymbol{U}$ 的列向量被称为 $\boldsymbol{A}$ 的左奇异向量，将 $\boldsymbol{U}$ 从前 r 列处分块为 $\boldsymbol{U}=(\boldsymbol{U}_1,\ \boldsymbol{U}_2)$，由分块运算，有

$$\boldsymbol{U}^{\mathrm{H}}\boldsymbol{A}\boldsymbol{V}=\begin{bmatrix}\boldsymbol{U}_1^{\mathrm{H}}\\ \boldsymbol{U}_2^{\mathrm{H}}\end{bmatrix}(\boldsymbol{A}\boldsymbol{V}_1,\ \boldsymbol{A}\boldsymbol{V}_2)=\begin{pmatrix}\boldsymbol{U}_1^{\mathrm{H}}\boldsymbol{A}\boldsymbol{V}_1 & \boldsymbol{U}_1^{\mathrm{H}}\boldsymbol{A}\boldsymbol{V}_2\\ \boldsymbol{U}_2^{\mathrm{H}}\boldsymbol{A}\boldsymbol{V}_1 & \boldsymbol{U}_2^{\mathrm{H}}\boldsymbol{A}\boldsymbol{V}_2\end{pmatrix}=\begin{bmatrix}\boldsymbol{\Sigma} & \boldsymbol{O}\\ \boldsymbol{O} & \boldsymbol{O}\end{bmatrix} \tag{3.18}$$

从而 $\boldsymbol{A}\boldsymbol{V}_2=\boldsymbol{0}$，$\boldsymbol{A}\boldsymbol{V}_1=\boldsymbol{U}_1\boldsymbol{\Sigma}$。

因此，有下列结果

(1) $\boldsymbol{V}_2$ 的列向量组是矩阵 $\boldsymbol{A}$ 的零空间 $N(\boldsymbol{A})=\{\boldsymbol{x}\,|\,\boldsymbol{A}\boldsymbol{x}=\boldsymbol{0}\}$ 的一组标准正交基；

(2) $\boldsymbol{U}_1$ 的列向量组是矩阵 $\boldsymbol{A}$ 的列空间 $R(\boldsymbol{A})=\{\boldsymbol{A}\boldsymbol{x}\}$ 的一组标准正交基；

(3) $\boldsymbol{V}_1$ 的列向量组是矩阵 $\boldsymbol{A}$ 的零空间 $N(\boldsymbol{A})=\{\boldsymbol{x}\,|\,\boldsymbol{A}\boldsymbol{x}=\boldsymbol{0}\}$ 正交补 $R(\boldsymbol{A}^{\mathrm{H}})$ 的一组标准正交基；

(4) $\boldsymbol{U}_2$ 的列向量组是矩阵 $\boldsymbol{A}$ 的列空间 $R(\boldsymbol{A})=\{\boldsymbol{A}\boldsymbol{x}\}$ 正交补 $N(\boldsymbol{A}^{\mathrm{H}})$ 的一组标准正交基。

在 $\boldsymbol{A}$ 的奇异值分解中，酉矩阵 $\boldsymbol{U}$ 和 $\boldsymbol{V}$ 不是唯一的，$\boldsymbol{A}$ 的奇异值分解给出了矩阵 $\boldsymbol{A}$ 的许多重要信息。更进一步，由于 $\boldsymbol{U}=(\boldsymbol{u}_1,\ \boldsymbol{u}_2,\ \cdots\boldsymbol{u}_m)$，$\boldsymbol{V}=(\boldsymbol{v}_1,\ \boldsymbol{v}_2,\ \cdots,\ \boldsymbol{v}_n)$，可借助于奇异值分解，将 $\boldsymbol{A}$ 表示为

$$\boldsymbol{A}=(\boldsymbol{u}_1,\ \boldsymbol{u}_2,\ \cdots,\ \boldsymbol{u}_m)\left(\begin{array}{ccc:c}\sigma_1 & \cdots & 0 & \\ \vdots & \ddots & \vdots & \boldsymbol{O}\\ 0 & \cdots & \sigma_r & \\ \hdashline & \boldsymbol{O} & & \boldsymbol{O}\end{array}\right)\begin{pmatrix}\boldsymbol{v}_1^{\mathrm{H}}\\ \boldsymbol{v}_2^{\mathrm{H}}\\ \vdots\\ \boldsymbol{v}_n^{\mathrm{H}}\end{pmatrix}=\sigma_1\boldsymbol{u}_1\boldsymbol{v}_1^{\mathrm{H}}+\sigma_2\boldsymbol{u}_2\boldsymbol{v}_2^{\mathrm{H}}+\cdots+\sigma_r\boldsymbol{u}_r\boldsymbol{v}_r^{\mathrm{H}} \tag{3.19}$$

归纳这一结果，有如下定理：

定理 3.2：设 $\boldsymbol{A}\in \boldsymbol{C}^{m\times n}$，$\boldsymbol{A}$ 的非零奇异值为 $\sigma_1\geqslant\sigma_2\geqslant\cdots\geqslant\sigma_r$，$\boldsymbol{u}_1$，$\boldsymbol{u}_2$，$\cdots\boldsymbol{u}_r$ 是对应于奇异值的左奇异向量，$\boldsymbol{v}_1$，$\boldsymbol{v}_2$，$\cdots$，$\boldsymbol{v}_r$ 是对应于奇异值的右奇异向量，则 $\boldsymbol{A}=\sigma_1\boldsymbol{u}_1\boldsymbol{v}_1^{\mathrm{T}}+\sigma_2\boldsymbol{u}_2\boldsymbol{v}_2^{\mathrm{T}}+\cdots+\sigma_r\boldsymbol{u}_r\boldsymbol{v}_r^{\mathrm{T}}$。

上式给出的形式被称为矩阵 $\boldsymbol{A}$ 的奇异值展开式，对一个 $k\leqslant r$，略去 $\boldsymbol{A}$ 的一些小的奇异值对应的项，取矩阵 $\boldsymbol{A}_k$ 为 $\boldsymbol{A}_k=\sigma_1\boldsymbol{u}_1\boldsymbol{v}_1^{\mathrm{T}}+\sigma_2\boldsymbol{u}_2\boldsymbol{v}_2^{\mathrm{T}}+\cdots+\sigma_k\boldsymbol{u}_k\boldsymbol{v}_k^{\mathrm{T}}$。则 $\boldsymbol{A}_k$ 是一个秩为 k 的 $m\times n$ 矩阵。可以证明，$\boldsymbol{A}_k$ 是在所有秩为 k 的 $m\times n$ 矩阵中，从 Frobenius 范数的意义下，与矩阵 $\boldsymbol{A}$ 距离最近的一个矩阵。这在实际中应用广泛。例如，在图像数字化技术中，一幅图片可以转换成一个 $m\times n$ 阶像素矩阵来储存，存储量 $m\times n$ 是个数值。如果利用矩阵的奇异值展开式，则只要存储 $\boldsymbol{A}$ 的奇异值 σ_i，奇异向量 $\boldsymbol{u}_i$、$\boldsymbol{v}_i$ 的分量，总计 $r(m+n+1)$ 个数。另外，可取 $k<r$，用 $\boldsymbol{A}_k$ 逼近 $\boldsymbol{A}$，能够达到既压缩图像的存储量，又保持图像不失真的目的。

由矩阵 $\boldsymbol{A}$ 的奇异值分解可得 $\boldsymbol{A}=\sigma_1\boldsymbol{u}_1\boldsymbol{v}_1^{\mathrm{T}}+\sigma_2\boldsymbol{u}_2\boldsymbol{v}_2^{\mathrm{T}}+\cdots+\sigma_r\boldsymbol{u}_r\boldsymbol{v}_r^{\mathrm{T}}$。可见，$\boldsymbol{A}$ 是矩阵 $\boldsymbol{u}_1\boldsymbol{v}_1^{\mathrm{T}}$，$\boldsymbol{u}_2\boldsymbol{v}_2^{\mathrm{T}}$，$\cdots$，$\boldsymbol{u}_r\boldsymbol{v}_r^{\mathrm{T}}$ 的加权和，其中权系数按递减排列 $\sigma_1\geqslant\sigma_2\geqslant\cdots\geqslant\sigma_r>0$。显然，权系数大的那些项对矩阵 $\boldsymbol{A}$ 的贡献大，因此当舍去权系数小的一些项后，仍然能较好地“逼近”矩阵 $\boldsymbol{A}$，这一点在数字图像处理方面非常有用。

矩阵的秩 k 逼近定义为 $\boldsymbol{A}=\sigma_1\boldsymbol{u}_1\boldsymbol{v}_1^{\mathrm{T}}+\sigma_2\boldsymbol{u}_2\boldsymbol{v}_2^{\mathrm{T}}+\cdots+\sigma_k\boldsymbol{u}_k\boldsymbol{v}_k^{\mathrm{T}}$，$1\leqslant k\leqslant r$，秩 r 逼近就精确等于 $\boldsymbol{A}$，而秩 1 逼近的误差最大。

3.5.2 图像信号奇异值分解

若一幅基本图像除一个像素值为 1 外，其余像素的值均为黑。通过移动非 0 像素的位置到所有可能的位置，可以生成 N^2 个如此不同的基本图像，可展开任何 $N\times N$ 图像。还可以使用更复杂的基本图像，并定义一幅基本图像由两个矢量的矢量外积构成。

对一幅图像 $\boldsymbol{f}$ 的奇异值分解(SVD)是它的矢量外积展开，其中所用的矢量是 $\boldsymbol{f}\boldsymbol{f}^{\mathrm{T}}$ 和 $\boldsymbol{f}^{\mathrm{T}}\boldsymbol{f}$ 的特征矢量，且展开系数是这些矩阵的特征值。考虑两个 $N\times 1$ 的矢量：

$$\begin{aligned}\boldsymbol{u}_i^{\mathrm{T}}&=[u_{i1},\quad u_{i2},\quad\cdots\quad u_{iN}]\\ \boldsymbol{v}_j^{\mathrm{T}}&=[v_{j1},\quad v_{j2},\quad\cdots\quad v_{jN}]\end{aligned}\tag{3.20}$$

它们的外积定义为

$$\boldsymbol{u}_i\boldsymbol{v}_j^{\mathrm{T}}=\begin{bmatrix}u_{i1}\\u_{i2}\\\vdots\\u_{iN}\end{bmatrix}[v_{j1}\quad v_{j2}\quad\cdots\quad v_{jN}]=\begin{bmatrix}u_{i1}v_{j1}&u_{i1}v_{j2}&\cdots&u_{i1}v_{jN}\\u_{i2}v_{j1}&u_{i2}v_{j2}&\cdots&u_{i2}v_{jN}\\\vdots&\vdots&&\vdots\\u_{iN}v_{j1}&u_{iN}v_{j2}&\cdots&u_{iN}v_{jN}\end{bmatrix}\tag{3.21}$$

所以，两个矢量的外积是一个 $N\times N$ 的矩阵，可以被看作是一幅图像。

如何可将一幅图像展开成适量的外积？一幅图像矩阵 $\boldsymbol{f}$ 的可分离线性变化可写成：

$$\boldsymbol{g}=\boldsymbol{h}_c^{\mathrm{T}}\boldsymbol{f}\boldsymbol{h}_r\tag{3.22}$$

其中 $\boldsymbol{g}$ 是输出图像，$\boldsymbol{h}_c$ 和 $\boldsymbol{h}_r$ 是变化矩阵。可以借助 $\boldsymbol{h}_c^{\mathrm{T}}$ 和 $\boldsymbol{h}_r$ 的逆矩阵，从上式中用 $\boldsymbol{g}$ 如下解出 $\boldsymbol{f}$：等式两边同时左乘 $(\boldsymbol{h}_c^{\mathrm{T}})^{-1}$ 和右乘 $\boldsymbol{h}_r^{-1}$：

$$(\boldsymbol{h}_c^{\mathrm{T}})^{-1}\boldsymbol{g}\boldsymbol{h}_r^{-1}=(\boldsymbol{h}_c^{\mathrm{T}})^{-1}\boldsymbol{h}_c^{\mathrm{T}}\boldsymbol{f}\boldsymbol{h}_r\boldsymbol{h}_r^{-1}\tag{3.23}$$

这样便可写成：

$$f=(h_c^{\mathrm{T}})^{-1}gh_r^{-1} \tag{3.24}$$

设将矩阵$(h_c^{\mathrm{T}})^{-1}$和h_r^{-1}分别写成列和行矢量：

$$(h_c^{\mathrm{T}})^{-1}\equiv[u_1 \mid u_2 \mid \cdots u_N \mid],\ h_r^{-1}\equiv\begin{bmatrix} v_1^{\mathrm{T}} \\ \hline v_2^{\mathrm{T}} \\ \hline \vdots \\ \hline v_n^{\mathrm{T}} \end{bmatrix} \tag{3.25}$$

则

$$f=[u_1\quad u_2\quad \cdots\quad u_N]g\begin{bmatrix} v_1^{\mathrm{T}} \\ v_2^{\mathrm{T}} \\ \vdots \\ v_n^{\mathrm{T}} \end{bmatrix} \tag{3.26}$$

矩阵g也可写成N^2个$N\times N$矩阵的和，其中每个矩阵仅有一个非零元素：

$$g=\begin{bmatrix} g_{11} & 0 & 0 & 0 \\ 0 & 0 & 0 & 0 \\ 0 & 0 & 0 & 0 \\ 0 & 0 & 0 & 0 \end{bmatrix}+\begin{bmatrix} 0 & g_{22} & 0 & 0 \\ 0 & 0 & 0 & 0 \\ 0 & 0 & 0 & 0 \\ 0 & 0 & 0 & 0 \end{bmatrix}+\cdots+\begin{bmatrix} 0 & 0 & 0 & 0 \\ 0 & 0 & 0 & 0 \\ 0 & 0 & 0 & 0 \\ 0 & 0 & 0 & g_{NN} \end{bmatrix} \tag{3.27}$$

这样式(3.26)可写成：

$$f=\sum_{i=1}^{N}\sum_{j=1}^{N}g_{ij}u_i v_j^{\mathrm{T}} \tag{3.28}$$

这就是用矢量外积对图像f的展开式。外积$u_i v_j^{\mathrm{T}}$可解释成一幅“图像”，所以用g_{ij}系数加权的、对所有外积组合的和代表了原始图像。

如何能对角化一幅图像？一幅图像并不总是方的，且几乎不会对称。所以不能直接进行矩阵对角化。可以从图像构建一个对称矩阵，然后再对角化它。由一幅图像g构建的对称矩阵是gg^{T}。可以由gg^{T}而不是图像本身来帮助把一幅图像描述成矢量外积和的矩阵。这就是奇异值分解(SVD)的过程。如果gg^{T}是一个秩为r的矩阵，矩阵g可写为

$$(g^{\mathrm{T}}g)^{\mathrm{T}}=g^{\mathrm{T}}(g^{\mathrm{T}})^{\mathrm{T}}=g^{\mathrm{T}}g \tag{3.29}$$

$$g=U\Lambda^{1/2}V^{\mathrm{T}} \tag{3.30}$$

其中U和V是尺寸为$N\times r$的正交矩阵，Λ是尺寸为$r\times r$的对角矩阵。

例：给定表示为矩阵g的一幅图像。证明矩阵gg^{T}是对称的。

当一个矩阵与其转置相等就是对称的。所以，需要证明gg^{T}的转置等于$g^{\mathrm{T}}g$。考虑gg^{T}的转置：

$$(gg^{\mathrm{T}})^{\mathrm{T}}=(g^{\mathrm{T}})^{\mathrm{T}}g^{\mathrm{T}}=gg^{\mathrm{T}} \tag{3.31}$$

3.5.3　奇异值分解图像性质

任意一个$A\in C^{m\times n}$矩阵的奇异值(δ_1，δ_2，…，δ_r)是唯一的，它刻画了矩阵数据的分布特征。直观上，可以这样理解矩阵的奇异值分解：将矩阵$A\in C^{m\times n}$看成是一个线性变换，它将m维空间的点映射到n维空间。$A\in C^{m\times n}$经过奇异值分解后，这种变换被分割成三个部

分，分别为 $\boldsymbol{U}$、Δ 和 $\boldsymbol{V}$，其中 $\boldsymbol{U}$ 和 $\boldsymbol{V}$ 都是标准正交矩阵，它们对应的线性变换就相当于对 m 维和 n 维坐标系中坐标轴的旋转变换。

若 $\boldsymbol{A}$ 为数字图像，则 $\boldsymbol{A}$ 可视为二维时频信息，可将 $\boldsymbol{A}$ 的奇异值分解公式写为

$$\boldsymbol{A}=\boldsymbol{UDV}^H=\boldsymbol{U}\begin{bmatrix}\Delta & 0\\0 & 0\end{bmatrix}\boldsymbol{V}^H=\sum_{i=1}^{r}\boldsymbol{A}_i=\sum_{i=1}^{r}\delta_i\boldsymbol{u}_i\boldsymbol{v}_i^H \tag{3.32}$$

其中，$\boldsymbol{u}_i$ 和 $\boldsymbol{v}_i$ 分别是 $\boldsymbol{U}$ 和 $\boldsymbol{V}$ 的列矢量，δ_i 是 $\boldsymbol{A}$ 的非零奇异值。故上式表示的数字图像 $\boldsymbol{A}$ 可以看成是 r 个秩为 1 的子图 $\boldsymbol{u}_i\boldsymbol{v}_i^H$ 叠加的结果，而奇异值 δ_i 为权系数。所以 $\boldsymbol{A}_i$ 也表示时频信息，对应的 $\boldsymbol{u}_i$ 和 $\boldsymbol{v}_i$ 可分别视为频率矢量和时间矢量，因此数字图像 $\boldsymbol{A}$ 中的时频信息就被分解到一系列由 $\boldsymbol{u}_i$ 和 $\boldsymbol{v}_i$ 构成的时频平面中。

由矩阵范数理论，奇异值能与向量 2 -范数和矩阵 Frobenious -范数（l_F 范数）相联系。

$$\lambda_1=\|\boldsymbol{A}\|_2=\max\left(\frac{\|\boldsymbol{AX}\|_2}{\|\boldsymbol{X}\|_2}\right) \tag{3.33}$$

$$\|\boldsymbol{A}\|_F=\left[\sum_{mn}|a_{mn}|^2\right]^{\frac{1}{2}}=\left(\sum_{i=1}^{r}\lambda_i^2\right)^{\frac{1}{2}} \tag{3.34}$$

若以 l_F 范数的平方表示图像的能量，则由矩阵奇异值分解的定义知：

$$\|\boldsymbol{A}\|_F^2=\mathrm{tr}(\boldsymbol{A}^H\boldsymbol{A})=\mathrm{tr}\left(\boldsymbol{V}\begin{bmatrix}\Delta & 0\\0 & 0\end{bmatrix}\boldsymbol{U}^H\boldsymbol{U}\begin{bmatrix}\Delta & 0\\0 & 0\end{bmatrix}\boldsymbol{V}^H\right)=\sum_{i=1}^{r}\delta_i^2 \tag{3.35}$$

也就是说，数字图像 $\boldsymbol{A}$ 经奇异值分解后，其纹理和几何信息都集中在 $\boldsymbol{U}$、$\boldsymbol{V}^H$ 之中，而 Δ 中的奇异值则代表图像的能量信息。

性质 1：矩阵的奇异值代表图像的能量信息，因而具有稳定性。

设 $\boldsymbol{A}\in\boldsymbol{C}^{m\times n}$，$\boldsymbol{B}=\boldsymbol{A}+\boldsymbol{\delta}$，$\boldsymbol{\delta}$ 是矩阵 $\boldsymbol{A}$ 的一个扰动矩阵。$\boldsymbol{A}$ 和 $\boldsymbol{B}$ 的非零奇异值分别记为 $\delta_{11}\geqslant\delta_{12}\geqslant\cdots\geqslant\delta_{1r}$ 和 $\delta_{21}\geqslant\delta_{22}\geqslant\cdots\geqslant\delta_{2r}$，且 $r=\mathrm{rank}(\boldsymbol{A})$，$\delta_1$ 是 $\boldsymbol{\delta}$ 的最大奇异值。则有：

$$|\delta_{1i}-\delta_{2i}|\leqslant\|\boldsymbol{A}-\boldsymbol{B}\|_2=\|\boldsymbol{\delta}\|_2=\delta_1$$

由此可知，当图像被施加小的扰动时，图像矩阵的奇异值变化不会超过扰动矩阵的最大奇异值，所以图像奇异值的稳定性很好。

性质 2：矩阵的奇异值具有比例不变性。

设 $\boldsymbol{A}\in\boldsymbol{C}^{m\times n}$，矩阵 $\boldsymbol{A}$ 的奇异值为 $\delta_i(i=1, 2, \cdots, r)$，$r=\mathrm{rank}(\boldsymbol{A})$，矩阵 $k\boldsymbol{A}(k\neq0)$ 的奇异值为 $\alpha_i(i=1, 2, \cdots, r)$。则有 $|k|(\delta_1, \delta_2, \cdots, \delta_r)=(\alpha_1, \alpha_2, \cdots, \alpha_r)$。

性质 3：矩阵的奇异值具有旋转不变性。

设 $\boldsymbol{A}\in\boldsymbol{C}^{m\times n}$，矩阵 $\boldsymbol{A}$ 的奇异值为 $\delta_i(i=1, 2, \cdots, r)$，$r=\mathrm{rank}(\boldsymbol{A})$。若 $\boldsymbol{U}_r$ 是酉矩阵，则矩阵 $\boldsymbol{U}_r\boldsymbol{A}$ 的奇异值与矩阵 $\boldsymbol{A}$ 的奇异值相同：$|\boldsymbol{AA}^H-\delta_i^2\boldsymbol{E}|=|\boldsymbol{U}_r\boldsymbol{A}(\boldsymbol{U}_r\boldsymbol{A})^H-\delta_i^2\boldsymbol{E}|=0$。

性质 4：设 $\boldsymbol{A}\in\boldsymbol{C}^{m\times n}$，$\mathrm{rank}(\boldsymbol{A})=r\geqslant s$。若 $\Delta_s=\mathrm{diag}(\delta_1, \delta_2, \cdots, \delta_s)$，$\boldsymbol{A}_s=\sum_{i=1}^{s}\delta_iu_iv_i^H$，$\mathrm{rank}(\boldsymbol{A}_s)=\mathrm{rank}(\Delta_s)=s$，所以可得：$\|\boldsymbol{A}-\boldsymbol{A}_s\|_F=\min\{\|\boldsymbol{A}-\boldsymbol{B}\|_F\,|\,\boldsymbol{B}\in\boldsymbol{C}^{m\times n}\}=\sqrt{\delta_{s+1}^2+\delta_{s+2}^2+\cdots+\delta_r^2}$。

上式表明，在 l_F 范数意义下，$\boldsymbol{A}_s$ 是在空间 $\boldsymbol{C}_s^{m\times n}$（秩为 s 的 $m\times n$ 维矩阵构成的线性空间）中 $\boldsymbol{A}$ 的一个对秩的最佳逼近。因此可根据需要保留 $s(s<r)$ 个大于某个阈值的 δ_i 而舍弃其余 $r-s$ 个小于阈值的 δ_i 且保证两幅图像在某种意义下的近似。这就为奇异值特征矢量的降维和数据压缩等应用找到了依据。

3.5.4 图像信号奇异值分解稀疏化压缩方法

1. 奇异值分解稀疏化压缩原理分析

用奇异值分解来稀疏化压缩图像的基本思想是对图像矩阵进行奇异值分解，选取部分的奇异值和对应的左、右奇异向量来重构图像矩阵。根据奇异值分解的图像性质 1 和 4 可以知道，奇异值分解可以代表图像的能量信息，并且可以降低图像的维数。如果 $\mathbf{A}$ 表示 n 个 m 维向量，可以通过奇异值分解将 $\mathbf{A}$ 表示为 $m+n$ 个 r 维向量。若 $\mathbf{A}$ 的秩远远小于 m 和 n，则通过奇异值分解可以大大降低 $\mathbf{A}$ 的维数。

对于一个 $n\times n$ 像素的图像矩阵 $\mathbf{A}$，设 $\mathbf{A}=\boldsymbol{U}\Delta\mathbf{V}^H$，其中，$\Delta=\text{diag}(\delta_1, \delta_2, \cdots, \delta_r)$。按奇异值从大到小取 k 个奇异值和这些奇异值对应的左奇异向量及右奇异向量重构原图像矩阵 $\mathbf{A}$。如果选择的 $k\geqslant r$，这是无损的压缩；基于奇异值分解的图像压缩讨论的是 $k<r$，即有损压缩的情况。这时，可以只用 $k(2n+1)$ 个数值代替原来的 $n\times n$ 个图像数据。这 $k(2n+1)$ 个数据分别是矩阵 $\mathbf{A}$ 的前 k 个奇异值，$n\times n$ 左奇异向量矩阵 $\boldsymbol{U}$ 的前 k 列和 $n\times n$ 右奇异向量矩阵 $\mathbf{V}$ 的前 k 列元素。比率 $\rho=\dfrac{n^2}{k(2n+1)}$ 称为图像的压缩比。

显然，被选择的奇异值的个数 k 应该满足条件 $k(2n+1)<n^2$，即 $k<\dfrac{n^2}{(2n+1)}$。故在传送图像的过程中，不需要传 $n\times n$ 个数据，而只需要传 $k(2n+1)$ 个有关奇异值和奇异向量的数据即可。接收端，在接收到奇异值 $\delta_1, \delta_2, \cdots, \delta_r$ 以及左奇异向量 $u_1, u_2, \cdots, u_k$ 和右奇异向量 $v_1, v_2, \cdots, v_r$ 后，可以通过 $\mathbf{A}_k=\sum_{i=1}^{k}\delta_i\boldsymbol{u}_i\boldsymbol{v}_i^H$ 重构出原图像矩阵。$\mathbf{A}_k$ 与 $\mathbf{A}$ 的误差为

$$\|\mathbf{A}-\mathbf{A}_k\|_F^2=\delta_{k+1}^2+\delta_{k+2}^2+\cdots+\delta_r^2$$

某个奇异值对图像的贡献可以定义为 $\varepsilon_i=\delta_i^2/\sum\delta_j^2$，$(j=1, 2, \cdots, k)$，对一幅图像来说，较大的奇异值对图像信息的贡献量较大，较小的奇异值对图像的贡献较小。假如 $\sum\varepsilon_i$，$(i=1, 2, \cdots, k)$ 接近 1，该图像的主要信息就包含在 $\mathbf{A}_k=\sum\delta_i\boldsymbol{u}_i\boldsymbol{v}_i^H$，$(i=1, 2, \cdots, k)$ 之中。通常图像的奇异值都具有大 L 形状曲线，只有不多的一些比较大的奇异值，其它的奇异值相对较小，因此一般只需要比较小的 k 就使 $\sum\varepsilon_i$，$(i=1, 2, \cdots, k)$ 接近 1。在满足视觉要求的基础上，按奇异值的大小选择合适的奇异值个数 $k<r$，就可以通过 $\mathbf{A}_k$ 将图像 $\mathbf{A}$ 恢复出来。k 越小，用于表示 $\mathbf{A}_k$ 的数据量就越小，压缩比就越大，而 k 越接近 r，则 $\mathbf{A}_k$ 与 $\mathbf{A}$ 就越相似。在一些应用场合中，如果是规定了压缩比，则可以由式 $\rho=\dfrac{n^2}{k(2n+1)}$ 求出 k，这时也同样可以求出 $\sum\varepsilon_i$，$(i=1, 2, \cdots, k)$。

2. 奇异值分解稀疏化应用过程

在对图像进行操作时，因为矩阵的维数一般较大，直接进行奇异值分解运算量大，可以将图像分解为子块，对各子块进行奇异值分解并确定奇异值个数，将每个子块进行重构。这样操作除了因为对较小型的矩阵进行奇异值分解的计算量比较小外，另一方面是为了利用原始图像的非均匀的复杂性。如果图像的某一部分比较简单，那么只需要少量的奇异值

就可以达到满意的近似效果。

为了保证图像的质量就需要较多的奇异值。但是各个子块的奇异值数目大小各不相同，因此可以考虑为每个子块自适应地选择适当的奇异值数目。一种简单的方法是定义奇异值贡献量的和$\sum \varepsilon_i > a$，$(i=1, 2, \cdots, k)$来选择k，其中a是一个接近1的数。对常见的256×256的.bmp格式的图像(位图)，划分为4×4个子块，每个子块大小为64×64。对每个子块根据$\sum \varepsilon_i > 0.99$，$(i=1, 2, \cdots, k)$来选择所需要的奇异值数目。增大$a$的值来选择奇异值数目，可以推理得：随着$a$不断增大，视觉效果越来越好；随着$a$不断增大，需要的奇异值也增多，压缩比会减小。

用奇异值分解进行图像稀疏化压缩具有较好的应用价值，但仍然需要对以下几点进行深入思考并进行改善：

(1) 对子块的划分可以采取更加有效的方法来完成。例如对规模很大的矩阵，随机抽取矩阵的某些行列得到规模较小的矩阵，计算小矩阵的奇异值，重复若干次，用这些小矩阵的奇异值逼近原始矩阵的奇异。

(2) 影响运算速度的因素是SVD变换运算比较大，能否找到一个快速的SVD变换算法。

另外，若已知图像矩阵的奇异值及其特征空间，一般认为较大的奇异值及其对应的奇异向量表示图像信号，而噪声反映在较小的奇异值及其对应的奇异向量上。依据一定的准则选择门限，低于该门限的奇异值置零(截断)，然后通过这些奇异值和其对应的奇异向量重构图像进行去噪。若考虑图像的局部平稳性，也可以对图像分块奇异值分解去噪，这样能在一定程度上保护图像的边缘细节。如果仔细分析会发现，SVD去噪是具有方向性的。根据SVD图像性质3，可以把图像分块旋转SVD去噪，即将图像划分为不同的块，然后对每个图像块单独进行旋转SVD去噪，最后再整体组合得到去噪后的图像。这样图像的主观质量会有较大改善。

本章小结

本章介绍了常见的二维和三维信号及其稀疏化处理方法。理解了信号的数据格式，才能更好地理解信号的本质特征，才能更好地理解信号稀疏化理论，为处理信号打下基础。

参考文献及扩展阅读资料

[1] 姚敏. 数字图像处理[M]. 2版. 北京：机械工业出版社，2012：6-23.

[2] Hill F., Kelley S. Computer Graphics Using OpenGL, 3/E[M]. Pearson, 2007.

[3] Osada R., Funkhouser T., Chazelle B., et al. Matching 3D models with shape distributions[C]. Shape Modeling and Applications, SMI 2001 International Conference on. IEEE, 2001: 154-166.

[4] Mohimani H, Babie-Zadeh M, Jutten C. A fast approach for overcomplete sparse decomposition based on smoothed 0-norm[J]. Signal Process, IEEE Transactions on, 2009, 57(1): 289-301

[5] Rosanwo O, Petz C, Prohaska S, et al. Dual streamline seeding[C]//Proceedings of the 2009 IEEE Pacific Visualization Symposium. Washington, DC, USA: IEEE Computer Society Press, 2009:

9 - 16
[6] Weinkauf T, Theisel H. Streak lines as tangent curves of a derived vector field[C]//Proceedings of IEEE Transactionson Visualization and Computer Graphics. Washington, DC, USA: IEEE Computer Society Press, 2010, 16(6): 1225 - 1234
[7] Chartrand R. Exact reconstruction of sparse signals via nonconvex minimization[J]. IEEE Signal Processing Letters, 2007, 14(10): 710 - 770
[8] Pant J K, Lu W S, Antoniou A. Reconstruction of sparse signals by minimizing a re-weighted approximate ? 0-norm in the null space of the measurement matrix[C]//Proceedings of Circuits and Systems (MWSCAS), 2010 53rd IEEE International Midwest Symposium on. Washington, DC, USA: IEEE Computer Society Press, 2010: 430 - 433
[9] Mohimani H, Babaie-Zadeh M, Jutten C. A fast approach for overcomplete sparse decomposition based on smoothed? 0 norm[J]. IEEE Transactions on Signal Processing, 2009, 57(1): 289 - 301.
[10] Pant J K, Lu W S, Antoniou A. Reconstruction of sparse signals by minimizing a re-weighted approximate? 0-norm in the null space of the measurement matrix[C]//Proceedings of the 53rd IEEE International Midwest Symposium on Circuits and Systems. Seattle, Washington: IEEE, 2010: 430 - 433.
[11] Du Z M, Li H A, Kang B S. A fast recovery method of compressed sensing signal[J]. Journal of Computer-Aided Design & Computer Graphics, 2014, 26(12): 2196 - 2202.
[12] Donoho D L. Compressed sensing[J]. IEEE Transactions on Information Theory, 2006, 52(4): 1289 - 1306.
[13] Pant J K, Lu W S, Antoniou A. New improved algorithms for compressive sensing based on? p norm [J]. IEEE Transactions on Circuits and Systems II: Express Briefs, 2014, 61(3): 198 - 202.
[14] Lai M J, Xu Y Y, Yin W T. Improved Iteratively Reweighted Least Squares for Unconstrained Smoothed? q Minimization[J]. SIAM Journal on Numerical Analysis, 2013, 51(2): 927 - 957.
[15] Pant J K, Lu W S, Antoniou A. Unconstrained regularized? p-norm based algorithm for the reconstruction of sparse signals[C]//Proceedings of IEEE International Symposium on Circuits and Systems (ISCAS). Rio de Janeiro, Brazil: IEEE, 2011: 1740 - 1743.
[16] Pant J K, Lu W S, Antoniou A. Recovery of sparse signals from noisy measurements using an? p regularized least-squares algorithm [C]//Proceedings of IEEE Pacific Rim Conference on Communications, Computers and Signal Processing (PacRim). Victoria, BC, Canada: IEEE, 2011: 48 - 53.
[17] Donoho D L, Elad M, Temlyakov V N. On Lebesgue-type inequalities for greedy approximation[J]. Journal of Approximation Theory, 2007, 147(2): 185 - 195.
[18] Zhang Z L, Jung T P, Makeig S, et al. Compressed sensing for energy-efficient wireless telemonitoring of noninvasive fetal ECG via block sparse Bayesian learning[J]. IEEE Transactions on Biomedical Engineering, 2013, 60(2): 300 - 309.
[19] Beck A, Teboulle M. A fast iterative shrinkage-thresholding algorithm for linear inverse problems [J]. SIAM Journal on Imaging Sciences, 2009, 2(1): 183 - 202.
[20] Hong-an Li, Baosheng Kang, Zijuan Zhang. Retrieval Methods of 3D Model Based on Weighted Spherical Harmonic Analysis[J]. Journal of Information & Computational Science, 2013, 10(15): 5005 - 5012.
[21] https://wenku.baidu.com/.
[22] 杜卓明. 三维模型检索与压缩关键技术研究[D]. 西安：西北大学，2012.

[23] Hong-an Li, Jie Zhang, Baosheng Kang. A 3D Surface Reconstruction Algorithm based on Medical Tomographic Images[J]. Journal of Computational Information Systems, 2013, 9(19): 7873 - 7880.

[24] 马天，李洪安，马本源，康宝生. 三维虚拟维护训练系统关键技术研究[J]. 图学学报，2016，37(1)：97 - 101.

[25] Hong-an Li, Zhanli Li, and Zhuoming Du. A Reconstruction Method of Compressed Sensing 3D Medical Models based on the Weighted 0-norm [J]. Computational and Mathematical Methods in Medicine, vol. 2017, 7(2): 614 - 620.

[26] Hong-an Li, Yongxin Zhang, Zhanli Li, and Huilin Li. A Multiscale Constraints Method Localization of 3D Facial Feature Points[J]. Computational and Mathematical Methods in Medicine, vol. 2015, Article ID 178102, 6 pages, 2015.

[27] 杜卓明，李洪安，康宝生. 二阶收敛的光滑正则化压缩感知信号重构方法[J]. 中国图像图形学报，2016，21(4)：490 - 498.

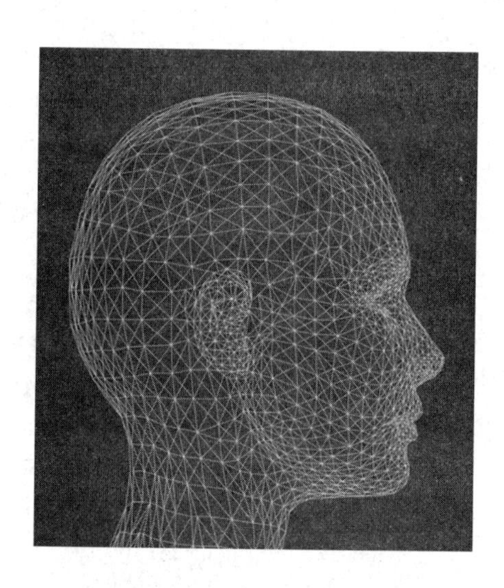

第 4 章　信号稀疏化理论与方法

信号的稀疏化理论与方法是指以远远少于原数据量的数据来表达原信号的理论与方法，是基于稀疏编码的信号稀疏表达或基于信号分解的主要成分表达的理论与方法的一种信号表达理论。本章介绍稀疏表达、主成分分析、鲁棒主成分分析和形态成分分析理论与方法的主要内容。

4.1　信号稀疏表达理论

4.1.1　信号稀疏表达

信号稀疏表达的目标是找到一组代表数据的系数，这些系数尽可能多是零元素。传统的信号表达技术基本上都是基于非冗余的正交基函数而得以实现的，该技术包括小波变换技术和傅里叶变换技术等。然而傅里叶变换技术在表达关于信号的时频局域性方面具有一定的欠缺。小波变换技术虽然在处理点状奇异性的信号表达方面具有很大的优势，但由一维小波信号扩展而来的可分离小波信号却具有十分有限的方向性。为了能够更好地克服该缺点，在基于正交小波的基础上，很多新的方法和技术被提了出来，例如曲线波变换(Curve Wave Transform，CWT)、脊波变换(Ridge Transform，RT)、轮廓波变换(Contour Wave Transform，COWT)、带波变换(Band Transform，BT)。这些新的变换技术或方法，基本上都是采用超完备(Over-complete)冗余方式得以表示实现。这种表示的原理是：用超完备的字典表示方式来代替基函数。字典中的元素信息可被称作原子，而信号则是基于原子的线性组合而得以表示。基于这种超完备性，信号表示的方法层出不穷，然而能用最少稀疏表示的方法，被公认为是最优的一种。

对信号进行稀疏表示的思想最早是由 Mallat 等人于 1993 年提出的。对图像进行稀疏表示的过程为在超完备字典中用比较少的原子近似地对图像进行线性表示，极大地简便了图像处理过程。设图像信号 $\boldsymbol{x}\in\mathbf{R}^n$，字典为 $\boldsymbol{D}=[d_1, d_2, \cdots, d_L]\in\mathbf{R}^{n\times L}(L\gg n)$，则图像信号可表示为

$$\boldsymbol{x}=\boldsymbol{D\alpha} \tag{4.1}$$

其中，$\boldsymbol{\alpha}=[\alpha_1, \alpha_2, \cdots, \alpha_L]^{\mathrm{T}}$，为稀疏系数，包含少量的非零元素。如图 4.1 所示。

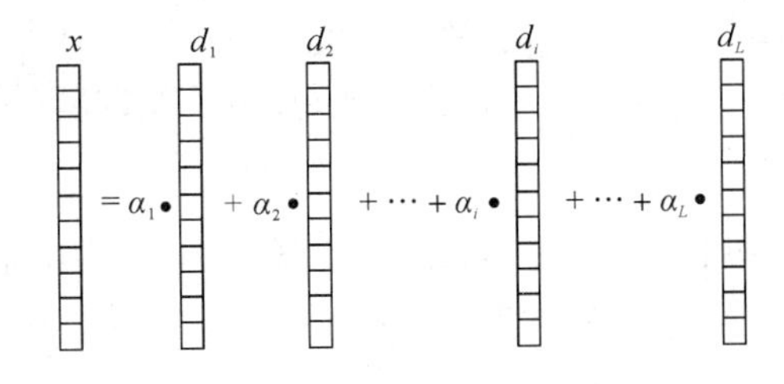

图 4.1　稀疏表达示意图

当 $\boldsymbol{\alpha}$ 中的非零元素数目为 K 时，称其为 K -稀疏。图 4.2 描述了 $\boldsymbol{\alpha}$ 中包含 4 个非零元素即 $K=4$ 时稀疏表示的过程。

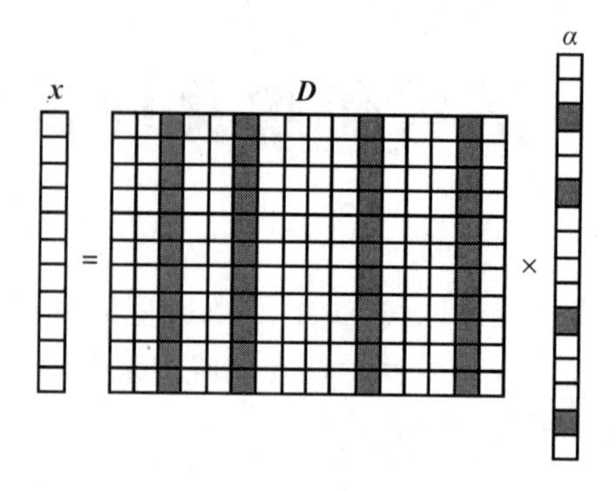

图 4.2　K 稀疏表示示意图

图 4.2 中，稀疏系数 $\boldsymbol{\alpha}$ 中一共包含 4 个非零元素，即图中 $\boldsymbol{\alpha}$ 中灰色部分的元素，信号 $\boldsymbol{x}$ 即可由字典 $\boldsymbol{D}$ 中相应的 4 个原子即图中 $\boldsymbol{D}$ 中的灰色原子线性表示。

因此，稀疏表示可以描述为

$$\hat{\boldsymbol{\alpha}}=\arg\min_{\alpha}\|\boldsymbol{\alpha}\|_0 \quad \text{s. t. } \boldsymbol{x}\approx\boldsymbol{D\alpha} \tag{4.2}$$

其中，零范数 $\|\boldsymbol{\alpha}\|_0$ 表示 $\boldsymbol{\alpha}$ 中所包含非零元素的数目。上述约束优化问题允许转换为计算式(4.3)所示的 l_0 范数优化问题。

$$\hat{\boldsymbol{\alpha}}=\arg\min_{\alpha}\|\boldsymbol{D\alpha}-\boldsymbol{x}\|_2^2+\lambda\|\boldsymbol{\alpha}\|_0 \tag{4.3}$$

其中，λ 为正常数，用于平衡两项约束条件所占的比重。

l_0 范数优化问题是 NP 问题中最为典型的代表，一般利用运行速度较快的贪婪追踪算法解决该问题。但当数据量大时，则无法保证结果的精确度，且鲁棒性较差。鉴于此，利用 l_1 范数

$$\hat{\boldsymbol{\alpha}}=\arg\min_{\alpha}\|\boldsymbol{D\alpha}-\boldsymbol{x}\|_2^2+\lambda\|\boldsymbol{\alpha}\|_1 \tag{4.4}$$

近似代替 l_0 范数是解决该问题的一个思路。这样便可将一非凸问题变成凸优化问题，可使用线性规划算法进行求解。

4.1.2　稀疏编码

采用贪婪追踪方法求解 l_0 范数问题时的过程可简单地描述为：反复迭代，依次从字典中选择最合适的原子，直到满足稀疏度或迭代次数的要求为止，从而完成对图像的稀疏表示。其中最具代表性的算法包括：初始的匹配追踪(Matching Pursuit，MP)算法，做了正交化改进处理的正交匹配追踪(Orthogonal Matching Pursuit，OMP)算法，以及正则化正交匹配追踪(Regularized Orthogonal Matching Pursuit，ROMP)算法等。

1. MP 算法

MP 算法的核心思想是从通过学习得到的超完备字典中选则与图像信息最符合最贴切的一个原子，构成一个稀疏逼近，并计算出残差，再次从字典中选取与残差最相符的一列，

按照上述步骤不断循环，最后用已选择原子的线性组合与残差值相加所得的值对一幅图像进行稀疏表示。

MP 算法求解稀疏系数 α 的步骤如下：

Step1：输入图像信号 $\boldsymbol{x}$，超完备字典 $\boldsymbol{D}=[d_1, d_2, \cdots, d_L]$，$\|d_i\|=1$，稀疏度即稀疏系数中非零元素个数为 K 或残差阈值为 ε。

Step2：初始化残差 $r_0=x$，迭代次数 $k=0$。

Step3：选择使图像信号 $\boldsymbol{x}$ 与过完备字典中内积绝对值最大的那列 d_k 作为本次迭代过程中与 x 最为相关的一个原子，即：

$$d_k=\underset{\boldsymbol{d}\in \boldsymbol{D}}{\operatorname{argmax}}|(\boldsymbol{d}, r_{k-1})| \tag{4.5}$$

Step4：更新稀疏系数和残差：

$$x_k=x_{k-1}+(r_{k-1}, d_k)d_k \tag{4.6}$$

$$\alpha_k=(r_{k-1}, d_k) \tag{4.7}$$

$$r_k=r_{k-1}-\alpha_k d_k \tag{4.8}$$

Step5：迭代次数递增。如果条件满足则终止，得到稀疏系数，转 Step6；否则转到 Step3。

Step6：输出稀疏表示系数 α。

MP 算法中如果图像信号或残差值在已选字典原子上做垂直投影时不是正交的，则不会得到最优结果。每迭代一次均需计算残差值在超完备字典的每一列上的投影，导致迭代次数繁多，收敛速度慢，时间成本高且一般得到的都是次优解。

2. OMP 算法

OMP 算法是针对 MP 算法中存在的不足做了完善与改进，其基本思想是在每次迭代循环过程中对所有已选原子做正交投影以确保所选原子之间的相互正交性，从而获得图像信息在已经选择的字典原子上的分量与残差值，迭代直至收敛。该思想使得 OMP 算法拥有更准确的稀疏系数和更快捷的收敛速度。

假设过完备字典为 $\boldsymbol{D}$，信号为 $\boldsymbol{x}$，在稀疏度 K 或表示误差 ε 的约束下，求解 $\boldsymbol{x}$ 在 $\boldsymbol{D}$ 上的稀疏表示系数 α。OMP 算法求解稀疏系数 α 的步骤为：

Step1：输入图像信号 $\boldsymbol{x}$、超完备字典 $\boldsymbol{D}$、稀疏度 K 或残差阈值 ε。

Step2：进行初始化：$\Omega_0=\varnothing$，残差 $\boldsymbol{r}_0=\boldsymbol{x}$，迭代次数 $k=1$。

Step3：选择原子：从 $\boldsymbol{D}$ 中找出与当前残差最为匹配的原子所在的列 n_k，即：

$$n_k=\underset{n}{\operatorname{argmax}}|(r_{k-1}, d_n)| \tag{4.9}$$

并将其并入已选择的原子集合中，即：

$$\Omega_k=\Omega_{k-1}\cup\{n_k\} \tag{4.10}$$

Step4：更新系数：

$$\alpha_k=\arg\min_{\alpha_k}\|x-D_{\Omega_k}\alpha_k\|_2^2 \tag{4.11}$$

Step5：更新残差：

$$R_k f=x-D_{\Omega_k}\alpha_k \tag{4.12}$$

Step6：$k=k+1$，如果满足终止条件，算法结束；否则转 Step3。

Step7：输出稀疏表示系数 α。

OMP算法是一种行之有效的克服MP一般得不到最优解的方法，确保了最佳的循环效果，降低了迭代时间成本，但该算法进行一次迭代只选择与残差最相关的一列，且并不能对任何信号都可以进行精确地表示。

3. ROMP

ROMP算法是针对OMP中的不足之处所做的进一步的研究与改进，其基本思想是每一次迭代时选择使得内积绝对值最大的K个原子而非一个原子，然后按照正则化法则选择携带信息比较接近一个均值的原子，而舍弃其他原子，并将该原子并入最终的支撑集，从而对其进行高效的筛选。

ROMP算法求解稀疏系数$\boldsymbol{\alpha}$的步骤为

Step1：输入图像信号$\boldsymbol{x}$、超完备字典$\boldsymbol{D}_0$、稀疏度K或残差阈值ε。

Step2：分别设置各参数的初始值：残差$\boldsymbol{r}_0=\boldsymbol{x}$，索引集$\boldsymbol{I}_0=\varnothing$，$\boldsymbol{J}_k=\varnothing$，迭代次数$k=0$。

Step3：计算

$$\boldsymbol{a}_k=\boldsymbol{D}^{\mathrm{T}}\boldsymbol{r}_{k-1} \tag{4.13}$$

并从$\boldsymbol{a}_k$中选择前K个大的元素，将其元素的索引号计入集合$\boldsymbol{J}_k$中，即$\boldsymbol{J}_k=\{\boldsymbol{\alpha}_k$中前$K$个最大值的索引号$\}$，并将索引按元素值从大到小排列。

Step4：找到子集合$\boldsymbol{J}_0=\{i, \cdots, j\}\subseteq\boldsymbol{J}_k$，使得其满足下列条件

$$|\boldsymbol{\alpha}(i)|\leqslant 2|\boldsymbol{\alpha}(j)|, \quad \forall i, j\in\boldsymbol{J}_0, i\leqslant j \tag{4.14}$$

Step5：将集合$\boldsymbol{J}_0$并入索引集合$\boldsymbol{I}_{k-1}$，即：

$$\boldsymbol{I}_k=\boldsymbol{I}_{k-1}\cup\boldsymbol{J}_0 \tag{4.15}$$

Step6：更新稀疏系数

$$\boldsymbol{\alpha}_k=\arg\min_{\boldsymbol{\alpha}_k\in\boldsymbol{R}'}\|\boldsymbol{x}-\boldsymbol{D}_k\boldsymbol{\alpha}_k\| \tag{4.16}$$

其中，$\boldsymbol{R}'$表示仅在集合$\boldsymbol{I}_k$所包含的索引位置上全部非零元素的稀疏向量；

Step7：更新残差

$$\boldsymbol{r}_k=\boldsymbol{x}-\boldsymbol{D}_k\boldsymbol{\alpha}_k \tag{4.17}$$

Step8：迭代次数递增，如果条件满足则终止，转Step9；否则转Step3。

Step9：输出稀疏系数$\boldsymbol{\alpha}$。

4.1.3 字典训练

字典是由许多原子排列组合而成的，可看作是一个$n\times L$矩阵，一般使用的是超完备字典，即字典中的行数远远小于列数($n\ll L$)。考虑到超完备字典的冗余性，则对图像信息的线性表示并不唯一，这为图像的自适应处理提供可能，即从中选择最合适的原子对其进行稀疏表示。稀疏理论的快速发展使得人们无论从理论上还是在实践中都必须面对一个问题：对于给定的任务，如何选择合适的字典？早期的工作主要是利用像傅里叶、小波这样的传统字典，这些字典使用起来非常简单，而且能够很好地处理一维信号。但是对于一些复杂的、自然的高维信号，采用这些字典来表示就不是很合适，必须寻找更合适的字典结构。为此，人们设计了不同类型的字典。最新设计的字典主要有两种途径：其一，基于数据的数学模型；其二，基于数据的实现。前一种类型字典具有解析公式及其快速实现，而第二种类

型的字典通常是非参数的，具有适应某类特殊信号的能力。最近，人们越来越多地研究兼具二者优点的字典。

字典的学习是稀疏表示理论中十分关键的环节之一。当前字典构造的方法主要是将现有的正交基当作字典原子，如离散的 DCT 字典、小波字典、Gabor 字典等实现图像信息的稀疏表示，此类字典的缺点体现在对信号进行表示的不充分性上。本章的超完备字典是通过机器学习的方法对由亮度、特征和颜色信息组成的训练样本根据相应算法学习而得。常用的字典学习方法有最佳方向(Method of Optional Direction，MOD)法和 K 阶奇异值分解法。两个算法的主要目的都是通过学习的方法得到超完备字典 $\boldsymbol{D}$，从而使下述目标函数最小

$$\min_{\boldsymbol{D},\boldsymbol{\alpha}}\|\boldsymbol{X}-\boldsymbol{D}\boldsymbol{\alpha}\|_2^2 \quad \text{s.t. } \forall i,\ \|\boldsymbol{\alpha}_i\|_0\leqslant T_0 \tag{4.18}$$

式中，$\boldsymbol{X}$ 为样本集，稀疏系数 $\boldsymbol{\alpha}=[\alpha_1, \alpha_2, \cdots, \alpha_L]^{\mathrm{T}}$。

MOD 和 K-SVD 两种字典学习的步骤均可分为稀疏编码和字典更新两个阶段，可用图 4.3 表示。

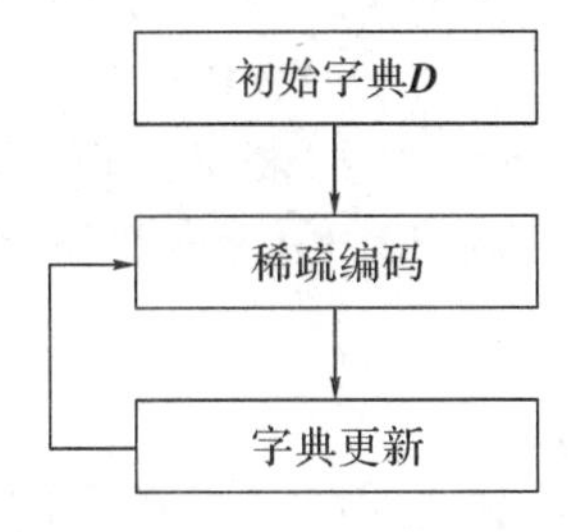

图 4.3　字典学习示意图

下面具体介绍字典学习的步骤。

1. MOD 算法

MOD 算法学习字典的具体步骤如下：

Step1：将字典初始化为 $\boldsymbol{D}_0$，并对其做规范化处理，迭代次数 $k=0$。

Step2：重复以下步骤，直至 $\|\boldsymbol{X}-\boldsymbol{D}_k\boldsymbol{\alpha}_k\|_2^2$ 足够小：

(1) 稀疏编码：固定字典 $\boldsymbol{D}_{k-1}$，求解稀疏系数，即：

$$\min_{\alpha_i}\|\boldsymbol{x}_i-\boldsymbol{D}_{k-1}\boldsymbol{\alpha}_i\|_2^2 \quad \text{s.t. } \|\boldsymbol{\alpha}_i\|\leqslant T_0,\quad i=1, 2, \cdots, N \tag{4.19}$$

(2) 字典更新：固定稀疏系数，更新字典：

$$\boldsymbol{D}_k=\arg\min_{\boldsymbol{D}}\|\boldsymbol{X}-\boldsymbol{D}\boldsymbol{\alpha}_k\|_2^2=\boldsymbol{X}\boldsymbol{\alpha}_k^{\mathrm{T}}(\boldsymbol{\alpha}_k\boldsymbol{\alpha}_k^{\mathrm{T}})^{-1} \tag{4.20}$$

Step3：输出字典 $\boldsymbol{D}$。

MOD 算法进行字典学习时，需要涉及到矩阵的逆运算，需要很大的计算量，效率比较低。

2. K-SVD 算法

K-SVD 算法针对 MOD 的低效率问题进行进一步改进，通过 K 次奇异值分解依次实现对字典原子和与之相关的稀疏系数的同步更新。在字典学习过程中大幅度地降低了时间复

杂度，是一种低要求高效率的字典训练方法。该算法的基本步骤如下：

Step1：初始化字典 $\boldsymbol{D}$，并将其规范化，迭代次数 $k=0$。

Step2：重复以下步骤 K 次：

(1) 稀疏编码：固定字典 $\boldsymbol{D}$，将求解最优问题转化成为计算训练样本在超完备字典上的稀疏表示系数，即：

$$\min_{\alpha}\|\boldsymbol{X}-\boldsymbol{D\alpha}\|_2^2=\min_{\alpha_i}\sum_{i=1}^{N}\|\boldsymbol{x}_i-\boldsymbol{D\alpha}_i\|_2^2 \quad \text{s.t. } \|\boldsymbol{\alpha}_i\|\leqslant T_0,\quad i=1, 2, \cdots, N \tag{4.21}$$

(2) 字典更新：根据求解得到的稀疏矩阵逐列更新字典。每次仅更新 $\boldsymbol{D}$ 的第 k 列原子 d_k，及与之相关的稀疏系数 α_T^k，则可将目标函数表示为

$$\|\boldsymbol{X}-\boldsymbol{D\alpha}\|_2^2=\left\|\boldsymbol{X}-\sum_{j=1}^{K}d_j\alpha_T^j\right\|_2^2=\left\|\left(\boldsymbol{X}-\sum_{j\neq k}^{K}d_j\alpha_T^j\right)-d_k\alpha_T^k\right\|_2^2=\|\boldsymbol{E}_k-d_k\alpha_T^k\|_2^2 \tag{4.22}$$

其中，$\boldsymbol{E}_k=\boldsymbol{X}-\sum_{j\neq k}^{K}d_j\alpha_T^j$ 为去掉字典中第 k 列原子之后对图像信息进行稀疏表示的残差值。则使 $d_k\alpha_T^k$ 接近 E_k 即可使总体值最小。对 $\boldsymbol{E}_k$ 进行奇异值分解，即：

$$\boldsymbol{E}_k=\boldsymbol{U\Lambda V}^{\mathrm{T}} \tag{4.23}$$

其中，$\boldsymbol{\Lambda}$ 为对角矩阵，对角线上的数值为 $\boldsymbol{E}_k$ 的奇异值。用 $\boldsymbol{U}$ 的首列元素和 $\boldsymbol{V}$ 的首列与 $\boldsymbol{\Lambda}(1, 1)$ 的乘积分别对字典原子 d_k 和稀疏系数 x_T^k 进行更新。

Step3：输出字典 $\boldsymbol{D}$。

4.2 主成分分析信号稀疏化方法

4.2.1 主成分分析算法

在日常生活中，为了对问题进行全面的分析与解读，经常设置很多与之相关的变量或指标，因为这些变量或指标在不同程度上都可以反映该问题的相关信息。但另一方面，由于变量或指标数较多，以及它们之间具有一定程度的关联性，因此又造成了分析以及解决问题的复杂性。目前，主要利用主成分分析(Principal Component Analysis，PCA)方法来解决这一问题。主成分分析是一种有效的数据降维方法，该方法可以把信号的若干个变量利用线性变换找到少数几个重要变量，把信号进行稀疏化处理，使其既能最大程度地反映原变量所代表的信息，又能保证新指标之间保持相互无关(信息不重叠)该方法也被称为主分量分析法。

假设观测样本集为 $\boldsymbol{X}$，其中包含 n 个观测样本，每个样本有 p 个观测变量，即

$$\boldsymbol{X}=\begin{pmatrix} x_{11} & x_{12} & \cdots & x_{1p} \\ x_{21} & x_{22} & \cdots & x_{2p} \\ \vdots & \vdots & \vdots & \vdots \\ x_{n1} & x_{n2} & \cdots & x_{np} \end{pmatrix} \tag{4.24}$$

将式(4.24)简写为

$$\boldsymbol{X}=(\boldsymbol{x}_1, \boldsymbol{x}_2, \cdots, \boldsymbol{x}_p) \tag{4.25}$$

其中

$$\boldsymbol{x}_j=\begin{pmatrix} x_{1j} \\ x_{2j} \\ \vdots \\ x_{nj} \end{pmatrix},\quad j=1,2,\cdots,p \tag{4.26}$$

PCA 的主要目的就是将 p 个变量通过线性变换变换成 p 个可以代表原始变量的新变量，即：

$$\begin{cases} F_1=a_{11}x_1+a_{12}x_2+\cdots+a_{1p}x_p \\ F_2=a_{21}x_1+a_{22}x_2+\cdots+a_{2p}x_p \\ \cdots \\ F_p=a_{p1}x_1+a_{p2}x_2+\cdots+a_{pp}x_p \end{cases} \tag{4.27}$$

F_1表示原变量的第一个线性组合所形成的主成分指标，即 $F_1=a_{11}X_1+a_{21}X_2+\cdots+a_{p1}X_p$，由数学知识可知，每一个主成分所提取的信息量可用其方差来度量，其方差 $\mathrm{Var}(F_1)$越大，表示 F_1包含的信息越多。常常希望第一主成分 F_1所含的信息量最大，因此在所有的线性组合中选取的 F_1应该是 X_1，X_2，X_3，$\cdots X_p$的所有线性组合中方差最大的，故称 F_1为第一主成分。如果第一主成分不足以代表原来 p 个指标的信息，再考虑选取第二个主成分指标 F_2，为有效地反映原信息，F_1已有的信息就不需要再出现在 F_2中，即 F_2与 F_1要保持独立、不相关，用数学语言表达就是其协方差 $\mathrm{cov}(F_1, F_2)=0$，所以 F_2是与 F_1不相关的 X_1，X_2，X_3，$\cdots X_p$的所有线性组合中方差最大的，故称 F_2为第二主成分。依此类推构造出的 F_1、F_2、$\cdots F_m$为原变量指标 X_1，X_2，X_3，$\cdots X_p$的第一、第二、……、第 m 个主成分。

为了实现 PCA 的目的，该数学模型需要同时满足以下几个条件：

(1) F_i和 F_j互不相关($i\neq j$；i、$j=1, 2, \cdots, p$)；

(2) F_1在所有 x_1，x_2，$\cdots$，x_p线性组合中方差最大，F_2在所有与 F_1不相关的线性组合中方差最大，依次类推，F_p在所有与 F_1，F_2，$\cdots$，F_{p-1}都不相关的线性组合中方差最大；

(3) $a_{k1}^2+a_{k2}^2+\cdots+a_{kp}^2=1$，$k=1, 2, \cdots, p$。

PCA 主要包括以下步骤：

Step1：在计算样本数据的协方差矩阵之前，需要对原始样本按式(4.28)进行标准化处理：

$$x_{ij}^*=\frac{x_{ij}-\bar{x}_j}{\sqrt{\mathrm{var}(x_j)}},\quad i=1,2,\cdots,n;\ j=1,2,\cdots,p \tag{4.28}$$

其中

$$\bar{x}_j=\frac{1}{n}\sum_{i=1}^{n}x_{ij} \tag{4.29}$$

$$\mathrm{var}(x_j)=\frac{1}{n-1}\sum_{i=1}^{n}(x_{ij}-\bar{x}_j)^2,\quad j=1,2,\cdots,p \tag{4.30}$$

Step2：计算样本协方差矩阵：

$$\boldsymbol{R}=\begin{pmatrix} r_{11} & r_{12} & \cdots & r_{1p} \\ r_{21} & r_{22} & \cdots & r_{2p} \\ \vdots & \vdots & \vdots & \vdots \\ r_{p1} & r_{p2} & \cdots & r_{pp} \end{pmatrix} \tag{4.31}$$

其中

$$r_{ij}=\frac{1}{n-1}\sum_{t=1}^{n}x_{ti}x_{tj}, \quad i、j=1, 2, \cdots, p \tag{4.32}$$

Step3：计算 $\boldsymbol{R}$ 的特征值$(\lambda_1, \lambda_2, \cdots, \lambda_p)$，以及对应的特征向量 $\boldsymbol{a}_i=(a_{i1}, a_{i2}, \cdots, a_{ip})^{\mathrm{T}}$，$i=1, 2, \cdots, p$；

前 m 个较大的特征值$\lambda_1\geqslant\lambda_2\geqslant\cdots\geqslant\lambda_m$分别是前 m 个主成分的相应方差。与 λ_i 相对应的单位特征向量 $\boldsymbol{a}_i$ 就是主成分 $\boldsymbol{F}_i$ 的关于原观测变量的系数，则原观测变量的第 i 个主成分 $\boldsymbol{F}_i$ 为

$$\boldsymbol{F}_i=\boldsymbol{a}_i\boldsymbol{X} \tag{4.33}$$

Step4：选择主成分。

一般情况下，k 个主成分的选择主要依据其累计贡献率，贡献率以及累积贡献率定义如下：

$$g_i=\frac{\lambda_i}{\sum_{i=1}^{p}\lambda_i}, \quad i=1, 2, \cdots, p \tag{4.34}$$

$$G(k)=\frac{\sum_{i=1}^{k}\lambda_i}{\sum_{j=1}^{p}\lambda_j} \tag{4.35}$$

4.2.2 基于PCA的图像信号的块分类方法

利用 PCA 算法可以把图像分为平滑块、边缘块和纹理块三类，通过观察发现，在自然图像中，局部图像块与其周围邻域内的图像块之间往往存在一定的联系，例如，对于平滑的图像块，其邻域范围内经常会存在相对数量较多的平滑块。对于包含对象边缘轮廓的图像块，由于对象边缘的连续性，其邻域范围内会存在较相似的边缘块。由于纹理块局部特征的不规则性，与其相似的图像块则可能分布于图像中的其他区域。

对于平滑图像块，由于其包含的像素灰度值比较相近，而对于边缘块和纹理块等非平滑块，其包含的像素灰度值差异比较大，因此图像块的局部方差可以反映其局部的平滑程度。所以在对图像信号进行处理时，可利用图像块的局部方差对平滑块和非平滑块进行辨识与区分。图像块的局部方差定义为

$$v=\frac{1}{n}\sum_{i=1}^{n}(x_i-\bar{x})^2 \tag{4.36}$$

其中

$$\bar{x}=\frac{1}{n}\sum_{i=1}^{n}x_i \tag{4.37}$$

因此，设置阈值 α，如果 v 大于 α，图像块判定为非平滑块，否则判定为平滑块。但是，根据图像块的局部方差，不能对非平滑块中的边缘块和纹理块进行有效区分。

Feng 等提出了一种基于 PCA 的图像局部主要方向估计方法，其核心思想是对局部梯度向量进行奇异值分解，以此对局部区域的主要方向进行估计。而通过分析发现，边缘块和纹理块的局部主要方向存在较大差别。如图 4.4 所示，其中显示了 4 个 8×8 图像块，将

其进行等比例放大。其中(a)和(b)是边缘块，(c)和(d)是纹理块。从中可以看出，边缘块中主要方向的一致性比较清晰和明显，而纹理块中主要方向则相对比较模糊。在本节方法中，根据图像块的局部主要方向，对边缘块和纹理块进行区分。

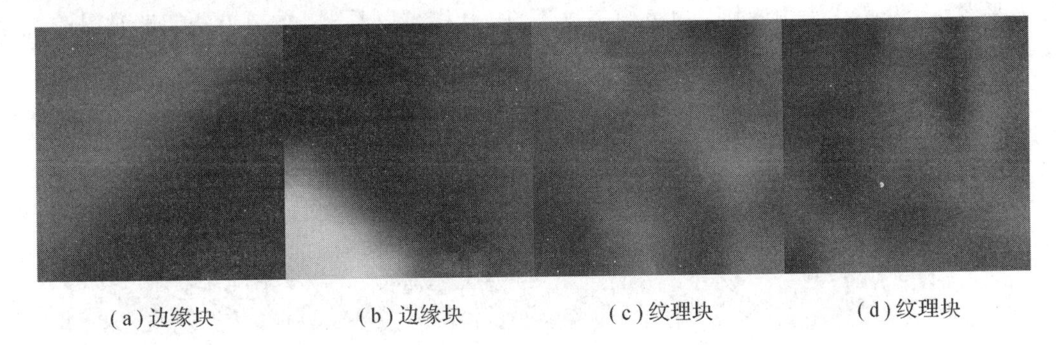

(a)边缘块　(b)边缘块　(c)纹理块　(d)纹理块

图 4.4　边缘块与纹理块局部方向比较

对于图像块 $f(x, y)$，其局部主要方向应该与图像块中全部像素点 $f(x_i, y_i)$ 的梯度向量 $\boldsymbol{g}_i = \nabla f(x_i, y_i)$ 的均值正交。因此对主方向的估计，可以转化为寻找一个单位向量 $\boldsymbol{a}$，使 $\boldsymbol{a}$ 与 $\boldsymbol{g}_i$ 的均值之间夹角最大，即求解以下问题：

$$\boldsymbol{a} = \arg\min_{\vec{a}} \sum_{i=1}^{n} (\boldsymbol{a}^{\mathrm{T}} \boldsymbol{g}_i)^2 = \arg\min_{\vec{a}} \boldsymbol{a}^{\mathrm{T}} \boldsymbol{C} \boldsymbol{a} \quad \text{s.t.} \ \|\boldsymbol{a}\| = 1 \tag{4.38}$$

其中

$$\boldsymbol{C} = \begin{bmatrix} \sum_{i=1}^{n} g_i^x g_i^x & \sum_{i=1}^{n} g_i^x g_i^y \\ \sum_{i=1}^{n} g_i^y g_i^x & \sum_{i=1}^{n} g_i^y g_i^y \end{bmatrix} \tag{4.39}$$

其中，g_i^x 是 $\boldsymbol{g}_i$ 在水平方向上的分量，g_i^y 是 $\boldsymbol{g}_i$ 在垂直方向上的分量。

从式(4.39)可以看出，使式(4.38)取得最小值的单位向量 $\boldsymbol{a}$，就是与矩阵 $\boldsymbol{C}$ 最小特征值相对应的特征向量。

对于图像块 $f(x, y)$，将所有像素点的梯度向量转换成 $n \times 2$ 矩阵：

$$\boldsymbol{G} = \begin{bmatrix} \nabla f(x_1, y_1)^{\mathrm{T}} \\ \nabla f(x_2, y_2)^{\mathrm{T}} \\ \vdots \\ \nabla f(x_n, y_n)^{\mathrm{T}} \end{bmatrix} \tag{4.40}$$

对 $\boldsymbol{G}$ 进行奇异值分解：

$$\boldsymbol{G} = \boldsymbol{U} \boldsymbol{\Lambda} \boldsymbol{V}^{\mathrm{T}} \tag{4.41}$$

可以得到 2 个奇异值 s_1 和 s_2。其中，s_1 表示梯度场主方向的能量，s_2 表示与主方向正交的方向的能量。因此，可以根据两个方向上的能量之间的差异，对边缘块和纹理块进行判断。令：

$$r = \frac{s_1 - s_2}{s_1 + s_2} \tag{4.42}$$

设定阈值β，如果$r>\beta$，即把当前图像块判定为边缘块，否则判定为纹理块。图4.5显示将测试图像Lena和House按照本节方法进行分类得到的结果，其中(a)、(b)、(c)分别显示了平滑块、边缘块和纹理块的部分结果。(d)中显示了整幅图像的分类结果，其中黑色代表平滑块，灰色代表边缘块，白色代表纹理块。从中可以看出，本节方法能够对图像中的各种特征类型的图像块进行有效辨识区分。

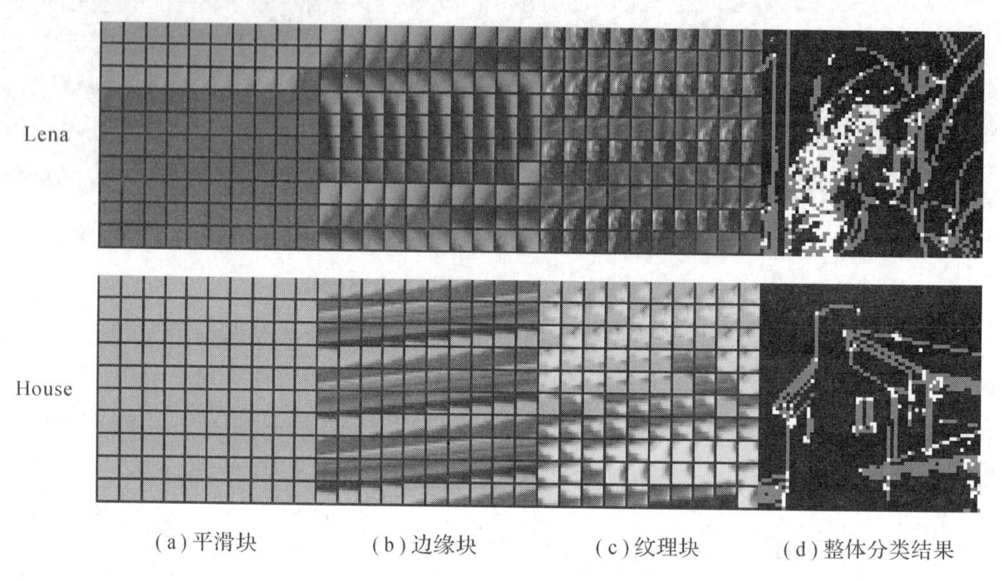

(a) 平滑块　(b) 边缘块　(c) 纹理块　(d) 整体分类结果

图4.5　Lena和House图像块分类结果

4.2.3　奇异值分解与主成分分析的关系

PCA的全部工作简单点来说，就是在原始的空间中顺序地找一组相互正交的坐标轴，第一个轴是使得方差最大的，第二个轴是在与第一个轴正交的平面中使得方差最大的，第三个轴是在与第一、二个轴正交的平面中方差最大的，这样假设在N维空间中，我们可以找到N个这样的坐标轴，我们取前r个去近似这个空间，于是就从一个N维的空间稀疏化到r维的空间了，但是我们选择的r个坐标轴能够使得空间稀疏化使得数据的损失最小。

还是假设矩阵每一行表示一个样本，每一列表示一个特征，用矩阵的语言来表示，将一个$m\times n$的矩阵$\boldsymbol{A}$进行坐标轴的变化，$\boldsymbol{P}$就是一个变换的矩阵，从一个N维的空间变换到另一个N维的空间，在空间中就会进行一些类似于旋转、拉伸的变化。

$$\boldsymbol{A}_{m\times n}\boldsymbol{P}_{n\times n}=\widetilde{\boldsymbol{A}}_{m\times n} \tag{4.43}$$

而将一个$m\times n$的矩阵$\boldsymbol{A}$变换成一个$m\times r$的矩阵，这样就会使得本来有n个特征的变成了有r个特征了($r<n$)，这r个其实就是对n个特征的一种提炼，我们就把这个过程称为特征的稀疏化。用数学语言表示就是：

$$\boldsymbol{A}_{m\times n}\boldsymbol{P}_{n\times r}=\widetilde{\boldsymbol{A}}_{m\times r} \tag{4.44}$$

SVD得出的奇异向量也是从奇异值由大到小排列的，按PCA的观点来看，就是方差最大的坐标轴就是第一个奇异向量，方差次大的坐标轴就是第二个奇异向量，依次类推。之前得到的SVD式子：

$$\boldsymbol{A}_{m\times n}\approx\boldsymbol{U}_{m\times r}\boldsymbol{\Sigma}_{r\times r}\boldsymbol{V}_{r\times n}^{\mathrm{T}} \tag{4.45}$$

在矩阵的两边同时乘上一个矩阵 $\boldsymbol{V}$，由于 $\boldsymbol{V}$ 是一个正交的矩阵，所以 $\boldsymbol{V}$ 转置乘以 $\boldsymbol{V}$ 得到单位阵 $\boldsymbol{I}$，所以可以化成后面的式子

$$\boldsymbol{A}_{m\times n}\boldsymbol{V}_{r\times n} \approx \boldsymbol{U}_{m\times r}\boldsymbol{\Sigma}_{r\times r}\boldsymbol{V}^{\mathrm{T}}_{r\times n}\boldsymbol{V}_{r\times n} \tag{4.46}$$

$$\boldsymbol{A}_{m\times n}\boldsymbol{V}_{r\times n} \approx \boldsymbol{U}_{m\times r}\boldsymbol{\Sigma}_{r\times r} \tag{4.47}$$

将式(4.47)与式(4.43)、式(4.44)相对照，在式(4.47)中，其实 $\boldsymbol{V}$ 即为 $\boldsymbol{P}$，也就是一个变化的向量。这里是将一个 $m\times n$ 的矩阵稀疏化到一个 $m\times r$ 的矩阵，也就是对列进行稀疏化。如果对行进行稀疏化，在 PCA 的观点下，对行进行稀疏化可以理解为：将一些相似的样本合并在一起，或者将一些没有太大价值的样本去掉。通用的行稀疏化为式(4.48)所示：

$$\boldsymbol{P}_{r\times m}\boldsymbol{A}_{m\times n} = \widetilde{\boldsymbol{A}}_{r\times n} \tag{4.48}$$

这样就从一个 m 行的矩阵压缩到一个 r 行的矩阵了，对 SVD 来说也是一样的，我们对 SVD 分解的式子两边乘以 $\boldsymbol{U}$ 的转置 $\boldsymbol{U}'$：

$$\boldsymbol{U}^{\mathrm{T}}_{r\times m}\boldsymbol{A}_{m\times n} \approx \boldsymbol{\Sigma}_{r\times r}\boldsymbol{V}^{\mathrm{T}}_{r\times n} \tag{4.49}$$

这样就得到了对行进行稀疏化的式子。可以看出，PCA 可以说是对 SVD 的一个包装。如果我们实现了 SVD，那也就实现了 PCA。而且更好的地方是，有了 SVD，我们就可以得到两个方向的 PCA，如果对 $A'A$ 进行特征值分解，只能得到一个方向的 PCA。

4.3 鲁棒主成分分析信号稀疏化方法

在图像处理、计算机视觉和模式识别等领域，研究者通常用低维线性子空间来描述图像数据间的相关性和冗余性，利用这种低维性质对图像数据进行维数约简、特征提取以及噪声去除。图像在采集和传输过程中，受环境和传感器因素影响，往往含有野点(显然严重偏离了样本集合的其他观测值的数据点)或大的稀疏噪声。基于稀疏表示的压缩感知(Compressed Sensing，CS)理论用稀疏表示来处理图像间的相关性和冗余性，对野点或大的稀疏噪声具有较强的鲁棒性。PCA 被广泛用于高维数据稀疏化处理，例如数据分析和维数约简等。用 PCA 处理高维数据的主要目的是准确而有效地估计高维数据的低维线性子空间。但当高维数据含有大量稀疏噪声时，传统的 PCA 方法不再适用，研究者引入了鲁棒主成分分析(Robust principle component analysis，RPCA)方法来解决此问题。RPCA 将输入的数据矩阵分解为一个低秩的主成分矩阵和一个稀疏矩阵。根据 RPCA 基本原理，构建 RPCA 数据矩阵分解模型如图 4.6 所示。

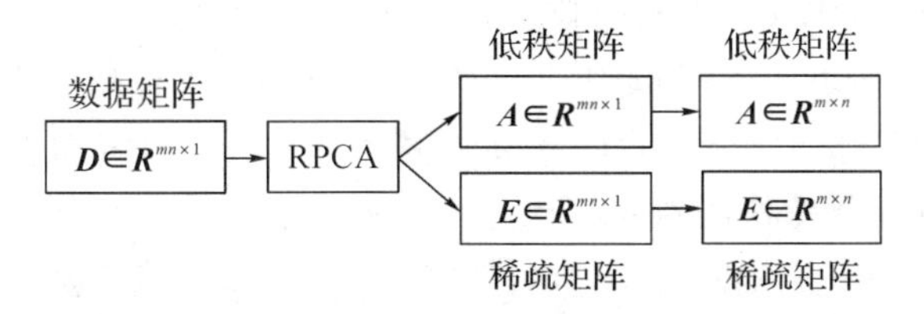

图 4.6 RPCA 图像分解模型

在实际应用中，由于传感器众多，而有用信号相对较少，传感器终端采集到的数据矩阵 $\boldsymbol{D}\in\boldsymbol{R}^{m\times n}$ 往往是低秩的或近似低秩的。为了恢复数据矩阵 $\boldsymbol{D}$ 的低秩结构，$\boldsymbol{D}$ 被分解为低秩矩阵和稀疏矩阵两部分之和，如图 4.7 所示。

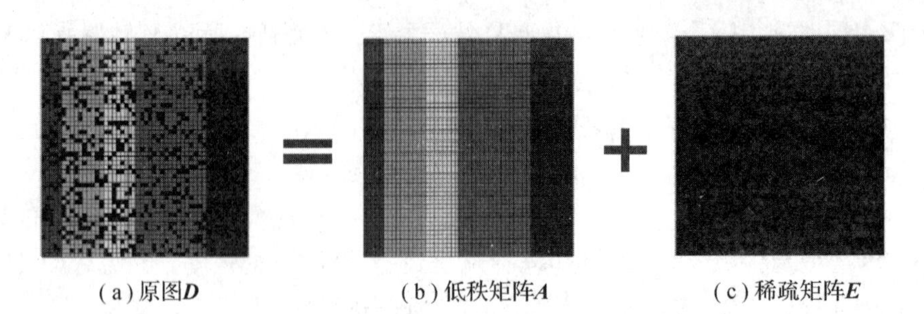

(a) 原图D　　(b) 低秩矩阵A　　(c) 稀疏矩阵E

图 4.7　RPCA 图像分解示意图

$$\boldsymbol{D}=\boldsymbol{A}+\boldsymbol{E} \tag{4.50}$$

其中，矩阵 $\boldsymbol{A}$ 为低秩矩阵，又称主成分矩阵，$\boldsymbol{E}$ 为稀疏噪声矩阵，又称稀疏矩阵。当 $\boldsymbol{E}$ 服从高斯同分布时，利用传统 PCA 方法，通过最小化 $\boldsymbol{A}$ 与 $\boldsymbol{D}$ 之间的差异，得到低秩矩阵 $\boldsymbol{A}$ 的最优估计。该过程可转化为求解最优化问题，如式(4.51)所示。

$$\begin{gathered}\min_{\boldsymbol{A},\boldsymbol{E}} \|\boldsymbol{E}\|_F \\ \text{s.t. } \operatorname{rank}(\boldsymbol{A})\leqslant r,\ \boldsymbol{D}=\boldsymbol{A}+\boldsymbol{E}\end{gathered} \tag{4.51}$$

其中，$r\ll\min(m, n)$为低维线性子空间的目标维数，$\|\cdot\|_F$为 Frobenius 范数。可通过对矩阵 $\boldsymbol{D}$ 奇异值分解(Singular Value Decomposition，SVD)，将矩阵 $\boldsymbol{D}$ 的列向量投影到 $\boldsymbol{D}$ 的 r 个主成分的估计向量子空间上。然而，当 $\boldsymbol{E}$ 为大的稀疏噪声时，低秩矩阵 $\boldsymbol{A}$ 的估计值与其真实值相差较大。此时，PCA 不再适用。则低秩矩阵 $\boldsymbol{A}$ 的恢复可转化为一个双目标优化问题：

$$\begin{gathered}\min_{\boldsymbol{A},\boldsymbol{E}}(\operatorname{rank}(\boldsymbol{A}),\ \|\boldsymbol{E}\|_0) \\ \text{s.t. } \boldsymbol{D}=\boldsymbol{A}+\boldsymbol{E}\end{gathered} \tag{4.52}$$

通过引入缩放因子 $\lambda>0$，将上述双目标优化问题转化为一个单目标优化问题：

$$\begin{gathered}\min_{A,E}\operatorname{rank}(\boldsymbol{A})+\lambda\|\boldsymbol{E}\|_0 \\ \text{s.t. } \boldsymbol{A}+\boldsymbol{E}=\boldsymbol{D}\end{gathered} \tag{4.53}$$

其中，$\|\cdot\|_0$为稀疏矩阵 $\boldsymbol{E}$ 的 l_0范数，用来加强稀疏矩阵 $\boldsymbol{E}$ 在最优化问题求解中的作用。需要指出的是，式(4.53)实际为一个 NP 难问题，需要对其进行松弛处理。近年来，高维信号处理以及凸优化方面的研究表明，最坏情况下，最小化矩阵秩或稀疏性的目标函数虽然是 NP 难的，但在某些合理假设下，优化目标函数的凸松弛替代函数，采用凸优化方法，可以精确地得到原问题的最优解，精确度随着维度的增加而提高。由于矩阵的核范数为矩阵秩的包络，因此，在广义条件下，稀疏矩阵 $\boldsymbol{E}$ 的 l_0范数与其 l_1范数相等。最近，Wright J. 等人证明了当稀疏矩阵 $\boldsymbol{E}$ 相对于低秩矩阵 $\boldsymbol{A}$ 足够稀疏时，通过求解如下凸最优化问题，可以从源数据矩阵 $\boldsymbol{D}$ 精确恢复低秩矩阵 $\boldsymbol{A}$。

$$\begin{gathered}\min_{\boldsymbol{A},\boldsymbol{E}} \|\boldsymbol{A}\|_*+\lambda\|\boldsymbol{E}\|_1 \\ \text{s.t. } \boldsymbol{A}+\boldsymbol{E}=\boldsymbol{D}\end{gathered} \tag{4.54}$$

其中，$\|\cdot\|_*$代表低秩矩阵 $\boldsymbol{A}$ 的核范数，$\lambda>0$，$\|\cdot\|_1$代表稀疏矩阵 $\boldsymbol{E}$ 的 l_1范数。Candes E. J. 等人证明 $\lambda=1/\sqrt{\max(m, n)}$时，低秩矩阵恢复效果最好。上述最优化问题的求解过程称为 RPCA。

RPCA 的求解方法主要有四种，分别是迭代阈值算法(Iterative Thresholding，IT)、加速近端梯度算法(Accelerated Proximal Gradient，APG)、对偶方法(DUAL)和增广拉格朗日乘子法(Augmented Lagrange Multipliers，ALM)。其中，IT 算法结构简单且收敛，但迭代次数较多，收敛速度较慢，迭代步长选取困难，应用范围有限。APG 算法与 IT 算法非常类似，但比 IT 算法迭代次数少，收敛速度快。由于每次迭代不需要矩阵的完全奇异值分解，DUAL 算法迭代速度较快，且具有更好的扩展性。ALM 算法比 APG 算法迭代速度快，且占用存储小，精度高。ALM 算法又分为精确拉格朗日乘子法(Exact Augmented Lagrange Multipliers，EALM)和非精确拉格朗日乘子法(Inexact Augmented Lagrange Multipliers，IALM)。实验表明，同等条件下，IALM 算法的运行速度要比 APG 算法快 5 倍，比 EALM 算法快 3 倍。本书中主要利用 IALM 算法来对多聚焦图像进行 RPCA 分解。

4.4　形态成分分析信号稀疏化方法

有效的图像分解技术和信号分离技术在基于图像和信号的增强处理操作、复原处理操作、压缩处理操作等多个领域中都起着十分重要的作用。如何能够利用信号或者图像的成分来更好地表示该图像和信号，也已成为很多研究学者的重点研究方向。在信号分离和图像处理领域中，观测值通常被认定是基于不同的源信号信息混合而成的，而最简单最直接的混合模型则应该同时具有瞬时性和线性两个特点，可被表示为 $\boldsymbol{X}=\boldsymbol{AS}+\boldsymbol{N}$。其中观测信号以及源信号分别用 $\boldsymbol{X}\in\boldsymbol{R}^{m\times n}$ 和 $\boldsymbol{S}\in\boldsymbol{R}^{n\times t}$ 表示，$\boldsymbol{N}\in\boldsymbol{R}^{m\times t}$ 表示噪声信号，$\boldsymbol{A}\in\boldsymbol{R}^{m\times n}$ 则表示混合矩阵信息。然而现在问题的重点转变为，如何通过混合过程的逆过程，达到将不同源信号信息分离的目的。经典的方法是独立成分分析(Independent Component Analysis，ICA)方法。该方法执行的前提是：假定源信号信息是通过独立统计而得到的。这种假设的特殊性导致该方法所取得的效果并不完全适用于所有情况。基于在实际应用的情况中，两个独立的信号同时为有效信号的概率很低，因此可以用不同的奇函数来代表源信号信息。该思想最具有代表性的实际应用即是稀疏成分分析(Sparse Component Analysis，SCA)。

Strack 等在总结前人研究的基础上，提出了另一种新的信号分离方法——形态成分分析(Morphological Component Analysis，MCA)。MCA 技术可以将原始图像信号分离为平滑层和纹理层。MCA 是一种用于对信号或者图像进行基于稀疏表示的分解方法。也可以看成是匹配追踪(Marching Pursuit，MP)算法和 BP 算法相互结合的产物。MCA 技术实现的基本思想是，在图像处理或者信号处理的过程中，对于待分离原始图像或者信号中的任意一种形态，假定都存在能够稀疏表示该层相应信息的特定字典。该字典能够唯一稀疏表示对应层的形态，且其他字典无法达到稀疏表示该层信息的目的。同时使用 BP 算法达到获取每层最稀疏表达形式的目的，从而产生符合特定研究需求并且具有相对理想分离效果的表示形式。MCA 的这种特性能够排除“劣点”样本造成的不良影响，使得分离后的各层独立性更强，收敛性更高且计算精度更好，更有利于对图像或信号进行后期处理。

假定一个图像 F 共有 N 个不同的信号，可以将这些信号信息用一个长度为 N 的一维矢量来表示。因为图像 F 包含 N 个背景透明、内容互异的层，即 $\{F_i\}(i=1, 2, \cdots, N)$，$F=F_1+F_2+\cdots+F_n$，因此可以使用一组过完备的数据字典 $\{T_1, \cdots, T_M\}$ 来分别描述每一层信息，然后将这 N 层叠加起来构成原始载体图像 F。因为在 MCA 理论下被处理的图像各层形态互异，所以可用对应的字典 T_i 的原子稀疏表示任意层 F_i，而其他字典 $T_j(j\neq i)$ 则不能对其进行表示，从而达到图像或者信号分离的目的。

假设图像 I 是由纹理层 I_t 和平滑层 I_c 线性叠加而成的，且存在两个不同的字典 T_t 和 T_c，其中，纹理层 I_t 可以在字典 T_t 上被非常稀疏地表示，而平滑层 I_c 在字典 T_t 中则不能被非常稀疏地表示，如图 4.8 所示。同样地，平滑层 I_c 可以在字典 T_c 上被非常稀疏地表示，而纹理层 I_t 在字典 T_c 上则不能被非常稀疏地表示，即不同的字典可以非常有效地对具有不同特征的成分进行稀疏表示。因此，需构造包含 T_t 和 T_c 的联合字典，使得图像 I 能够在该联合字典上非常稀疏地表示。

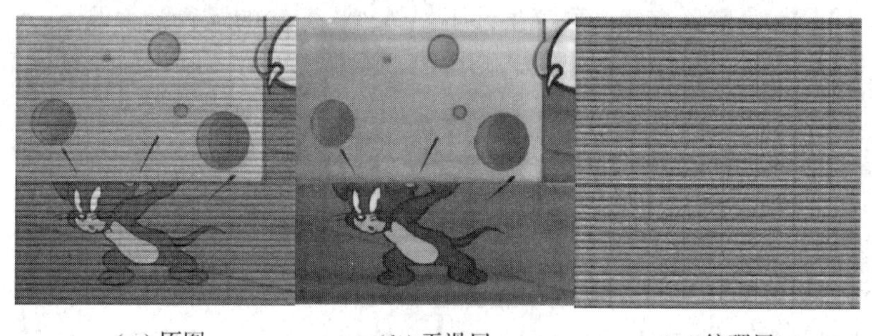

(a) 原图　　(b) 平滑层　　(c) 纹理层

图 4.8　MCA 图像稀疏分解示意图

通过计算式(4.55)，可以得到图像 I 在联合字典上的稀疏表示系数：

$$\{\alpha_t^{\text{opt}},\ \alpha_c^{\text{opt}}\}=\arg\min_{\{\alpha_t,\ \alpha_c\}}\|\alpha_t\|_0+\|\alpha_c\|_0 \quad \text{s.t. } I=T_t\alpha_t+T_c\alpha_c \tag{4.55}$$

其中，α_t 为纹理层 I_t 在字典 T_t 上的稀疏表示系数，α_c 为平滑层 I_c 在字典 T_c 上的稀疏表示系数。

由于式(4.55)具有非凸性，因此在基追踪算法中用 l_1 范数代替 l_0 范数，将上式变成一个线性规划问题：

$$\{\alpha_t^{\text{opt}},\ \alpha_c^{\text{opt}}\}=\arg\min_{\{\alpha_t,\ \alpha_c\}}\|\alpha_t\|_1+\|\alpha_c\|_1 \quad \text{s.t. } I=T_t\alpha_t+T_c\alpha_c \tag{4.56}$$

考虑到噪声的影响，将式(4.56)中的约束条件进行近似，转换成一个无约束优化问题：

$$\{\alpha_t^{\text{opt}},\ \alpha_c^{\text{opt}}\}=\arg\min_{\{\alpha_t,\ \alpha_c\}}\|\alpha_t\|_1+\|\alpha_c\|_1+\lambda\|I-T_t\alpha_t-T_c\alpha_c\|_2^2 \tag{4.57}$$

其中，$\|\cdot\|_2$ 是 l_2 范数，用来衡量表示误差。

另外，在基于稀疏表示的图像分解中，经常会增加一个全变分的约束。在本书算法中，主要目的是分离出图像的平滑层而舍弃过多的纹理细节，因此在平滑层上增加全变分的约束。将式(4.57)改为如下形式：

$$\{\alpha_t^{\text{opt}},\ \alpha_c^{\text{opt}}\}=\arg\min_{\{\alpha_t,\ \alpha_c\}}\|\alpha_t\|_1+\|\alpha_c\|_1+\lambda\|I-T_t\alpha_t-T_c\alpha_c\|_2^2+\gamma TV\{T_c\alpha_c\} \tag{4.58}$$

考虑到计算的复杂性，在具体计算时，将式(4.58)进行转换，没有直接求解稀疏表示系数 $\{\alpha_t^{\text{opt}},\ \alpha_c^{\text{opt}}\}$，而是求解分离的纹理层和平滑层 $\{I_t^{\text{opt}},\ I_c^{\text{opt}}\}$。由于 $I_t=T_t\alpha_t$，$I_c=T_c\alpha_c$，因此给定 I_t 和 I_c，则：

$$\alpha_t=T_t^+I_t+r_t,\ \alpha_c=T_c^+I_c+r_c \tag{4.59}$$

其中 r_t 和 r_c 分别为表示误差，为了便于计算，计算过程中假设 $r_t=r_c=0$。将式(4.59)代入式(4.58)，得到：

$$\{I_t^{\text{opt}}, I_c^{\text{opt}}\}=\underset{\{I_t, I_c\}}{\arg\min}\|T_t^+ I_t\|_1+\|T_c^+ I_c\|_1+\lambda\|I-I_t-I_c\|_2^2+\gamma TV\{I_c\} \tag{4.60}$$

采用块松弛法求解上式，具体过程为

Step1：初始化。$L_{\max}$ 为迭代次数，阈值 $\delta=\lambda\cdot L_{\max}$，$I_c=I$，$I_t=0$。

Step2：以下过程迭代 N 次：

(1) 固定 I_t，更新 I_c：

① 计算残差 $R=I-I_t-I_c$；

② 对 I_c+R 进行曲波变换，$\alpha_c=T_c^+(I_c+R)$；

③ 使用软阈值对系数 α_c 进行处理，可以得到 $\hat{\alpha}_c$；

④ 通过 $I_c=T_c\hat{\alpha}_c$ 重建 I_c。

(2) 固定 I_c，更新 I_t：

① 计算残差 $R=I-I_t-I_c$；

② 对 I_t+R 进行 DCT 变换，$\alpha_t=T_t^+(I_t+R)$；

③ 使用软阈值对系数 α_t 进行处理，可以得到 $\hat{\alpha}_t$；

④ 通过 $I_t=T_t\hat{\alpha}_t$ 重建 I_t。

(3) 对 I_c 进行全变分约束：

$$I_c=I_c-\mu\nabla\cdot\left(\frac{\nabla I_c}{|\nabla I_c|}\right)$$

Step3：更新阈值 $\delta=\delta-\lambda/N$。

Step4：如果 $\delta>\lambda$，转 Step2；否则算法结束。

通过求解式(4.60)，可得到 I 的纹理层 I_t 和平滑层 I_c。纹理层 I_t 包含图像中大部分的纹理细节特征，而平滑层 I_c 则包含图像中大部分的平滑特征。从边缘提取的角度看，平滑层 I_c 中舍弃了图像中过多的纹理细节，因此为对象的边缘提取奠定了良好的基础。

本章小结

本章介绍了几种现在信号稀疏化处理的几种主流理论与方法，稀疏表达理论、PCA、MCA、RPCA。本书后面几章中用这些方法来创新性地解决信号处理不同研究方向上遇到的问题，都取得了较理想的实验效果。

参考文献及扩展阅读资料

[1] Mallat S G, Zhang Z. Matching pursuits with time-frequency dictionaries[J]. IEEE Transactions on signal processing, 1993, 41(12): 3397 - 3415.

[2] Wei C P, Chao Y W, Yeh Y R, et al. Locality-sensitive dictionary learning for sparse representation based classification[J]. Pattern Recognition, 2013, 46(5): 1277 - 1287.

[3] Sahoo S K, Makur A. Signal Recovery From Random Measurements Via Extended Orthogonal

Matching Pursuit[J]. IEEE Transactions on Signal Processing, 2015, 63(10): 2572 - 2581.

[4] Needell D, Vershynin R. Signal recovery from incomplete and inaccurate measurements via regularized orthogonal matching pursuit[J]. IEEE Journal of selected topics in signal processing, 2010, 4(2): 310 - 316.

[5] Engan K, Aase S O, Husoy J H. Method of optimal directions for frame design[C]. Acoustics, Speech, and Signal Processing, 1999. Proceedings., 1999 IEEE International Conference on. IEEE, 1999: 2443 - 2446.

[6] Aharon M, Elad M, Bruckstein A.. K-SVD: An Algorithm for Designing Overcomplete Dictionaries for Sparse Representation[J]. IEEE Transactions on signal processing, 2006, 54(11): 4311 - 4322.

[7] Wold S., Esbensen K., Geladi P.. Principal component analysis [J]. Chemometrics and Intelligent Laboratory Systems, 1987, 2: 37 - 52.

[8] Zhang L., Dong W., Zhang D., et al. Two-stage image denoising by principal component analysis with local pixel grouping [J]. Pattern Recognition, 2010, 43(4):1531 - 1549.

[9] http://www.fon.hum.uva.nl/praat/manual/Principal_component_analysis.html[DB/OL].

[10] Alilou V. K., Yaghmaee F.. Introducing a new fast exemplar-based inpainting algorithm[C]. 2014 22nd Iranian Conference on Electrical Engineering (ICEE), IEEE, 2014: 874 - 878.

[11] Feng X. G., Milanfar P. Multiscale principal components analysis for image local orientation estimation [C]. Proceedings of the 36th Asilomar Conference on Signals, Systems and Computers, IEEE, 2002, 1: 478 - 482.

[12] 史加荣，郑秀云. 低秩矩阵恢复算法综述 [J]. 计算机应用研究，2013，30(6)：1601 - 1605.

[13] Donoho D. L.. Compressed sensing [J]. Information Theory, IEEE Transactions on, 2006, 52(4): 1289 - 1306.

[14] Candes E. J., Wakin M. B.. An introduction to compressive sampling [J]. Signal Processing Magazine, IEEE, 2008, 25(2): 21 - 30.

[15] Wright J., Yang A. Y., Ganesh A, et al. Robust face recognition via sparse representation [J]. Pattern Analysis and Machine Intelligence, IEEE Transactions on, 2009, 31(2): 210 - 227.

[16] Wright J., Ma Y., Mairal J., et al. Sparse representation for computer vision and pattern recognition [J]. Proceedings of the IEEE, 2010, 98(6): 1031 - 1044.

[17] Wright J., Ganesh A., Rao S., et al. Robust principal component analysis: Exact recovery of corrupted low-rank matrices via convex optimization [C]. Advances in neural information processing systems, 2009: 2080 - 2088.

[18] Candes E. J., Li X., Ma Y., et al. Robust principal component analysis? [J]. Journal of the ACM (JACM), 2011, 58(3): 11.

[19] Xu H., Caramanis C., Sanghavi S.. Robust PCA via outlier pursuit [J]. Information Theory, IEEE Transactions on, 2012, 58(5): 3047 - 3064.

[20] Basri R., Jacobs D W.. Lambertian reflectance and linear subspaces [J]. IEEE Transactions on Pattern Analysis and Machine Intelligence, 2003, 25(2): 218 - 233.

[21] Natarajan B. K. Sparse approximate solutions to linear systems [J]. SIAM Journal of Computing, 1995, 24(2): 227 - 234.

[22] Recht B., Fazel M., Parrilo P. A.. Guaranteed minimum-rank solutions of linear matrix equations via nuclear norm mini-mization [J]. SIAM Review, 2010, 52(3): 471 - 501.

[23] Cai J. F., Candes E. J., Shen Z. W.. A singular value thresholding algorithm for matrix completion [J]. SIAM Journal on Optimization, 2010, 20(4): 1956 - 1982.

[24] Beck A., Teboulle M.. A fast iterative shrinkage-thresholding algorithm for linear inverse problems [J]. SIAM Journal on Imaging Sciences, 2009, 2(1): 183 - 202.

[25] Lin Z. C., Ganesh A., Wright J., et al. Fast convex optimization algorithms for exact recovery of a corrupted low-rank matrix [R]. Technical Report UILU-ENG-09-2214, UIUC, 2009.

[26] Lin Z., Chen M., Wu L., et al. The augmented Lagrange multi-plier method for exact recovery of corrupted low-rank matrices [R]. UIUC Technical Report UILU-ENG-09-2215, pp. 1 - 20, 2009.

[27] Yuan X., Yang J.. Sparse and low-rank matrix decomposition via alternating direction methods [R]. Technical report, Dept. of Mathematics, Hong Kong Baptist University, 2009. http://www.optimization-online.org/DB_FILE/2009/11/2447.pdf.

[28] Haykin S. Independent Component Analysis[M]// Independent component analysis:. Cambridge University Press, 2001: 529.

[29] Gribonval R, Zibulevsky M. Sparse Component Analysis [M]// Handbook of Blind Source Separation. Elsevier Ltd, 2010.

[30] Starck J L, Moudden Y, Bobin J, et al. Morphological component analysis[J]. Proceedings of SPIE-The International Society for Optical Engineering, 2005, 10(3): 31 - 41.

[31] Guo P, Wang J, Gao X Z, et al. Epileptic EEG signal classification with marching pursuit based on harmony search method[M]. 2012.

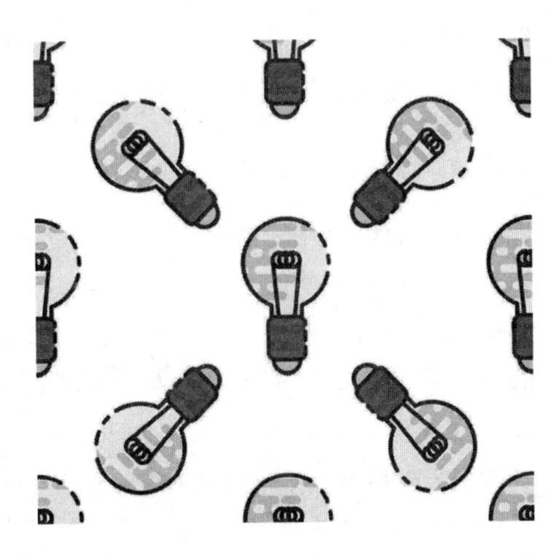

第5章 稀疏表达信号的检索与重构算法

网络技术的蓬勃发展和广泛应用为新产品的设计提供了丰富的数字信息资源(声音、图像、视频、三维模型等)，合理地重用这些信息资源能有效地缩短产品开发周期、降低产品成本并提高产品质量。如何使设计人员能够从海量的信息中快速、准确地找到合适的可重用信息，从而辅助他们利用这些信息资源高效地设计出满足要求的新产品已成为当前迫切需要解决的挑战性问题。本章正是针对这一问题，以支持设计重用为目标，对稀疏表达信号的检索与重构展开研究。对稀疏表达信号的检索与重构是稀疏表达方法得以应用的前提。

5.1 基于正则松弛法的稀疏表达三维模型检索方法

随着三维模型应用的普及与推广，人们对其需求量也出现了显著攀升，相应地提供检索的三维模型库中的模型数量也日渐增多。为了更大程度上的检索方便，在构建模型库时就要将其中的模型按照类别进行整合划分，形成诸如动物类、桌椅类等相应类别，并最终呈现为结构化的三维模型库。具体地，普通用户使用三维模型库，是在模型库中检索研究需要的模型。服务器端的管理员则是使用三维模型库对模型库进行不断的丰富与扩充。随着系统的连续运行，模型库的规模也在不断壮大，由此将引发的直接后果就是模型库中模型的个数大于模型特征向量的维数。将其对应至三维模型库的特征库 $\boldsymbol{A}_{m\times n}$ 上，就表现为 $n>m$。而这将给模型检索与新模型入库带来相当的困难。本节正是针对上述情况提出了一种新式的三维模型检索方法。其中，三维模型经特征提取后，就将得到一个与之对应的特征向量。而每个特征向量也就是一个一维信号，因此可以从信号处理的角度重新获得三维模型检索方法的研究视角。

5.1.1 引言

信号的稀疏化表达是指信号可以表示为一组基底信号的线性组合，组合系数即称为原始信号在新基底下的信号表达形式，而这组表达系数绝大部分均将为0。已有研究可知，任何有意义的信号都可以由一组基底来实现稀疏化表达(高斯白噪声除外)。2007年后，信号的稀疏化表达已日益突显其重要性，而且业已在众多方面获得广泛应用，举例来说则有诸如去除噪声、压缩方法、特征提取、模式识别以及信息的盲目分类等应用领域。尤其需要指出的是，在统计信号处理领域，基于完备字典的信号稀疏化表达也已成为业界的研究热点之一。进一步地，则有大量的研究足以表明，当信号可以进行充分的稀疏表达后，就可以利用凸优化来完成高效的计算。Wright首次将信号稀疏化表达的方法应用于人脸识别中。本研究将其应用于三维模型的检索过程中。随着人们对三维模型需求量的不断增加，提供三维模型检索服务的模型库也变得日渐庞大。例如，西北大学可视化技术研究所建立的三维模型库中就包含有接近六万个模型，而且该模型库的规模仍然呈现出增长态势。随着三维模型库容量的不断增长，其模型的个数必然大于模型特征信号的维数，呈现在其特征库 $\boldsymbol{A}_{m\times n}$ 上，就是 $n>m$。特征库 $\boldsymbol{A}_{m\times n}$ 展开表示为 $\boldsymbol{A}=[\boldsymbol{f}_1 \quad \boldsymbol{f}_2 \quad \cdots \quad \boldsymbol{f}_i \quad \cdots \quad \boldsymbol{f}_n]$，其中 $\boldsymbol{f}_i$ 为一个 $\boldsymbol{m}$ 维向量，表示模型库中的第 i 个模型。三维模型库的建立是按照模型的类别分类建库，即模型库包括人物类、动物类等。因此模型库的特征库的结构如图 5.1 所示。

从图 5.1 中可以看出，三维模型特征库 $\boldsymbol{A}$ 中一共有 n 个模型，n 个模型分为 k 类，分别用 $\boldsymbol{A}_1$，$\boldsymbol{A}_2\cdots$，$\boldsymbol{A}_k$ 表示，则 $\boldsymbol{A}=[\boldsymbol{A}_1 \quad \boldsymbol{A}_2 \quad \cdots \quad \boldsymbol{A}_k]$。待检索模型经特征提取后表达为 $\boldsymbol{y}$，它可以被 $\boldsymbol{A}$ 中的各列线性表达，即 $\boldsymbol{y}=\boldsymbol{A}\boldsymbol{x}$，其中 $\boldsymbol{y}$ 是待检索模型的特征信号，是一个 $m\times 1$ 的向量，$\boldsymbol{A}$ 是模型特征库矩阵，是 $m\times n$ 的矩阵，$\boldsymbol{x}$ 是 $\boldsymbol{y}$ 在 $\boldsymbol{A}$ 这组新的基底下的坐标，是一个 $n\times 1$ 的向量。图 5.2 描述了 $\boldsymbol{y}=\boldsymbol{A}\boldsymbol{x}$ 的形态。

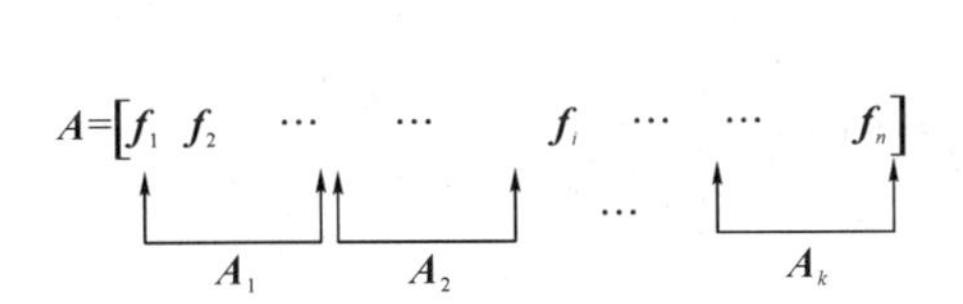

图 5.1　三维模型库特征库的结构图

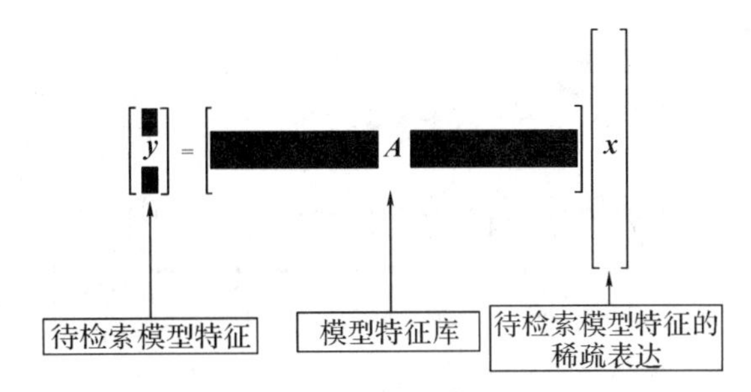

图 5.2　待检索模型在特征库基下的投影图

5.1.2　松弛算法的构建

根据 5.1.1 节的介绍可知，三维模型的检索问题可转变为求解不定线性代数方程组的问题：$\boldsymbol{y}=\boldsymbol{A}\boldsymbol{x}$。$\boldsymbol{A}_{m\times n}$ 为行不满秩矩阵，因此 $\boldsymbol{y}=\boldsymbol{A}\boldsymbol{x}$ 有无穷多组解。在无穷多组解中寻找最优解是我们要做的工作。

定义 5.1　设有 n 维信号 $\boldsymbol{X}_{n\times 1}$，则其 l_0 范数可以表示为

$$\|\boldsymbol{X}\|_0=|\boldsymbol{x}_1|^0+|\boldsymbol{x}_2|^0+\cdots+|\boldsymbol{x}_n|^0 \tag{5.1}$$

由幂指数的性质可知：当 $x_i=0$ 时，$|x_i|^0=0$；当 $x_i\neq 0$ 时，$|x_i|^0=1$。因此信号 $\boldsymbol{X}_{n\times 1}$ 的 l_0 范数表示了信号 $\boldsymbol{X}_{n\times 1}$ 中非 0 元素的个数。

我们正是要寻找 $\boldsymbol{y}=\boldsymbol{A}\boldsymbol{x}$ 无穷多组解中的最稀疏解，因此求解问题转变为

$$\underset{\boldsymbol{x}}{\text{minimize}}\|\boldsymbol{x}\|_0 \qquad \text{s.t.}\quad \boldsymbol{y}=\boldsymbol{A}\boldsymbol{x} \tag{5.2}$$

最优化 l_0 范数的方法被证明为 NP 问题。求解以上 NP 问题的主要方法分为松弛算法与贪婪算法。松弛算法是采用光滑函数拟合 l_0 范数，然后利用连续优化的技术进行求解；贪婪算法是每次迭代解中的一个非 0 元素，直到满足退出条件。本节的方法属于松弛算法的一种。

本节设计函数：

$$f(\boldsymbol{X})=\sum_{i=1}^{N}(1-\mathrm{e}^{-x_i^2/2a^2}),\ \boldsymbol{X}=[x_1 \quad x_2 \quad \cdots \quad x_n]^{\mathrm{T}} \tag{5.3}$$

$f(\boldsymbol{X})$ 表示一系列函数的和，每一个函数分别对应 n 维信号 $\boldsymbol{X}_{n\times 1}$ 的 l_0 范数的一个分量。分析

函数 $f(\boldsymbol{X})$ 可知：当 $x_i=0$ 时，$|x_i|^0=0$，$(1-\mathrm{e}^{-x_i^2/2\alpha^2})=0$；当 $x_i\neq 0$ 时，$|x_i|^0=1$，$(1-\mathrm{e}^{-x_i^2/2\alpha^2})\to 1$。因此函数 $f(\boldsymbol{X})$ 在给定误差阈值 ε 的情况下可以拟合 $\|\boldsymbol{X}\|_0$。图 5.3 表示了 $f(\boldsymbol{X})$ 的拟合效果，其中中间的锥形部分为拟合误差 ε。

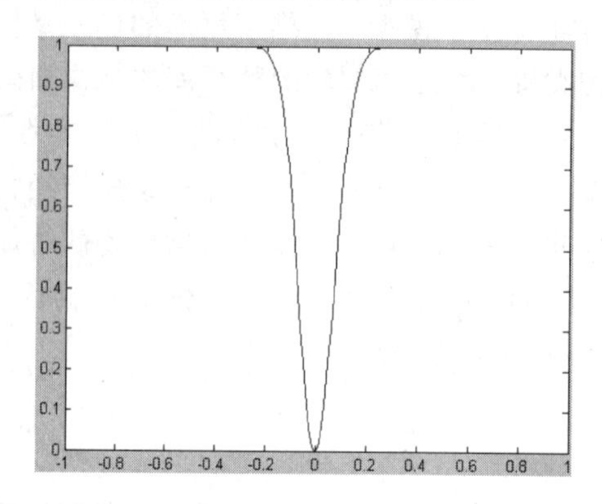

图 5.3　函数 $f(\boldsymbol{X})$ 的拟合效果

在恢复压缩感知信号的过程中可以采用最优化 $f(\boldsymbol{X})$ 的方法进行求解。

因此，三维模型的检索过程转变为求解以下最优化问题的过程：

$$\begin{aligned}&\underset{x}{\text{minimize}}\ f(\boldsymbol{x})\\&\text{s.t.}\ \ \boldsymbol{y}=\boldsymbol{A}\boldsymbol{x}\end{aligned}\tag{5.4}$$

以上的等式约束优化问题鲁棒性较差，为增强问题的鲁棒性，将以上问题转变为不等式约束优化问题：

$$\begin{aligned}&\underset{x}{\text{minimize}}\ f(\boldsymbol{x})\\&\text{s.t.}\ \ \|\boldsymbol{y}-A\boldsymbol{x}\|_2\leqslant\varepsilon\end{aligned}\tag{5.5}$$

5.1.3　正则化松弛算法的构建

基于正则化的思想，不等式约束优化问题式(5.5)可转变为

$$\underset{x}{\text{minimize}}\ f(\boldsymbol{x})+\lambda\|\boldsymbol{y}-\boldsymbol{A}\boldsymbol{x}\|_2^2\tag{5.6}$$

函数 $f(\boldsymbol{x})$ 的梯度 Lipschitz 连续，即 $\|\nabla f(x_1)-\nabla f(x_2)\|_2\leqslant C\|x_1-x_2\|_2$，$C$ 为固定常数，称为 Lipschitz 常数，且目标函数 $f(\boldsymbol{x})$ 为自变量分离函数，可快速求解。

综上所述，基于松弛法的模型检索方法可以表达如下：

Step1：对模型进行特征提取，得到三维模型库的特征库 $\boldsymbol{A}$ 与待检索模型特征 $\boldsymbol{y}$。

Step2：利用 $\underset{x}{\text{minimize}}\ f(\boldsymbol{x})+\lambda\|\boldsymbol{y}-\boldsymbol{A}\boldsymbol{x}\|_2^2$，求解出 $\boldsymbol{x}$。

Step3：设置阈值 ε，如果 $|x(i)|<\varepsilon$，则赋值 $x(i)=0$。

Step4：$\boldsymbol{x}$ 中非 0 值的位置即为检索到模型的位置，按照非 0 值的大小返回检索结果。

5.1.4　实验与分析

为了验证本节提出算法的有效性，从普林斯顿大学三维模型库中选取 100 个模型作为实验数据库。100 个模型从 4 类模型中进行抽取，分别为人物类、动物类、交通工具类以及植物类。采用 Suzuki 的方法对三维模型提取特征，即使用立方体对模型进行包裹，然后对

立方体进行切割，分成 $n\times n\times n$ 个小的立方体格子，统计落在每个格子中的顶点数目，作为模型的特征。这样分割的优点在于可以对模型进行等分分割。实验中提取的特征为 30 维的特征向量。由于 30<100，因此利用此方法可以验证本节所给检索方法的有效性。

实验中分别使用本节所给算法、基于最优化 l_1 范数的方法进行检索实验。

选择两个输入模型分别进行实验，选择的模型分别属于动物类与人物类。

图 5.4 中表示了两个待检索模型(输入 1、输入 2)经特征提取后得到的特征向量，两个模型属于不同的类别，均使用 Suzuki 的方法提取了一个 30 维的特征向量。而三维模型库选取了 100 个模型，模型数大于模型特征向量维数，适用于本节检索的情况。实验中采用的 $\lambda=0.2$。表 5.1 和表 5.2 列出了检索结果。图 5.5 对比了两种方法的查全率与查准率。

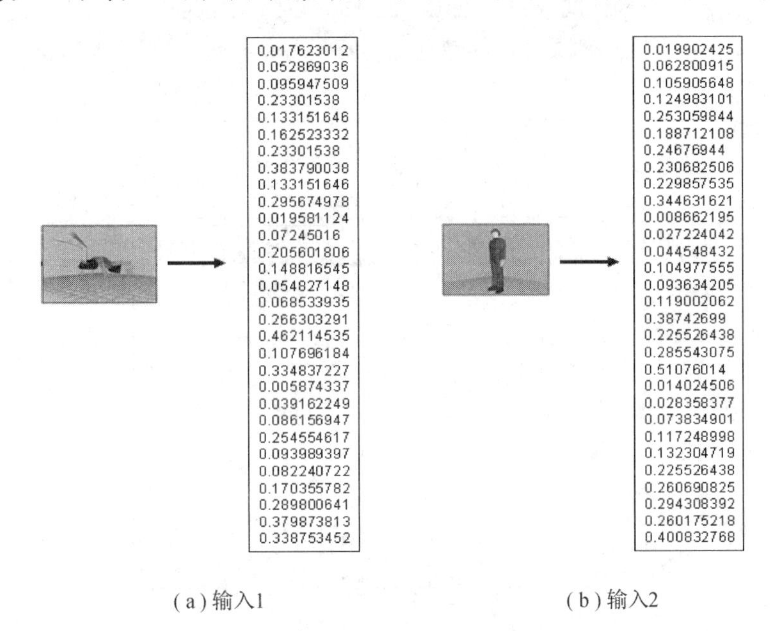

(a)输入1　　(b)输入2

图 5.4　实验输入模型

表 5.1　输入 1 检索情况

输入模型	方　法	检　索　结　果					
		1	2	3	4	5	6
输入 1	基于最优化 l_1 范数的方法	0.503	0.472	0.399	0.147	0.126	0.111
	本节所给方法	0.499	0.401	0.399	0.387	0.230	0.111

表 5.2　输入 2 检索情况

输入模型	方　法	检　索　结　果					
		1	2	3	4	5	6
输入 2	基于最优化 l_1 范数的方法	0.400	0.400	0.388	0.323	0.299	0.299
	本节所给方法	0.450	0.450	0.397	0.380	0.299	0.230

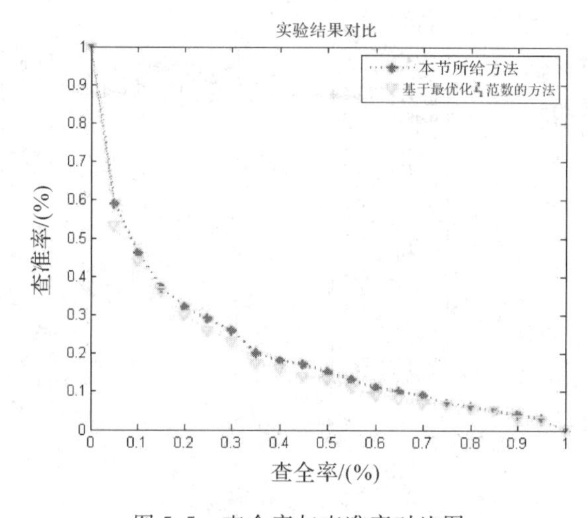

图 5.5　查全率与查准率对比图

本节将稀疏化表达方法应用到大规模的三维模型检索上。将三维模型的检索过程转变为求解最稀疏解的优化过程。本节定义了新的 l_0 范数拟合函数，完成了优化问题的鲁棒求解。实验表明本节的方法优于目前广泛使用的最优化 l_1 范数的方法。但是本节设计的检索方法从未知点开始，不能立刻进入搜索域。下一步的工作是寻找可行区域，并设计确定的搜索方向以完成检索。

5.2　基于稀疏 KPCA 的三维模型检索方法

5.2.1　基于 PCA 稀疏表达的三维模型检索方法

提取模型特征构建特征库是三维模型检索的第一步，但是通常情况下提取的特征信号维数都较高且冗余度较大。特征信号维数高会导致计算量大，而且在低维空间中聚类的点到高维空间后会变得发散且不可预料。为了提高检索效率，对特征信号降维是一项必不可少的工作。图 5.6 描述了降维的基本思想。

图 5.6 的示例中对骆驼模型进行特征提取，提取的特征信号为一个八维信号，降维以后特征信号变为三维信号，即降维后的特征信号包含了原始特征信号的绝大部分信息，但维数大大降低了。

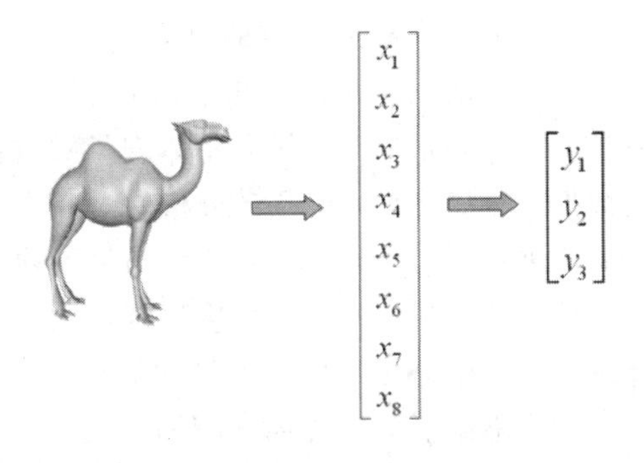

图 5.6　特征信号的降维

信号的降维方法有很多，概括起来分为线性降维与非线性降维。其中 PCA 是一种最典型也最常用的线性降维方法。很多人在 PCA 的基础上进行了改进，提出了相应的非线性降维方法，如核主成分分析方法，矩阵核主成分分析法等方法。Johnstone 与 Lu 也是在传统的 PCA 的基础上提出了一种新的降维方法，即在使用普通 PCA 对数据进行降维前，对数据先做一次预降维处理，他们将这种降维方法称之为稀疏主成分分析。当信号可以在一组基下稀疏表达时，这种预降维处理是一种有效的数据处理方法。

若在三维模型库中有 n 个模型，提取每一个模型的特征，得到的特征为 m 维向量，这样就构成了三维模型库的特征库，即 $m\times n$ 的矩阵。$\mathbf{A}=[\boldsymbol{a}_1\quad \boldsymbol{a}_2\quad \cdots\quad \boldsymbol{a}_n]$，$\boldsymbol{a}_i$ 表示第 i 个模型的特征向量，是一个 m 维的向量。由

$$\boldsymbol{T}\boldsymbol{y}=\boldsymbol{T}\boldsymbol{A}\boldsymbol{x} \tag{5.7}$$

可知，$\boldsymbol{TA}$ 仍然表示模型的特征库，只是 $\boldsymbol{TA}$ 是稀疏化的特征库。记 $\widetilde{\mathbf{A}}=\boldsymbol{TA}$，其中 $\widetilde{\mathbf{A}}=[\tilde{\boldsymbol{a}}_1\quad \tilde{\boldsymbol{a}}_2\quad \cdots\quad \tilde{\boldsymbol{a}}_n]$，$\tilde{\boldsymbol{a}}_i=\boldsymbol{T}\boldsymbol{a}_i(i=1,\ 2,\ \cdots,\ n)$。$\tilde{\boldsymbol{a}}_i$ 为 $\boldsymbol{a}_i$ 在基底 $\boldsymbol{T}$ 下的稀疏化表达形式，$\boldsymbol{T}$ 为一组标准正交基，通常情况下可以为离散傅里叶基、离散余弦基、离散小波基等。接下来要处理的数据集就是与 $\mathbf{A}$ 等价的稀疏化数据集 $\widetilde{\mathbf{A}}$。$\widetilde{\mathbf{A}}$ 同样为 $m\times n$ 的矩阵，称为三维模型库的稀疏特征库。

稀疏特征库 $\widetilde{\mathbf{A}}$ 中特征信号的维数仍然为 m 维。为了使计算速度更快，以及模型的聚类特性更好，需要对特征信号进行降维处理。降维使用的方法仍然是 PCA。但是在使用 PCA 方法前，要进行预降维处理，整个过程称为稀疏主成分分析(SPCA)。

具体的算法描述如下：

Step1：计算 $\widetilde{\mathbf{A}}$ 每一行的方差 $\sigma_i(i=1,\ 2,\ \cdots,\ m)$。

Step2：将 σ_i 按降序排列，根据精度需要计算 $\sum_{i=1}^{d}\sigma_i/\sum_{i=1}^{m}\sigma_i$，通常情况下 $\sum_{i=1}^{d}\sigma_i/\sum_{i=1}^{m}\sigma_i\times 100\%=90\%\sim 95\%$ 即可，记录下 d 的值。

Step3：取前 d 个较大的 σ 对应的行，组成新的数据集 $\widetilde{\mathbf{A}}_d$。

Step4：对 $\widetilde{\mathbf{A}}_d$ 再使用普通的 PCA 进行降维处理，降维后组成新数据集 $\widetilde{\mathbf{A}}_{\hat{d}}$。

经过降维以后，其检索原理的表达形式变为

$$\tilde{\boldsymbol{y}}_{\hat{d}}=\widetilde{\mathbf{A}}_{\hat{d}\times n}\boldsymbol{x} \tag{5.8}$$

得到的 $\boldsymbol{x}$ 仍然是 $n\times 1$ 的稀疏向量。

5.2.2　稀疏 KPCA 三维模型检索算法

5.2.1 小节中介绍了稀疏 PCA 方法，针对变换后的特征库 $\widetilde{\mathbf{A}}$，计算 $\widetilde{\mathbf{A}}$ 每一行的方差，

根据方差的大小，保留方差较大的行，去除方差较小的行，得到预降维后的特征库 $\widetilde{\boldsymbol{A}}_d$，再对 $\widetilde{\boldsymbol{A}}_d$ 使用 PCA 达到降维的目的。

这种方法的不足之处在于，在对特征库 $\widetilde{\boldsymbol{A}}$ 预降维的时候只考虑了二阶量方差，而没有考虑一阶量均值。二阶量方差体现了数据的分布程度，方差大的数据区分度较强，方差小的数据区分度较弱。但是计算机中对三维模型进行检索时，是利用模型特征向量之间距离的概念进行区分的，因此只有距离值大才可以区分出模型的相似与不同。如果特征向量中某一分量的均值过小，则会导致特征向量之间的距离过小，造成区分度不敏感。所以在预降维的过程中必须考虑一阶量均值。

对预降维后的特征库 $\widetilde{\boldsymbol{A}}_d$ 使用 PCA 方法降维的不足之处是由于 PCA 是一种线性降维方法，仅对 $\widetilde{\boldsymbol{A}}_d$ 中的线性冗余敏感，对非线性冗余不敏感。更重要的是，模型的特征向量处在线性不可分空间，对模型的表达能力不够强。

针对以上两种情况，本小节对 5.2.1 小节提到的稀疏 PCA 降维方法进行了改进，即在预降维时不仅考虑二阶量方差，还考虑了一阶量均值；在对预降维以后的特征库降维时使用 KPCA 取代 PCA。

假设模型库中有 n 个模型，每个模型经特征提取后得到 m 维的特征向量，即得到的数据集为 $m\times n$ 的矩阵。在大多数情况下 $m\gg n$。设数据集 $\boldsymbol{A}=[\boldsymbol{a}_1 \quad \boldsymbol{a}_2 \quad \cdots \quad \boldsymbol{a}_n]$，这是一个 $m\times n$ 的矩阵，$\boldsymbol{a}_i$是一个 m 维的向量，表示第 i 个模型。

稀疏 KPCA 三维模型检索算法可描述如下：

Step1：将数据集 $\boldsymbol{A}$ 的每一列转换为稀疏化表达方式 $\widetilde{\boldsymbol{A}}=[\tilde{\boldsymbol{a}}_1 \quad \tilde{\boldsymbol{a}}_2 \quad \cdots \quad \tilde{\boldsymbol{a}}_n]$，其中 $\tilde{\boldsymbol{a}}_i=\boldsymbol{T}\boldsymbol{a}_i$，即 $\widetilde{\boldsymbol{A}}=\boldsymbol{T}\boldsymbol{A}$。这里的 $\boldsymbol{T}$ 可以选择离散小波变换、离散余弦变换、离散傅里叶变换等。经过变换后矩阵 $\widetilde{\boldsymbol{A}}$ 的每一列均为 $\boldsymbol{A}$ 中每一列的稀疏化表达。

Step2：计算 $\widetilde{\boldsymbol{A}}$ 每一行的方差，计算的结果是得到 m 个方差 $\{\sigma_1^2 \quad \sigma_2^2 \quad \cdots \quad \sigma_m^2\}$，其中 $\sigma_i^2=\mathrm{Var}[\widetilde{\boldsymbol{A}}(i,\ 1:n)](i=1,\ 2,\ \cdots,\ m)$。在 $\widetilde{\boldsymbol{A}}$ 中选择前 d 个较大的方差对应的行组成新的数据集 $\widetilde{\boldsymbol{A}}_d$。$d$ 的选取利用 $\sum_{i=1}^{d}\sigma_i/\sum_{i=1}^{m}\sigma_i\times 100\%=90\%\sim 95\%$。$\widetilde{\boldsymbol{A}}_d$ 是一个 $d\times n$ 的矩阵，$d<m$，因此达到了降维的目的。

Step3：计算 $\widetilde{\boldsymbol{A}}_d$ 每一行的均值，计算的结果是得到 d 个均值 $\{\mu_1 \quad \mu_2 \quad \cdots \quad \mu_d\}$，其中 $\mu_i=E[\widetilde{\boldsymbol{A}}_d(i,\ 1:n)](i=1,\ 2,\ \cdots,\ d)$，在 $\widetilde{\boldsymbol{A}}_d$ 中选择前 $\hat{d}$ 个均值较大的行组成新的数据集 $\widetilde{\boldsymbol{A}}_{\hat{d}}$。$\hat{d}$ 的选取利用 $\sum_{i=1}^{\hat{d}}\mu_i/\sum_{i=1}^{d}\mu_i\times 100\%=90\%\sim 95\%$。$\widetilde{\boldsymbol{A}}_{\hat{d}}$ 是一个 $\hat{d}\times n$ 的矩阵，$\hat{d}<d<m$，因此达到了降维的目的。

Step4：对 $\widetilde{\boldsymbol{A}}_{\hat{d}}$ 使用 KPCA 进行降维可得到最终的数据集 $\widetilde{\boldsymbol{A}}_{\bar{d}}$。

在 KPCA 的降维过程中首先利用核方法将 $\widetilde{\boldsymbol{A}}_{\hat{d}}$ 升维得到 $\widetilde{\boldsymbol{A}}_n$（$n$ 为三维模型库中模型的个数）。$\widetilde{\boldsymbol{A}}_n$ 中的特征向量对模型有更好的表达能力（其中的列向量构成希尔伯特空间）。对 $\widetilde{\boldsymbol{A}}_n$ 再使用 KPCA 降维将去除 $\widetilde{\boldsymbol{A}}_n$ 中的非线性冗余信息。

经过降维以后，再使用前文中提出的匹配方法检索模型。其检索原理的表达形式变为 $\tilde{\boldsymbol{y}}_{\bar{d}}=\widetilde{\boldsymbol{A}}_{\bar{d}\times n}\boldsymbol{x}$，得到的 $\boldsymbol{x}$ 仍然是 $n\times 1$ 维的稀疏向量。设置阈值 ε，按照 $\boldsymbol{x}$ 中分量的大小返回检索结果。

5.2.3　实验与分析

为了验证本节提出算法的有效性，从普林斯顿大学三维模型库中选取 100 个模型作为实验数据库。100 个模型从 4 类模型中进行抽取，分别为人物类、动物类、交通工具类以及植物类。采用 Suzuki 的方法对三维模型提取特征，即使用立方体对模型进行包裹，然后对立方体进行切割，分成 $n \times n \times n$ 个小的立方体格子，统计落在每个格子中的顶点数目，作为模型的特征。这样分割的优点在于可以对模型进行等分分割。实验中提取的特征为 30 维的特征向量。由于 30＜100，因此利用此方法可以验证本节所给检索方法的有效性。

实验中分别使用原始基于稀疏化表达的模型检索方法、基于稀疏 PCA 三维模型的检索方法，以及基于稀疏 KPCA 的模型检索方法进行检索实验。

选择两个输入模型分别进行实验，选择的模型分别属于动物类与人物类。在对模型特征向量进行稀疏化的过程中，分别采用离散余弦变换(DCT)与离散小波变换(DWT)进行稀疏化处理，并对比 DCT 与 DWT 的检索结果。

图 5.7 中表示了两个待检索模型(输入 1、输入 2)经特征提取后得到的特征向量，两个模型属于不同的类别，均使用 Suzuki 的方法提取了一个 30 维的特征向量。而三维模型库选取了 100 个模型，模型数大于模型特征向量的维数，适用于本节检索的情况。

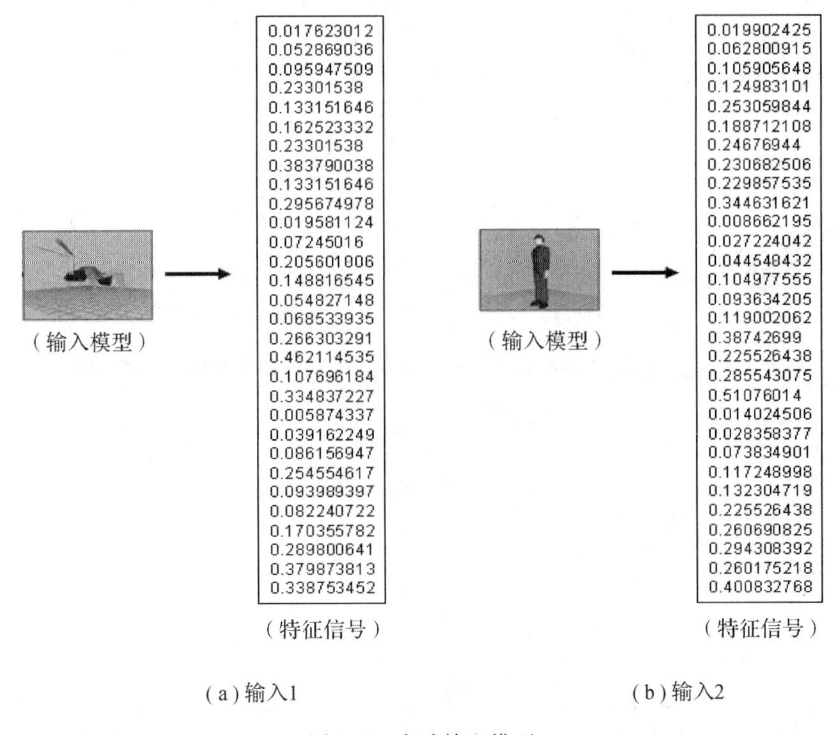

图 5.7　实验输入模型

由图 5.7 可知，两个待检索模型的特征中均没有 0 元素。图 5.8 表示两个待检索模型特征向量的数据分布。由图 5.8 可知，两个待检索模型(输入 1、输入 2)的特征分布较均匀且均为非 0 元素。

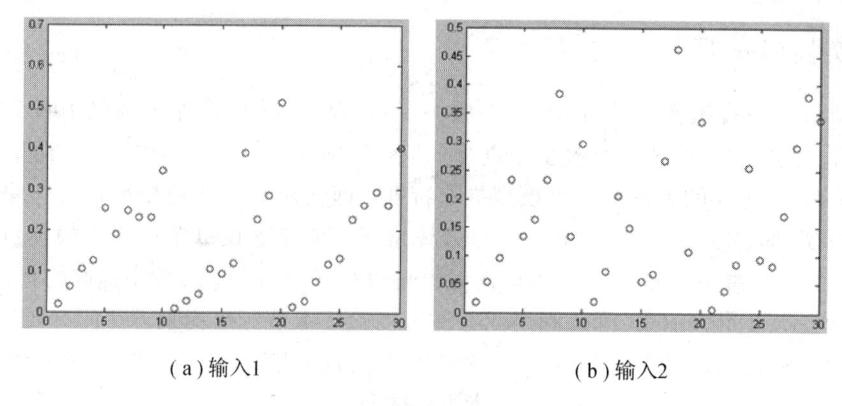

(a) 输入1　　(b) 输入2

图 5.8　待检索模型的特征分布图

实验中分别采用离散余弦变换与离散小波变换对三维模型库的特征库与待检索模型的特征进行稀疏化表示，稀疏化后的结果见图 5.9 与图 5.10。

由图 5.9 与图 5.10 可知，两个待检索模型(输入 1、输入 2)的特征信号经 DCT、DWT 变换后变得稀疏化了，这样将大大减少内存的存储量与运算量。

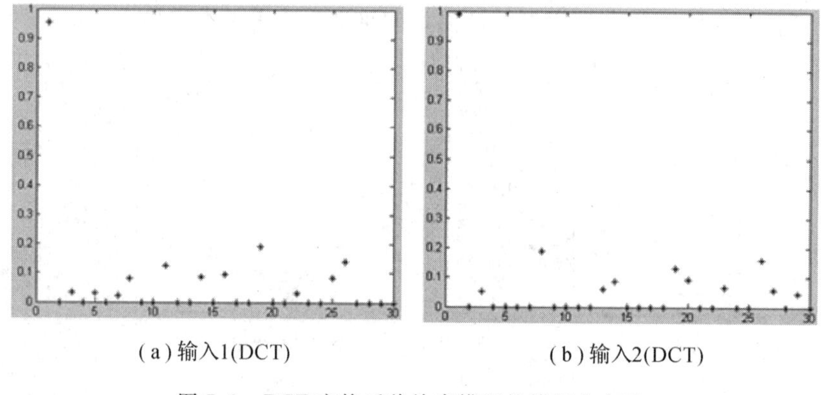

(a) 输入1(DCT)　　(b) 输入2(DCT)

图 5.9　DCT 变换后待检索模型的特征分布图

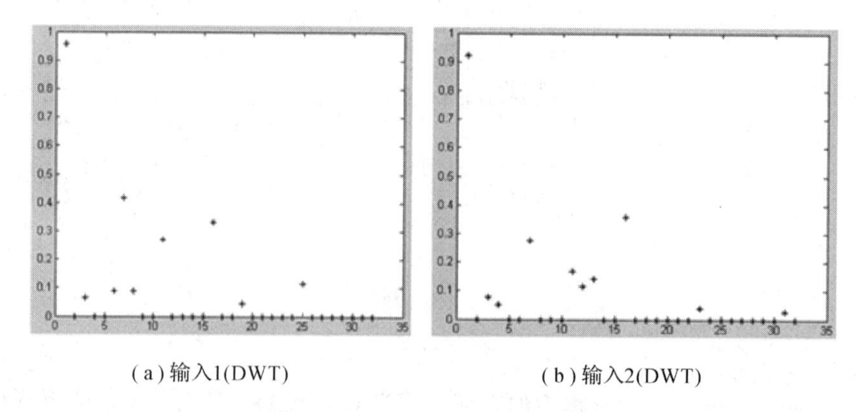

(a) 输入1(DWT)　　(b) 输入2(DWT)

图 5.10　DWT 变换后待检索模型的特征分布图

实验中分别采用原始基于稀疏化表达的模型检索方法、经 SPCA 降维后的基于稀疏化表达的模型检索方法以及经 KPCA 降维后的基于稀疏 KPCA 的模型检索方法进行对比实验。

第一种情况：模型库中有待检索模型。

表 5.3 和表 5.4 分别采用输入 1(动物类)与输入 2(人物类)作为输入模型进行实验，此实验属于模型库中有待检索模型的情况。实验采用 DCT 变换对输入模型与三维模型库特征库进行稀疏化处理。实验中采用的阈值 $\varepsilon=0.02$。输入 1 稀疏化以后的非 0 特征为 12 维，经 SPCA 降维后的维数为 9 维，经稀疏 KPCA 降维后的维数为 9 维。输入 2 稀疏化以后的非 0 特征为 11 维，经 SPCA 降维后的维数为 8 维，经稀疏 KPCA 降维后的维数为 8 维。

表 5.3　模型库中有待检索模型的情况(输入 1)(DCT)

输入模型	方法	检索结果
		1
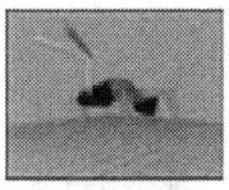 输入 1	传统稀疏匹配	
	SPCA	
	稀疏 KPCA	

表 5.4　模型库中有待检索模型的情况(输入 2)(DCT)

输入模型	方法	检索结果
		1
 输入 2	传统稀疏匹配	
	SPCA	
	稀疏 KPCA	

表 5.5 和表 5.6 分别采用输入 1(动物类)与输入 2(人物类)作为输入模型进行实验，此实验属于模型库中有待检索模型的情况。实验采用 DWT 变换对输入模型与三维模型库特征库进行稀疏化处理。实验中采用的阈值 $\varepsilon=0.02$。输入 1 稀疏化以后的非 0 特征为 7 维，经 SPCA 降维后的维数为 5 维，经稀疏 KPCA 降维后的维数为 5 维。输入 2 稀疏化以后的非 0 特征为 9 维，经 SPCA 降维后的维数为 7 维，经稀疏 KPCA 降维后的维数为 7 维。

表 5.5 模型库中有待检索模型的情况(输入 1)(DWT)

输入模型	方法	检 索 结 果
		1
 输入 1	传统稀疏匹配	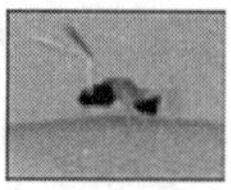
	SPCA	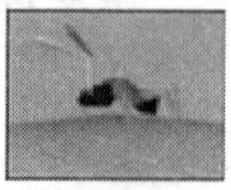
	稀疏 KPCA	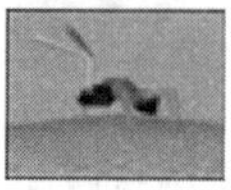

第一组实验后三种方法均得到了正确的结果，实验中分别使用 DCT 与 DWT 对特征进行变换，采用了相同的阈值 $\varepsilon=0.02$。结果 DWT 的稀疏化程度高于 DCT。对三维模型特征库使用稀疏 KPCA 方法降维，首先要将维数升至 100 维(与模型库中的模型个数相同)，再使用 KPCA 方法降维(属于非线性降维方法)，降低的维数与 SPCA 相同，并获得了正确的结果。

第二种情况：模型库中没有待检索模型。

表 5.6 模型库中有待检索模型的情况(输入 2)(DWT)

输入模型	方法	检 索 结 果
		1
 输入 2	传统稀疏匹配	
	SPCA	
	稀疏 KPCA	

表 5.7 和表 5.8 分别采用输入 1(动物类)与输入 2(人物类)作为输入模型进行实验，此实验属于模型库中没有待检索模型的情况。实验采用 DCT 变换对输入模型与三维模型库特征库进行稀疏化处理。实验中采用的阈值 $\varepsilon=0.02$。输入 1 稀疏化以后的非 0 特征为 12 维，经 SPCA 降维后的维数为 9 维，经稀疏 KPCA 降维后的维数为 9 维。输入 2 稀疏化以后的非 0 特征为 11 维，经 SPCA 降维后的维数为 8 维，经稀疏 KPCA 降维后的维数为 8 维。表中列举了三种匹配算法基底系数排在前 6 位的模型。三种算法的检索结果均没有问题模型，但是在检索到模型的排序方面稀疏 KPCA 方法优于 SPCA 方法，接近于传统的稀疏匹配方法。

表 5.7 模型库中没有待检索模型的情况(输入1)(DCT)

输入模型	方法	检索结果					
		1	2	3	4	5	6
输入1	传统稀疏匹配	0.489	0.489	0.410	0.395	0.1255	0.117
	SPCA	0.503	0.473	0.399	0.147	0.126	0.111
	稀疏KPCA	0.499	0.401	0.399	0.387	0.230	0.111

表 5.8 模型库中没有待检索模型的情况(输入2)(DCT)

输入模型	方法	检索结果					
		1	2	3	4	5	6
输入2	传统稀疏匹配	0.467	0.465	0.410	0.387	0.299	0.210
	SPCA	0.400	0.400	0.388	0.323	0.299	0.299
	稀疏KPCA	0.450	0.450	0.397	0.380	0.299	0.230

表5.9和表5.10分别采用输入1(动物类)与输入2(人物类)作为输入模型进行实验，此实验属于模型库中没有待检索模型的情况。实验采用DWT变换对输入模型与三维模型库特征库进行稀疏化处理。实验中采用的阈值$\varepsilon=0.02$。输入1稀疏化以后的非0特征为7维，经SPCA降维后的维数为5维，经稀疏KPCA降维后的维数为5维。输入2稀疏化以后的非0特征为9维，经SPCA降维后的维数为7维，经稀疏KPCA降维后的维数为7维。表5.9中列举了三种匹配算法基底系数排在前6位的模型。三种算法的检索结果均没有问题模型，但是在检索到模型的排序方面稀疏KPCA方法优于SPCA方法，接近于传统的稀疏匹配方法，而且表5.9中的排序结果优于表5.7中的排序结果，说明采用DWT匹配效

果优于 DCT 的匹配效果。

表 5.9　模型库中没有待检索模型的情况(输入 1)(DWT)

输入模型	方法	检索结果					
		1	2	3	4	5	6
输入 1	传统稀疏匹配	0.504	0.498	0.398	0.398	0.394	0.270
	SPCA	0.500	0.500	0.399	0.378	0.378	0.300
	稀疏 KPCA	0.502	0.502	0.390	0.390	0.386	0.296

表 5.10　模型库中没有待检索模型的情况(输入 2)(DWT)

输入模型	方法	检索结果					
		1	2	3	4	5	6
输入 2	传统稀疏匹配	0.502	0.502	0.438	0.430	0.390	0.320
	SPCA	0.500	0.500	0.411	0.394	0.394	0.310
	稀疏 KPCA	0.503	0.503	0.499	0.410	0.398	0.377

本节采用稀疏 KPCA 方法在检索效果方面优于 SPAC 方法。SPAC 方法是首先进行预降维，然后再采用传统的 PCA 方法进行降维即连续进行两次降维的操作；而稀疏 KPCA 方法在预降维阶段增加了对一阶量均值的处理，因此预降维后模型的特征维数低于 SPAC 预降维后的结果，但是在使用 KPCA 降维时，首先是一个升维的过程，升维后的维数是 100(等于模型库中模型的个数)，而高维空间中的向量是线性可分的(对三维模型的表达能力增强了)，再对高维空间中的特征进行非线性降维，降至与 SPAC 相同的维数。因此采用稀疏 KPCA 方法得到的特征向量优于 SPAC 方法得到的特征向量。

实验的检索结果对比图如图 5.11 和图 5.12 所示，从图中可以看出使用稀疏 KPCA 方法检索时，查准率高于使用 SPCA 方法进行检索的结果，而与传统的稀疏匹配方法十分接近，证明了本节中降维方法的有效性。同时可以从图中看到使用 DWT 作稀疏化矩阵的检索效果优于使用 DCT 作稀疏化矩阵的检索效果，说明检索效果随稀疏化程度的提高而提高。

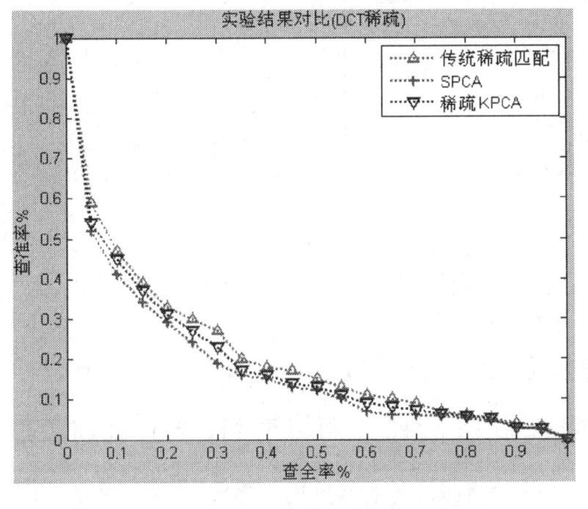

图 5.11　实验的检索结果对比图(DCT)

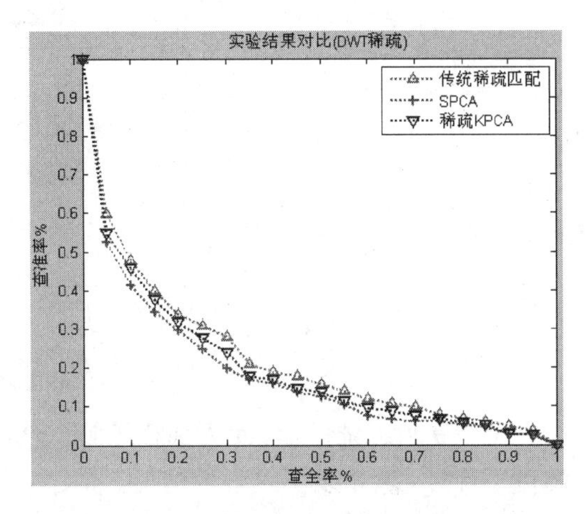

图 5.12　实验的检索结果对比图(DWT)

本节在稀疏化主成分分析降维方法的基础上，使用了稀疏 KPCA 三维模型检索方法。实验表明，稀疏 KPCA 三维模型检索方法检索效果良好，查全率与查准率均高于 SPCA 方法。

5.3　基于新拟合函数的稀疏表达信号的重构方法

5.3.1　引言

从信号稀疏表达的基础进行的压缩感知理论是近年来出现的一种不同于香农-奈奎斯特定理的新抽样方法。按照压缩感知理论，对含有 k 个非 0 元素的 n 维向量 $\boldsymbol{X}_{n\times 1}(k\ll n)$，使用随机矩阵 $\boldsymbol{\Psi}_{m\times n}(m\ll n)$对其抽样，得到的新向量 $\boldsymbol{y}_{m\times 1}$为 m 维向量，即在抽样过程中实现了压缩。由 $\boldsymbol{y}_{m\times 1}$恢复 $\boldsymbol{X}_{n\times 1}$的过程，直接的方法为最优化 l_0范数，即

$$\begin{gathered}\underset{\boldsymbol{X}}{\text{minimize}}\|\boldsymbol{X}\|_0\\ \text{s.t.}\quad \boldsymbol{\Psi}_{m\times n}\boldsymbol{X}_{n\times 1}=\boldsymbol{y}_{m\times 1}\end{gathered}\tag{5.9}$$

然而最优化 l_0范数的方法被证明为 NP 问题。目前最普遍使用的恢复方法为最优化 l_1范数，即

$$\begin{gathered}\underset{X}{\text{minimize}}\|\boldsymbol{X}\|_1\\ \text{s.t.}\quad \boldsymbol{\Psi}_{m\times n}\boldsymbol{X}_{n\times 1}=\boldsymbol{y}_{m\times 1}\end{gathered}\tag{5.10}$$

最优化 l_1范数的方法在一些问题中存在不可解的情况。图 5.13 表示了当 $\boldsymbol{X}_{n\times 1}$为二维信号时(即 $n=2$)，最优化 l_1范数的求解过程。

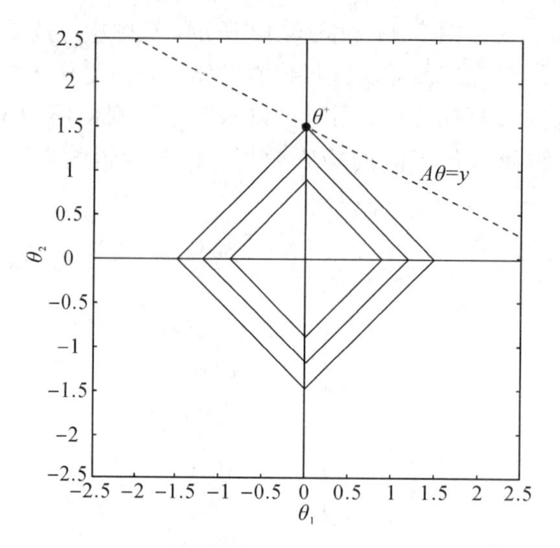

图 5.13 最优化 l_1 范数的求解过程

图中 $\boldsymbol{\theta}$ 为二维向量，$\boldsymbol{A}$ 为抽样矩阵，$\boldsymbol{y}$ 为新向量。在图 5.13 中可以看到，当直线与菱形的边平行时，会出现不可解的情况。

例如 $\boldsymbol{X}_{2\times1}=[x_1 \quad x_2]^{\mathrm{T}}$ 为二维稀疏信号，当采用最优化 l_1 范数的方法恢复 $\boldsymbol{X}_{2\times1}=[x_1 \quad x_2]^{\mathrm{T}}$ 时，经随机采样后，得到一个二元一次方程的约束，恢复过程为求解模型：

$$\begin{aligned} &\min\|\boldsymbol{X}\|_1 \\ &\text{s.t.}\ \ x_1+x_2-1=0 \end{aligned} \tag{5.11}$$

此时会出现图 5.13 的情况，即出现无穷多解的情况。

5.3.2 相关研究

压缩感知信号的恢复是当前的研究热点。各国学者提出了很多算法避免最优化 l_0 范数的 NP 问题，同时克服最优化 l_1 范数的不可解情况。Castro 等人采用分块的方法，首先得到部分解，再逐渐将解空间扩大，在扩大解空间的过程中可规避最优化 l_1 范数时的不可解情况；Bredies 等人将压缩信号的恢复问题转换为测度空间的逆问题求解，同样规避了不可解情况，但是恢复速度较慢，不适合对大规模数据进行求解；Candes 等人对压缩信号进行了多分辨率处理，再对不同频率的压缩信号进行恢复，既提高了恢复的速度又规避了不可解情况，然而此方法对信号的前期处理较多，当对大规模数据进行恢复时，前期处理较慢；Duarte 等人将谱分析的方法引入压缩感知，取得了一些效果，然而这种方法不具备通用性，很多具体问题无法利用谱分析方法解决；Grasmair 等人将求解过程的约束条件进行了修改，加速了最优化 l_1 范数的收敛速度，但这种方法仍然属于线性优化的范围；Scherzer 等人对压缩感知信号进行了正则化处理，在恢复的过程中不会出现不可解情况，然而正则化处理是一个相对复杂的过程，尤其对大型数据；Chartrand 等人利用最小化 l_p 范数的方法恢复压缩感知信号，避免了最优化 l_1 范数的不可解情况，然而目标函数 l_p 范数虽然为凸函数，但为奇异凸函数，即存在不可导点。最优化 l_p 范数为非线性优化问题，且 l_p 范数无法做到变量分离，因此求解过程中没有快速算法。当约束中出现松弛变量，即求解空间为锥空间时，此方法无法直接求解，因此最优化 l_p 范数的方法鲁棒性较差；一些学者从 l_2 范数的观点出发，提出了许多加权最小二乘法等方法进行求解，这类方法属于均值基础上的稀疏化方法，因此这类方法的误差较大，不可控制，且迭代次数较多，需要较大的阈值。

自从 2006 年 Candes 等人首次提出压缩感知方法，Donoho 证明了使用最优化 l_1 范数求解可以恢复出压缩感知信号，压缩感知方法在各个领域得到了非常广泛的应用，许多学者利用此方法有效地解决了实际问题。

本节正是在这些工作的基础上提出了一种新的快速恢复稀疏表达信号的方法。

5.3.3　新目标函数的构造

恢复压缩感知信号直接的方法是最优化 l_0 范数，本小节的工作正是从这一基本观点出发，设计新的连续可导函数拟合信号的 l_0 范数，并通过最优化新的拟合函数，实现压缩感知信号的恢复。

设有 n 维信号 $\boldsymbol{X}_{n\times 1}$，则其 l_0 范数为

$$\|\boldsymbol{X}\|_0 = |x_1|^0 + |x_2|^0 + \cdots + |x_n|^0 \tag{5.12}$$

由幂指数的性质可知：当 $x_i=0$ 时，$|x_i|^0=0$；当 $x_i\neq 0$ 时，$|x_i|^0=1$。因此，信号 $\boldsymbol{X}_{n\times 1}$ 的 l_0 范数表示了信号 $\boldsymbol{X}_{n\times 1}$ 中非 0 元素的个数。

根据这种情况，这里我们设计函数：

$$f(\boldsymbol{X}) = \sum_{i=1}^{N}(1-\mathrm{e}^{-x_i^2/2\alpha^2}) \tag{5.13}$$

$f(\boldsymbol{X})$表示一系列函数的和，每一个函数分别对应 n 维信号 $\boldsymbol{X}_{n\times 1}$ 的 l_0 范数的一个分量。分析函数 $f(\boldsymbol{X})$ 可知：当 $x_i=0$ 时，$|x_i|^0=0$，$(1-\mathrm{e}^{-x_i^2/2\alpha^2})=0$；当 $x_i\neq 0$ 时，$|x_i|^0=1$，$(1-\mathrm{e}^{-x_i^2/2\alpha^2})\to 1$。因此函数 $f(\boldsymbol{X})$在给定误差阈值 ε 的情况下可以拟合$\|\boldsymbol{X}\|_0$。图 5.14 表示了 $f(\boldsymbol{X})$的拟合效果，其中中间的锥形部分为拟合误差 ε。

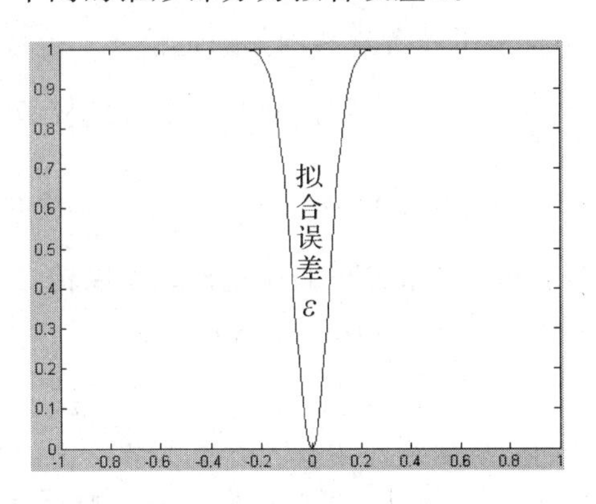

图 5.14　函数 $f(\boldsymbol{X})$的拟合效果

本节中给出的优化目标函数为光滑函数，且具有良好的拓扑结构，即 $f(\boldsymbol{X})$的梯度 Lipschitz连续，即$\|\nabla f(\boldsymbol{x}_1)-\nabla f(\boldsymbol{x}_2)\|_2\leqslant C\|\boldsymbol{x}_1-\boldsymbol{x}_2\|_2$，$C$ 为固定常数，称为 Lipschitz 常数，且目标函数 $f(\boldsymbol{X})$为自变量分离函数，可快速求解。

在恢复压缩感知信号的过程中可以采用最优化 $f(\boldsymbol{X})$的方法进行求解，因此压缩感知问题可以重新描述为：设有 n 维信号 $\boldsymbol{X}_{n\times 1}$，在基底 $\boldsymbol{\Phi}_{n\times n}$ 的作用下可以表达为稀疏信号 $\widetilde{\boldsymbol{X}}_{n\times 1}$，即 $\widetilde{\boldsymbol{X}}_{n\times 1}=\boldsymbol{\Phi}_{n\times n}\cdot\boldsymbol{X}_{n\times 1}$，$\boldsymbol{X}_{n\times 1}=\boldsymbol{\Phi}_{n\times n}^{-1}\cdot\widetilde{\boldsymbol{X}}_{n\times 1}$。使用 $m\times n$ 的抽样矩阵 $\boldsymbol{\Psi}_{m\times n}$，对 n 维信

号 $\boldsymbol{X}_{n\times1}$ 抽样后的结果为 m 维信号 $\boldsymbol{\theta}_{m\times1}$，即 $\boldsymbol{\theta}_{m\times1}=\boldsymbol{\Psi}_{m\times n}\boldsymbol{X}_{n\times1}$。对 $\boldsymbol{X}_{n\times1}$ 的恢复过程可以表示为

$$\begin{aligned}&\underset{\widetilde{X}}{\text{minimize}}\, f(\widetilde{\boldsymbol{X}})\\&\text{s. t. }\ \boldsymbol{\theta}_{m\times1}=\boldsymbol{\Psi}_{m\times n}\boldsymbol{X}_{n\times1}\Leftrightarrow\boldsymbol{\theta}_{m\times1}=\boldsymbol{\Psi}_{m\times n}\boldsymbol{\Phi}_{n\times n}^{-1}\widetilde{\boldsymbol{X}}_{n\times1}\end{aligned}\tag{5.14}$$

求解出 $\widetilde{\boldsymbol{X}}_{n\times1}$ 后，通过 $\boldsymbol{X}_{n\times1}=\boldsymbol{\Phi}_{n\times n}^{-1}\cdot\widetilde{\boldsymbol{X}}_{n\times1}$，即可恢复出 $\boldsymbol{X}_{n\times1}$。

5.3.4 信号的快速恢复方法

通过对信号 l_0 范数的拟合，将压缩感知信号的恢复问题转化为最优化拟合函数的问题。然而拟合函数为一个非线性函数，因此恢复压缩感知信号的过程转变为非线性优化问题。为了实现快速求解，对拟合函数进行加权处理，并设计新的搜索方向。

n 维信号 $\boldsymbol{X}_{n\times1}$ 在新的坐标基底 $\boldsymbol{\Phi}_{n\times n}$ 的作用下可表示为稀疏信号 $\widetilde{\boldsymbol{X}}_{n\times1}$，然而通常情况下 $\widetilde{\boldsymbol{X}}_{n\times1}$ 为类稀疏信号(即信号中有许多元素接近于 0，但不等于 0)，求解过程中为了加快求解速度，应只对 $\widetilde{\boldsymbol{X}}_{n\times1}$ 序列中接近于 0 的元素进行处理，忽略 $\widetilde{\boldsymbol{X}}_{n\times1}$ 序列中较大的元素。因此在求解过程中对 $f(\widetilde{\boldsymbol{X}})$ 进行加权处理，得到新的加权后的 $\widetilde{f}(\widetilde{\boldsymbol{X}})$。

$$\begin{aligned}\widetilde{f}(\widetilde{\boldsymbol{X}})&=\omega_1(\widetilde{x}_1)(1-\mathrm{e}^{-\widetilde{x}_1{}^2/2\alpha^2})+\cdots+\omega_n(\widetilde{x}_n)(1-\mathrm{e}^{-\widetilde{x}_n{}^2/2\alpha^2})\\&=\sum_{i=1}^{n}\omega_i(\widetilde{x}_i)(1-\mathrm{e}^{-\widetilde{x}_i{}^2/2\alpha^2})\end{aligned}\tag{5.15}$$

其中：$\omega_i(\widetilde{x}_i)=\dfrac{1}{\mathrm{e}^{|\widetilde{x}_i|}}$。因此信号的恢复过程变为

$$\begin{aligned}&\underset{\widetilde{X}}{\text{minimize}}\quad f(\widetilde{\boldsymbol{X}})\\&\text{s. t. }\ \boldsymbol{\theta}_{m\times1}=\boldsymbol{\Psi}_{m\times n}\boldsymbol{X}_{n\times1}\Leftrightarrow\boldsymbol{\theta}_{m\times1}=\boldsymbol{\Psi}_{m\times n}\boldsymbol{\Phi}_{n\times n}^{-1}\widetilde{\boldsymbol{X}}_{n\times1}\end{aligned}\tag{5.16}$$

Pant 也在其相关工作中构造了光滑累和函数逼近信号 l_0 范数，并对累和函数进行了加权处理，其采用的权函数为 $\dfrac{1}{|\widetilde{x}_i|}$，此时的权函数为一阶收敛权函数，当信号增益不显著时，权函数 $\dfrac{1}{|\widetilde{x}_i|}$ 将失效。本节中采用的权函数为 $\dfrac{1}{\mathrm{e}^{|\widetilde{x}_i|}}$，对任何增益的信号均有效。

当压缩感知信号噪声较大时，本节提出的恢复模型可以转变为 SOCP 问题：

$$\begin{aligned}&\underset{\widetilde{X}}{\text{minimize}}\quad f(\widetilde{\boldsymbol{X}})\\&\text{s. t. }\ \|\boldsymbol{\Psi}_{m\times n}\boldsymbol{\Phi}_{n\times n}^{-1}\widetilde{\boldsymbol{X}}_{n\times1}\|_2<\varepsilon\end{aligned}\tag{5.17}$$

此时模型解的可行域为二次锥，仍然为凸集合。由于本节给出的目标函数为变量自分离函数，且目标函数的梯度 Lipschitz 连续，因此存在鲁棒的正则快速模型，即

$$\begin{aligned}&\underset{\widetilde{X}}{\text{minimize}}\quad f(\widetilde{\boldsymbol{X}})+\lambda\|\boldsymbol{\Psi}_{m\times n}\boldsymbol{\Phi}_{n\times n}^{-1}\widetilde{\boldsymbol{X}}_{n\times1}\|_2\\&\text{s. t. }\ \text{具体问题}\ \lambda\in[01]\end{aligned}\tag{5.18}$$

5.3.5 新的类牛顿搜索方向

通过 5.3.4 节的分析，将压缩感知信号的恢复过程转化为新的非线性优化问题，其中目标函数为加权表达的 l_0 范数拟合函数 $\widetilde{f}(\widetilde{\boldsymbol{X}})$，约束条件为线性约束条件。

在求解过程中，本节首先将有约束的优化问题转变为无约束优化问题。5.3.4 节中优化问题的约束条件 $\boldsymbol{\theta}_{m\times 1}=\boldsymbol{\Psi}_{m\times n}\boldsymbol{\Phi}_{n\times n}^{-1}\widetilde{\boldsymbol{X}}_{n\times 1}$ 为不定方程，有无穷多解。

令 $\widetilde{\boldsymbol{\Psi}}_{m\times n}=\boldsymbol{\Psi}_{m\times n}\boldsymbol{\Phi}_{n\times n}^{-1}$，则约束条件变为 $\boldsymbol{\theta}_{m\times 1}=\widetilde{\boldsymbol{\Psi}}_{m\times n}\widetilde{\boldsymbol{X}}_{n\times 1}$，对此约束条件进行奇异值分解后，方程的解为 $\tilde{\boldsymbol{x}}_{n\times 1}=\boldsymbol{xs}_{n\times 1}+\boldsymbol{V}_{n\times(n-m)}\boldsymbol{\xi}_{(n-m)\times 1}$，将其代入目标函数，由此压缩感知信号的恢复问题变为无约束的优化问题：

$$\underset{\tilde{x}}{\text{minimize}}\quad \tilde{f}(\boldsymbol{xs}+\boldsymbol{V\xi}) \tag{5.19}$$

在求解无约束优化时，最关键的步骤是确定搜索方向。最常用的搜索方向为负梯度方向，即 $\boldsymbol{d}_k=-\nabla f(\boldsymbol{x}_k)$，最好的搜索方向为牛顿方向，即 $\boldsymbol{d}_k=-\boldsymbol{H}^{-1}(\boldsymbol{x}_k)\nabla f(\boldsymbol{x}_k)$。然而使用负梯度方向进行搜索时，在最优解附近会出现之字形震荡，无法收敛到最优解；使用牛顿方向进行搜索时，在每一次迭代中都必须计算 $-\boldsymbol{H}^{-1}(\boldsymbol{x}_k)$，但是 $-\boldsymbol{H}^{-1}(\boldsymbol{x}_k)$ 的计算是非线性运算，当问题的规模很大时，$\boldsymbol{H}^{-1}(\boldsymbol{x}_k)$ 无法在常规时间内计算得到。

针对这种情况，提出一种快速的类牛顿算法。牛顿方法的主要缺点是 $\boldsymbol{H}^{-1}(\boldsymbol{x}_k)$ 计算困难，这里我们采用数量矩阵取代 $\boldsymbol{H}^{-1}(\boldsymbol{x}_k)$。

泰勒公式二阶展开为

$$f(\boldsymbol{X}+\boldsymbol{\delta})\approx f(\boldsymbol{X})+\nabla f(\boldsymbol{X})^{\mathrm{T}}\boldsymbol{\delta}+\frac{1}{2}\boldsymbol{\delta}^{\mathrm{T}}\boldsymbol{H}(\boldsymbol{X})\boldsymbol{\delta} \tag{5.20}$$

本节提出的算法将泰勒公式中的“≈”改为“=”：

$$f(\boldsymbol{X}+\boldsymbol{\delta})=f(\boldsymbol{X})+\nabla f(\boldsymbol{X})^{\mathrm{T}}\boldsymbol{\delta}+\frac{1}{2}\boldsymbol{\delta}^{\mathrm{T}}r\boldsymbol{I}\delta\quad(\boldsymbol{I}\text{ 为单位阵}) \tag{5.21}$$

式(5.20)与式(5.21)对比可得

$$\boldsymbol{H}(\boldsymbol{X})=r\boldsymbol{I} \tag{5.22}$$

由式(5.22)可得

$$\boldsymbol{H}(\boldsymbol{X})^{-1}=\frac{1}{r}\boldsymbol{I} \tag{5.23}$$

由式(5.21)和式(5.23)可得

$$r=\frac{2[f(\boldsymbol{X}+\boldsymbol{\delta})-f(\boldsymbol{X})-\nabla f(\boldsymbol{X})^{\mathrm{T}}\boldsymbol{\delta}]}{\boldsymbol{\delta}^{\mathrm{T}}\boldsymbol{\delta}} \tag{5.24}$$

由于在数值方法中，扰动值通常取 10^{-3}，因此本节算法在求解过程中取 $|\delta|=10^{-3}$。在搜索过程中，采用 $\boldsymbol{d}_k=-\frac{1}{r}\boldsymbol{I}\nabla f(\boldsymbol{x}_k)$ 取代 $\boldsymbol{d}_k=-\nabla f(\boldsymbol{x}_k)$ 作为搜索方向。

根据最优化的理论可知，搜索方向只有与负梯度方向成锐角时，才是可行方向。因此只有 $\boldsymbol{H}(\boldsymbol{X})^{-1}$ 为正定矩阵时，牛顿方向 $\boldsymbol{d}_k=-\boldsymbol{H}^{-1}(\boldsymbol{x}_k)\nabla f(\boldsymbol{x}_k)$ 才是可行方向。同理，只有当 $\frac{1}{r}\geqslant 0$，即 $r\geqslant 0$ 时，$\boldsymbol{d}_k=-\frac{1}{r}\boldsymbol{I}\nabla f(\boldsymbol{x}_k)$ 才是可行方向；当 $r\leqslant 0$ 时，仍然使用 $\boldsymbol{d}_k=-\nabla f(\boldsymbol{x}_k)$ 的方向。

Pant 在求解过程中采用 BFGS 的类牛顿方向作为求解方向，即

$$\boldsymbol{S}_0=\boldsymbol{IS}_{k+1}=\boldsymbol{S}_k+\left(1+\frac{\boldsymbol{\gamma}_k^{\mathrm{T}}\boldsymbol{S}_k\boldsymbol{\gamma}_k}{\boldsymbol{\gamma}_k^{\mathrm{T}}\boldsymbol{\delta}_k}\right)\frac{\boldsymbol{\delta}_k\boldsymbol{\delta}_k^{\mathrm{T}}}{\boldsymbol{\gamma}_k^{\mathrm{T}}\boldsymbol{\delta}_k}-\frac{\boldsymbol{\delta}_k\boldsymbol{\gamma}_k^{\mathrm{T}}\boldsymbol{S}_k+\boldsymbol{S}_k\boldsymbol{\gamma}_k\boldsymbol{\delta}_k^{\mathrm{T}}}{\boldsymbol{\gamma}_k^{\mathrm{T}}\boldsymbol{\delta}_k} \tag{5.25}$$

此方法在迭代过程中，$\boldsymbol{S}_{k+1}$ 慢慢接近 $\boldsymbol{H}^{-1}(\boldsymbol{x}_{k+1})$，本节的方法可以直接计算出 $\boldsymbol{H}^{-1}(\boldsymbol{x}_{k+1})$。

5.3.6 算法描述

压缩感知信号的快速恢复算法可以表述为以下步骤：

Step1：确定稀疏矩阵，即 $\boldsymbol{\Phi}_{n\times n}$，确保 n 维信号 $\boldsymbol{X}_{n\times 1}$ 在此坐标基下可以表达为稀疏信号 $\widetilde{\boldsymbol{X}}_{n\times 1}$。通常情况下，选用的 $\boldsymbol{\Phi}_{n\times n}$ 可以为小波基底、傅里叶基底以及离散余弦基底等。也可以根据实际情况设计基底。

Step2：根据压缩信号时使用的随机抽样矩阵 $\boldsymbol{\Psi}_{m\times n}(m\ll n)$，将压缩信号的恢复问题归结为最优化问题：

$$\begin{aligned}&\underset{\widetilde{X}}{\text{minimize}}\quad f(\widetilde{\boldsymbol{X}})\\&\text{s. t.}\quad \boldsymbol{\theta}_{m\times 1}=\boldsymbol{\Psi}_{m\times n}\boldsymbol{\Phi}_{n\times n}^{-1}\widetilde{\boldsymbol{X}}_{n\times 1}\end{aligned}\tag{5.26}$$

$$\widetilde{f}(\widetilde{\boldsymbol{X}})=\sum_{i=1}^{n}\omega_i(\widetilde{x}_i)(1-\mathrm{e}^{-\widetilde{x}_i{}^2/2\alpha^2})\tag{5.27}$$

其中，$\omega_i(\widetilde{x}_i)=\dfrac{1}{\mathrm{e}^{|\widetilde{x}_i|}}$。

Step3：通过奇异值分解，求解出 $\widetilde{\boldsymbol{X}}_{n\times 1}$ 的通解形式：$\tilde{\boldsymbol{x}}_{n\times 1}=\boldsymbol{xs}_{n\times 1}+\boldsymbol{V}_{n\times(n-m)}\boldsymbol{\xi}_{(n-m)\times 1}$，将其代入目标函数，将优化问题变为无约束的优化：

$$\underset{\tilde{x}}{\text{minimize}}\quad f(\boldsymbol{xs}+\boldsymbol{V\xi})\tag{5.28}$$

Step4：利用

$$r=\frac{2[f(\boldsymbol{X}+\boldsymbol{\delta})-f(\boldsymbol{X})-\nabla f(\boldsymbol{X})^{\mathrm{T}}\boldsymbol{\delta}]}{\boldsymbol{\delta}^{\mathrm{T}}\boldsymbol{\delta}}\quad(|\boldsymbol{\delta}|\text{取值为 }10^{-3})\tag{5.29}$$

当 $r\geqslant 0$ 时，$\boldsymbol{d}_k=-\dfrac{1}{r}\boldsymbol{I}\nabla f(\boldsymbol{x}_k)$ 作为搜索方向；当 $r<0$ 时，$\boldsymbol{d}_k=-\nabla f(\boldsymbol{x}_k)$ 作为搜索方向。

Step5：利用 Step4 的搜索方向，完成目标函数的求解，得到 $\widetilde{\boldsymbol{X}}_{n\times 1}$。

Step6：通过 $\boldsymbol{X}_{n\times 1}=\boldsymbol{\Phi}_{n\times n}^{-1}\widetilde{\boldsymbol{X}}_{n\times 1}$，恢复出原来的信号。

可以看到函数 $\widetilde{f}(\widetilde{\boldsymbol{X}})$ 为凸函数。由于目标函数的梯度可以方便地通过公式 $\boldsymbol{d}_k=-\dfrac{1}{r}\boldsymbol{I}\nabla f(\boldsymbol{x}_k)$ 和式(5.29)计算出来，因此在此过程中可以方便地使用类牛顿的算法。

在每一次的迭代中，本节介绍的方法只需要计算 r，并检查其正负。由于 f 为初等函数，因此通过 $f(\boldsymbol{x}_k+\boldsymbol{\delta})$、$f(\boldsymbol{x}_k)$ 和 $\nabla f(\boldsymbol{x}_k)^{\mathrm{T}}\boldsymbol{\delta}$ 可以很容易地计算出 r。

希望近似解 $\boldsymbol{x}$ 能够尽可能地靠近精确解 $\boldsymbol{x}^*$，函数值 $f(\boldsymbol{x})$ 可以尽可能靠近 $f(\boldsymbol{x}^*)$。同时希望在寻找精确解的过程中避免过多计算。

因为 $f(\boldsymbol{x}_k+\boldsymbol{\delta})-f(\boldsymbol{x}_k)-\nabla f(\boldsymbol{x}_k)^{\mathrm{T}}\boldsymbol{\delta}=\dfrac{r\boldsymbol{\delta}^{\mathrm{T}}\boldsymbol{\delta}}{2}$，所以当 $\left|\dfrac{r\boldsymbol{\delta}^{\mathrm{T}}\boldsymbol{\delta}}{2}\right|<\varepsilon$ 时，算法停止，输出解为 $\boldsymbol{x}_{k+1}$。

不可能精确地预测需要多少次迭代才可以找到近似解，但是可以分析算法每一次迭代的代价。每次迭代的主要计算量是两次内积和向量加法，分别需要 $n-m$ 次浮点操作。每次迭代的代价都是相似的，只需要计算一次 $\boldsymbol{\Psi}^{\mathrm{T}}\boldsymbol{\Psi}$ 和 $\boldsymbol{L}^{-1}$。$\boldsymbol{\Psi}$ 是 $m\times n$ 的矩阵，$\boldsymbol{L}$ 是 $n\times n$ 的矩阵。这样，计算 $\boldsymbol{\Psi}^{\mathrm{T}}\boldsymbol{\Psi}$ 的代价是 $O(mn)$。由于 $m \ll n$，因此计算 $\boldsymbol{\Psi}^{\mathrm{T}}\boldsymbol{\Psi}$ 的代价基本是 $O(n\log n)$。计算 $\boldsymbol{L}^{-1}$ 的代价是 $O(n^2)$。但是，由于 $\boldsymbol{L}$ 是稀疏矩阵，因此 $\boldsymbol{L}^{-1}$ 可以在 $O(n\log n)$ 的复杂度下计算得到。

5.3.7　实验与分析

实验过程分为两组进行：第一组为仿真实验，实验对象为计算机生成的稀疏信号；第二组为几何信号实验，实验对象为实际的二维轮廓线模型。

实验过程中首先进行了仿真实验，实验中设计了 15 个长度为 256 维的 K 稀疏信号（$K=5a-4$；$a=1, 2, \cdots, 15$）。具体的信号设计方法如下：

（1）生成长度为 256 的 0 信号 $\boldsymbol{X}_{n\times 1}$（$n=256$）。

（2）按照标准正态分布，随机生成长度为 K 的信号 $\boldsymbol{A}$。

（3）在 $\boldsymbol{X}_{n\times 1}$ 信号中随机寻找 K 个位置，将信号 $\boldsymbol{A}$ 中的 K 个元素放在这 K 个位置上。

在信号的压缩过程中，使用随机矩阵 $\boldsymbol{\Psi}_{m\times n}$（$m=100$，$n=256$）对 $\boldsymbol{X}_{n\times 1}$ 信号抽样。$\boldsymbol{\Psi}_{m\times n}$ 中的元素按照标准正态分布随机生成，并对 $\boldsymbol{\Psi}_{m\times n}$ 中的列作标准化处理，使得每列的 l_2 范数为 1。经抽样后，得到的压缩信号 $\boldsymbol{\theta}_{m\times 1}=\boldsymbol{\Psi}_{m\times n}\boldsymbol{\Phi}_{n\times n}^{-1}\widetilde{\boldsymbol{X}}_{n\times 1}$，其中 $\boldsymbol{\Phi}_{n\times n}$ 采用小波基，$\boldsymbol{X}_{n\times 1}$ 在 $\boldsymbol{\Phi}_{n\times n}$ 下可以表达为稀疏信号 $\widetilde{\boldsymbol{X}}_{n\times 1}$。实验过程中取 $\alpha=10^{-4}$，$\varepsilon=0.07$（$\boldsymbol{X}_{n\times 1}$ 信号经 $\boldsymbol{\Phi}_{n\times n}$ 作用后得到的 $\widetilde{\boldsymbol{X}}_{n\times 1}$ 中绝对值小于 0.07 的元素均设置为 0）。压缩感知信号的恢复分别采用本节提出的方法、Donoho 的方法、Mohimani 的方法以及 Pant 的方法进行，并对四种方法进行了对比。图 5.15 所示为四种恢复方法的成功率对比效果。图 5.16 所示为四种恢复方法的速度对比效果。

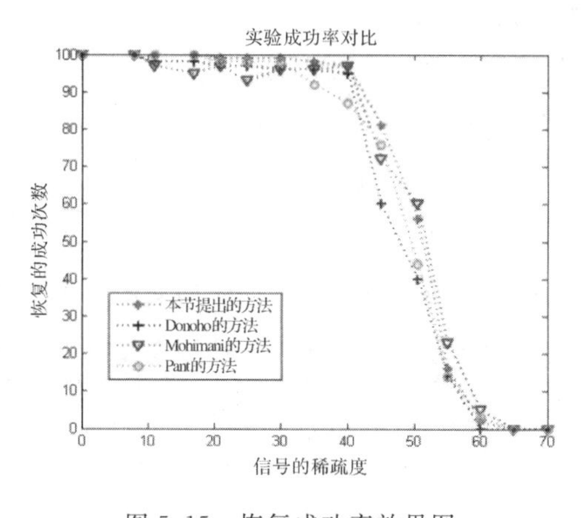

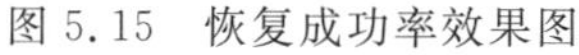
图 5.15　恢复成功率效果图

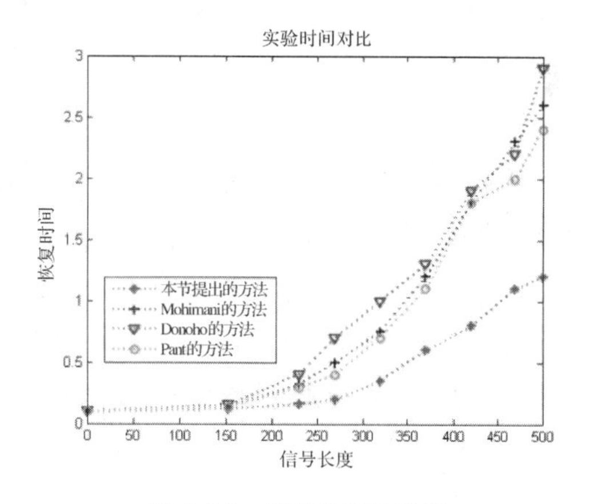

图 5.16　恢复速度效果图

通过分析图 5.15 可得信号 $\boldsymbol{X}_{n\times 1}$ 在小波基的作用下，当稀疏度低于 40 时，四种方法恢复的成功率均较高，而本节提出的方法明显优于 Donoho、Mohimani 以及 Pant 的方法，且稳定性更好，Mohimani 的方法出现了轻微振荡；当稀疏度高于 40 时，四种方法恢复的成功率均迅速下降，而本节提出的方法在恢复成功率上略优于 Mohimani 的方法，但稳定性明显优于 Mohimani 的方法；Donoho 的方法在信号稀疏度高于 40 时，恢复成功率迅速下

降，无论在恢复成功率还是在算法稳定性方面均明显劣于本节提出的方法。

分析图 5.16 可以得到，在压缩信号的恢复速度上，本节提出的方法明显优于 Donoho、Mohimani 以及 Pant 的方法，且本节提出的方法的恢复速度随信号长度的增长以近似线性的速度增长。

为验证本节提出的方法的鲁棒性，对实验中的数据增加了正态分布 $\mu=0.3$、$\sigma=10^{-4}$ 的噪声，在此种情况下，问题转变为 SOCP 问题。求解模型转变为

$$\begin{aligned}&\underset{\widetilde{X}}{\text{minimize}} \quad f(\widetilde{\boldsymbol{X}})\\&\text{s.t.}\ \|\boldsymbol{\Psi}_{m\times n}\boldsymbol{\Phi}_{n\times n}^{-1}\widetilde{\boldsymbol{X}}_{n\times 1}\|_2<\varepsilon \quad (\varepsilon=10^{-3})\end{aligned} \tag{5.30}$$

实验中将 Donoho、Mohimani 以及 Pant 的方法做了相应鲁棒性的改变，分析图 5.17 可以得到，在带噪声压缩信号的恢复速度上，本节提出的方法明显优于 Donoho、Mohimani 以及 Pant 的方法，且本节提出的方法的恢复速度随信号长度的增长以近似线性的速度增长。

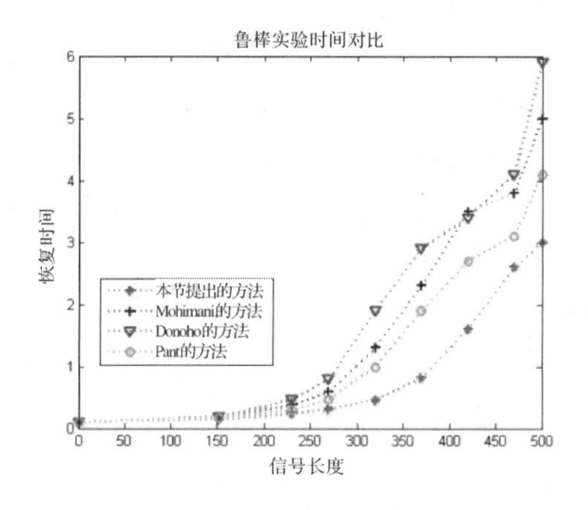

图 5.17 鲁棒算法恢复速度效果图

其次，进行了二维几何信号的实验。采用二维轮廓线模型的二维坐标作为二维几何信号。

图 5.18 表示了二维几何信号表达二维轮廓线模型的方法，其中海马模型共由 401 个顶点构成，因此信号的长度为 401。实验中采用离散 Laplace 算子作为基底对二维几何信号进行稀疏化表达。离散 Laplace 算子可以表示为

$$\delta(\boldsymbol{X})=\boldsymbol{L}\boldsymbol{X}=\begin{bmatrix}1 & -\frac{1}{2} & 0 & \cdots & \cdots & 0 & -\frac{1}{2}\\ -\frac{1}{2} & 1 & -\frac{1}{2} & 0 & \cdots & \cdots & 0\\ \vdots & \vdots & \vdots & \vdots & \vdots & \vdots & \vdots\\ 0 & \cdots & \cdots & 0 & -\frac{1}{2} & 1 & -\frac{1}{2}\\ -\frac{1}{2} & 0 & \cdots & \cdots & 0 & -\frac{1}{2} & 1\end{bmatrix}\boldsymbol{X} \tag{5.31}$$

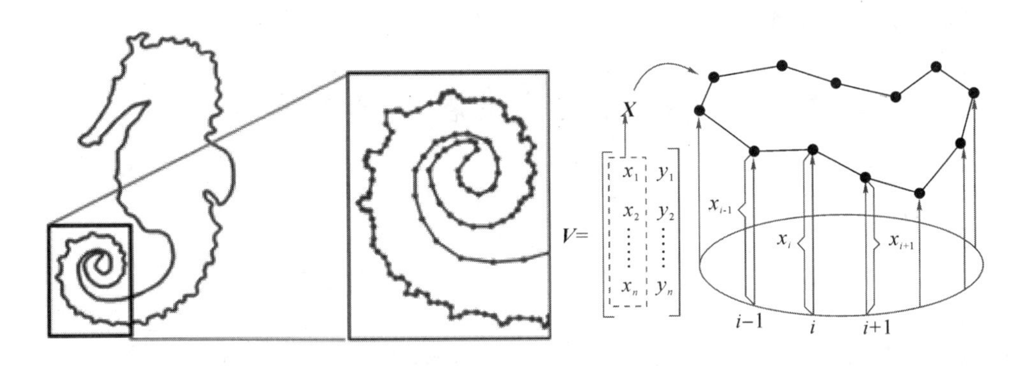

图 5.18　二维几何信号示意图

海马模型的二维信号在 Laplace 算子的作用下实现了稀疏化表达(采用的阈值 $\varepsilon_1=0.17$，$\varepsilon_2=0.15$)。表 5.11 表示了海马模型稀疏化表达前后 0 顶点个数与非 0 顶点个数的对比。

表 5.11　二维几何信号的稀疏化表达

	顶点个数	非 0 顶点个数	0 顶点个数
原始海马二维轮廓线模型	401(**X**) 401(**Y**)	401(**X**) 401(**Y**)	0(**X**) 0(**Y**)
稀疏表达后的海马二维轮廓线模型	401(**X**) 401(**Y**)	18(**X**) 19(**Y**)	383(**X**) 384(**Y**)

采用随机矩阵 $\boldsymbol{S}_{76\times401}$ 作为抽样矩阵压缩二维几何信号，并分别采用本节提出的方法、Donoho 以及 Mohimani 的方法进行恢复。表 5.12 对比了三种恢复算法。

表 5.12　恢复速度比较表

	稀疏度	恢复时间
本文提出的方法	18	0.9 s
Mohimani 的方法	18	1.4 s
L. Donoho 的方法	18	1.7 s

分析表 5.12 可知，在 Laplace 算子的作用下海马模型可以表达为稀疏度为 18 的稀疏信号，而经随机矩阵压缩后，在恢复时间方面本节提出的方法明显优于 Donoho 以及 Mohimani的方法。

压缩感知是 2006 年底提出的一种压缩抽样方法，在根本上不同于香农-奈奎斯特的抽样方法。压缩感知是在信号稀疏表达的基础上进行的。而对压缩信号的恢复是压缩感知方法得以应用的前提。本节定义了新的 l_0 范数拟合函数，并设计了新的快速搜索方法，完成压缩感知信号的恢复。实验表明本节提出的方法优于目前广泛使用的恢复方法。但是本节设计的搜索方法从未知点开始，不能立刻进入搜索域，且每一步均需要判断 r 是否为正数。

下一步的工作是寻找可行区域，并设计确定的搜索方向完成信号的恢复。

5.4 光滑正则化稀疏表达信号重构方法

5.4.1 引言

以信号稀疏表达为基础的压缩感知理论是近年来出现的一种不同于香农-奈奎斯特定理的新抽样方法。压缩感知作为获取信号的新方法，采样过程仅测量较少信号值，再利用测量值重构原始信号。如何重构原始信号是压缩感知方法能否成功的关键。从数学上讲，压缩感知信号重构过程为最优化问题的求解过程，目标函数多采用 l_0 范数、l_1 范数以及 l_p 范数。

定义 5.2 设有 n 维信号 $\boldsymbol{X}_{n\times1}$，则其 l_1 范数表示为 $\|\boldsymbol{X}\|_1=|x_1|+|x_2|+\cdots+|x_n|$。

定义 5.3 设有 n 维信号 $\boldsymbol{X}_{n\times1}$，则其 l_p 范数表示为 $\|\boldsymbol{X}\|_p=(|x_1|^p+|x_2|^p+\cdots+|x_n|^p)^{\frac{1}{p}}$。

近年来各国学者对压缩感知信号重构方法进行了大量研究，主要集中在五个方面：

首先最小化 l_0 范数是重构压缩感知信号的直接方法，由于这属于NP问题，许多学者提出拟合 l_0 范数的方法进行求解，这类方法采用光滑函数拟合信号 l_0 范数，再通过最小化拟合函数重构信号，但拟合函数一般无法做到全空间上的凸函数，给求解带来困难。典型的工作有Mohimani使用光滑函数 $f(\boldsymbol{X})=\sum_{i=1}^{n}(1-\mathrm{e}^{-x_i^2/2\alpha^2})$ 拟合 l_0 范数，但是 $f(\boldsymbol{X})$ 的凸性由 α 的大小控制，α 较大时凸范围较大，但拟合误差较大；α 较小时拟合误差小，但凸范围也较小。这给求解带来了困难，在保证拟合精度的前提下难以收敛到全局最优解。Pant对 $f(\boldsymbol{X})$ 进行了加权处理，使用 $f(\boldsymbol{X})=\sum_{i=1}^{n}\frac{1}{|x_i+\varepsilon|}(1-\mathrm{e}^{-x_i^2/2\alpha^2})$ 拟合 l_0 范数，虽然提高了求解速度，但并没有解决拟合函数在全空间上的凸性问题。在求解过程中Pant采用 α 序列进行求解，虽然提高了重构的成功率，但由于不是凸优化，无法保证成功的可重复性，很大程度上依赖起始点的选取。为了弥补Pant方法的不足，Du. Z. M.(杜卓明)等人使用了新的加权方法对 $f(\boldsymbol{X})$ 进行了加权处理，使用 $f(\boldsymbol{X})=\sum_{i=1}^{n}\frac{1}{\mathrm{e}^{|x_i|}}(1-\mathrm{e}^{-x_i^2/2\alpha^2})$ 拟合 l_0 范数，由于指数函数快速的收敛速度，大大降低了函数非凸性对全局最优解收敛的影响，因此求解过程中不需要使用 α 序列，只需将 α 取值稍大即可。但所使用的函数仍然不是全空间上的凸函数，当信号幅值极小时，无法保证收敛到全局最优解。

最为常用的重构方法为最小化 l_1 范数，这类方法由D. J. Donoho最早提出，算法是一个线性规划过程，速度较快，但理论上存在无解情况，且最小化 l_1 范数方法必须严格满足RIP条件，否则恢复的鲁棒性较差。

最小化 l_p 范数是针对最小化 l_1 范数的无解情况提出的，这类算法是目前的研究热点，最新工作为2014年Pant利用光滑函数 $\sum_{i=1}^{n}(x_i^2+\varepsilon^2)^{\frac{p}{2}}$ 代替 l_p 范数 $\|\boldsymbol{X}\|_p^p$，$\sum_{i=1}^{n}(x_i^2+\varepsilon^2)^{\frac{p}{2}}$ 的凸性与拟合程度由 ε 和 p 控制，而凸性和拟合程度对 p、ε 大小的要求刚好相反。Pant在求解过程中采用 p、ε 序列进行求解，通过 $p_i=p_0\mathrm{e}^{-\alpha(i-1)}$、$\varepsilon_i=\varepsilon_0\mathrm{e}^{-\alpha(i-1)}$ 逐渐改变 p、ε，最终收敛到最优解，但最大的问题是首次求解时无法保证起始点在凸集合内，其他有学者对 l_p 范数进

行加权，利用数值上的权重减小函数非凸性的影响。

贪婪算法是最早提出的压缩感知信号重构算法，目前工程中仍广泛使用，但是算法的收敛性相比其他方法较慢。通过贝叶斯学习方法重构压缩感知信号也是近年来提出的一种新方法，这类方法通过贝叶斯学习得到自适应坐标基，使信号自适应稀疏表达，大大提高了稀疏度，进而达到重构的快速与精确。

快速收缩算法是新近提出的快速求解凸优化的方法。如果目标函数光滑且梯度Lipschitz连续，则收缩算法存在二阶收敛的快速算法。快速收缩算法将 n 元凸函数的优化问题转换为 n 个一元凸函数的优化问题，并通过牺牲很小的空间复杂度而大大降低了时间复杂度，使得算法收敛速度为二阶收敛。

本节提出的压缩感知信号重构方法，是从最小化信号 l_0 范数的观点出发，构造全空间上的光滑凸函数拟合 l_0 范数，进而使用快速收缩算法进行求解。

5.4.2 压缩感知与信号重构

若 n 维信号 $x_{n\times1}$ 在坐标基 $\boldsymbol{D}_{n\times n}$ 下可以被表达为 K 稀疏信号($K\ll n$)，则可以使用随机低秩矩阵 $\boldsymbol{\Phi}_{m\times n}$($m\ll n$)对其进行抽样，抽样结果为

$$\boldsymbol{y}_{m\times1}=\boldsymbol{\Phi}_{m\times n}\boldsymbol{x}_{n\times1}=\boldsymbol{\Phi}_{m\times n}\boldsymbol{D}_{n\times n}\boldsymbol{\theta}_{n\times1} \tag{5.32}$$

其中：$\boldsymbol{y}_{m\times1}$ 为抽样结果；$\boldsymbol{\theta}_{n\times1}$ 为信号 $\boldsymbol{x}_{n\times1}$ 在坐标基 $\boldsymbol{D}_{n\times n}$ 下的 K 稀疏表达。

实际工程中，信号 $\boldsymbol{x}_{n\times1}$ 需要由测量值 $\boldsymbol{y}_{m\times1}$ 重构，重构过程为求解以下最优化问题：

$$\begin{aligned}&\min\ \|\boldsymbol{\theta}\|_0\\&\text{s.t.}\quad \boldsymbol{y}_{m\times1}=\boldsymbol{\Phi}_{m\times n}\boldsymbol{D}_{n\times n}\boldsymbol{\theta}_{n\times1}\end{aligned} \tag{5.33}$$

在有噪声的情况下，式(5.33)转变为

$$\begin{aligned}&\min\ \|\boldsymbol{\theta}\|_0\\&\text{s.t.}\quad \|\boldsymbol{y}_{m\times1}-\boldsymbol{\Phi}_{m\times n}\boldsymbol{D}_{n\times n}\boldsymbol{\theta}_{n\times1}\|_2^2\leqslant\varepsilon\end{aligned} \tag{5.34}$$

式(5.34)即为实际工程中重构压缩感知信号的直接理论方法。然而式(5.34)被证明为NP问题，无法在常规时间内求解。本节引言中所提到的五类算法正是各国学者为了更好地解决式(5.34)而提出的各种算法。

5.4.3 凸优化的正则化方法

定义 5.4 $f(\boldsymbol{x})$ 为光滑多元函数，若对任意 $\boldsymbol{x}_1$、$\boldsymbol{x}_2$，均满足 $\|f(\boldsymbol{x}_1)-f(\boldsymbol{x}_2)\|_2\leqslant C\|\boldsymbol{x}_1-\boldsymbol{x}_2\|_2$，则称 $f(\boldsymbol{x})$Lipschitz 连续，其中 C 为固定常数，称为 Lipschitz 常数。

定义 5.5 $F(\boldsymbol{x})$为凸函数，若 $F(\boldsymbol{x})=f(\boldsymbol{x})+\lambda g(\boldsymbol{x})$，其中 $f(\boldsymbol{x})$为光滑凸函数，$g(\boldsymbol{x})$为非光滑凸函数，则称 $f(\boldsymbol{x})+\lambda g(\boldsymbol{x})$为 $F(\boldsymbol{x})$的正则化表示，λ 为正则系数($\lambda>0$)。若 $f(\boldsymbol{x})$的梯度为 Lipschitz 连续，即 $\|\nabla f(\boldsymbol{x}_1)-\nabla f(\boldsymbol{x}_2)\|_2\leqslant C\|\boldsymbol{x}_1-\boldsymbol{x}_2\|_2$，则最优化 $F(\boldsymbol{x})$存在二阶收敛的快速算法。

由正则化的定义可知，式(5.34)可以转换为正则化式(5.35)：

$$\min(\|\boldsymbol{y}_{m\times1}-\boldsymbol{\Phi}_{m\times n}\boldsymbol{D}_{n\times n}\boldsymbol{\theta}_{n\times1}\|_2^2+\lambda\|\boldsymbol{\theta}\|_0) \tag{5.35}$$

5.4.4 0范数的全空间光滑凸拟合函数构造

最小化信号 l_0 范数是重构压缩感知信号的直接理论方法，近年来出现的各种方法，如

最小化 l_1 范数、l_p 范数，或其他拟合函数都是为了避免最小化 l_0 范数的 NP 问题。然而这些拟合函数均不为全空间上的光滑凸函数，只是局部凸函数，一般情况下非凸函数无法收敛到全局最优解，本节中构造了 l_0 范数的全空间光滑凸拟合函数。构造函数为

$$f(\boldsymbol{x})=\sum_{i=1}^{n}\left[\frac{2}{\pi}\arctan(-\mathrm{e}^{\beta * x_i^2}+1)\right]^2 \tag{5.36}$$

分析以上函数可知：

当 $x_i=0$ 时，$-\mathrm{e}^{\beta * x_i^2}=-1$，即 $-\mathrm{e}^{\beta * x_i^2}+1=0$；

当 $x_i\neq 0$ 时，$-\mathrm{e}^{\beta * x_i^2}\to-\infty$，从而 $-\mathrm{e}^{\beta * x_i^2}+1\to-\infty$。

此时的 $-\mathrm{e}^{\beta * x_i^2}+1$ 为单调递减函数，不会出现震荡。其中 β 为元参数，根据信号的实际情况确定。

arctan(·)将全空间压缩到 $\left(-\frac{\pi}{2},\ \frac{\pi}{2}\right)$，如图 5.19 所示，arctan(·)在 $(-\infty,\ 0)$ 区间上为凸函数，在 $(0,\ \infty)$ 区间上为凹函数。根据以上的分析可知 $(-\mathrm{e}^{\beta * x_i^2}+1)\in(-\infty,\ 0)$，所以 $\frac{2}{\pi}\arctan(-\mathrm{e}^{\beta * x_i^2}+1)$ 为凸函数，且 $\frac{2}{\pi}\arctan(-\mathrm{e}^{\beta * x_i^2}+1)\in(-1,\ 0)$。

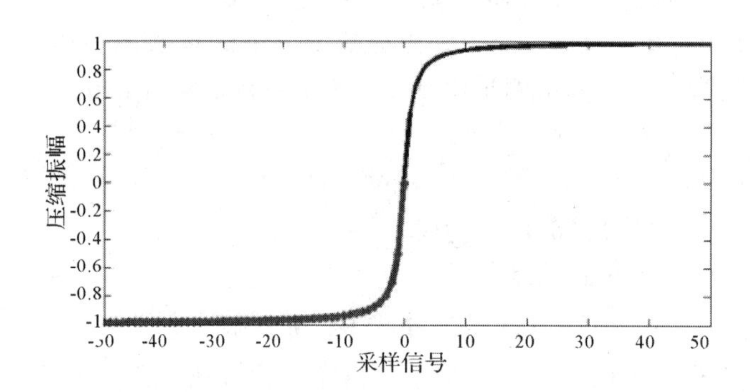

图 5.19　$\frac{2}{\pi}\arctan(-\mathrm{e}^{\beta * x_i^2}+1)$ 图像

因为 $\frac{2}{\pi}\arctan(-\mathrm{e}^{\beta * x_i^2}+1)\in(-1,\ 0]$，故 $\left[\frac{2}{\pi}\arctan(-\mathrm{e}^{\beta * x_i^2}+1)\right]^2\in[0,\ 1)$，拟合了 $|x_i|^0$。

令 $-z^2=\frac{2}{\pi}\arctan(-\mathrm{e}^{\beta * x_i^2}+1)$，有

$$\left[\frac{2}{\pi}\arctan(-\mathrm{e}^{\beta * x_i^2}+1)\right]^2=(-z^2)^2=z^4$$

则

$$\frac{\mathrm{d}^2\left\{\left[\frac{2}{\pi}\arctan(-\mathrm{e}^{\beta * x_i^2}+1)\right]^2\right\}}{\mathrm{d}x_i^2}=12z^2\geqslant 0$$

因此 $\left[\frac{2}{\pi}\arctan(-\mathrm{e}^{\beta * x_i^2}+1)\right]^2$ 为凸函数。

又因为凸函数正的线性组合仍然为凸函数，所以函数 $f(\boldsymbol{x})=\sum_{i=1}^{n}\left[\frac{2}{\pi}\arctan(-\mathrm{e}^{\beta * x_i^2}+1)\right]^2$

为凸函数，同时拟合了$\|\boldsymbol{x}\|_0=\sum_{i=1}^{n}|x_i|^0$。

5.4.5 压缩感知信号重构算法

n维信号$\boldsymbol{x}_{n\times1}$在坐标基$\boldsymbol{D}_{n\times n}$下被表达为$K$稀疏信号$\boldsymbol{\theta}_{n\times1}(K\ll n)$，可以使用随机低秩矩阵$\boldsymbol{\Phi}_{m\times n}$进行抽样，抽样结果：$\boldsymbol{y}_{m\times1}=\boldsymbol{\Phi}_{m\times n}\boldsymbol{x}_{n\times1}=\boldsymbol{\Phi}_{m\times n}\boldsymbol{D}_{n\times n}\boldsymbol{\theta}_{n\times1}$。

根据式(5.36)可知重构稀疏信号$\boldsymbol{\theta}_{n\times1}$的过程即为求解以下最优化问题的过程：

$$\min\left(\|\boldsymbol{y}_{m\times1}-\boldsymbol{\Phi}_{m\times n}\boldsymbol{D}_{n\times n}\boldsymbol{\theta}_{n\times1}\|_2^2+\lambda\sum_{i=1}^{n}\left[\frac{2}{\pi}\arctan(-\mathrm{e}^{\beta*\theta_i^2}+1)\right]^2\right)\tag{5.37}$$

令$\boldsymbol{\Phi}_{m\times n}\boldsymbol{x}_{n\times1}=\boldsymbol{\Psi}_{m\times n}$，则式(5.37)可表示为

$$\min\left(\|\boldsymbol{y}_{m\times1}-\boldsymbol{\Psi}_{m\times n}\boldsymbol{\theta}_{n\times1}\|_2^2+\lambda\sum_{i=1}^{n}\left[\frac{2}{\pi}\arctan(-\mathrm{e}^{\beta*\theta_i^2}+1)\right]^2\right)\tag{5.38}$$

式(5.38)中目标函数的两部分均为光滑凸函数。

令$f(\boldsymbol{\theta})=\|\boldsymbol{y}_{m\times1}-\boldsymbol{\Psi}_{m\times n}\boldsymbol{\theta}_{n\times1}\|_2^2$，$f(\boldsymbol{\theta})$的梯度为Lipschitz连续。**证明**：由$f(\boldsymbol{\theta})=\|\boldsymbol{y}_{m\times1}-\boldsymbol{\Psi}_{m\times n}\boldsymbol{\theta}_{n\times1}\|_2^2$可得$\nabla f(\boldsymbol{\theta})=2\boldsymbol{\Psi}^{\mathrm{T}}(\boldsymbol{\Psi\theta}-\boldsymbol{y})$。设任意两点$\boldsymbol{a}$、$\boldsymbol{b}(|\boldsymbol{a}|<|\boldsymbol{b}|)$，有

$$\begin{aligned}\|\nabla f(\boldsymbol{a})-\nabla f(\boldsymbol{b})\|&=\|2\boldsymbol{\Psi}^{\mathrm{T}}\boldsymbol{\Psi}(\boldsymbol{a}-\boldsymbol{b})\|=2\|\boldsymbol{\Psi}^{\mathrm{T}}\boldsymbol{\Psi}(\boldsymbol{a}-\boldsymbol{b})\|\\&\leqslant2\|\boldsymbol{\Psi}^{\mathrm{T}}\boldsymbol{\Psi}\|\|\boldsymbol{a}-\boldsymbol{b}\|\\&=2\lambda_{\max}\|\boldsymbol{a}-\boldsymbol{b}\|\end{aligned}$$

$\lambda_{\max}$为$\|\boldsymbol{\Psi}^{\mathrm{T}}\boldsymbol{\Psi}\|$的最大特征值，因此$\nabla f(\boldsymbol{\theta})$的Lipschitz常数为$\lambda_{\max}$，记作$C(\nabla f(\boldsymbol{\theta}))$。下述算法1为求解$C(\nabla f(\boldsymbol{\theta}))$的快速算法。

算法1：最大特征值快速算法。

Step1：$\boldsymbol{\theta}=\mathrm{rand}(n,1)$；

Step2：for　$i=1:5$

$$\boldsymbol{\theta}=\boldsymbol{\theta}/\mathrm{norm}(\boldsymbol{\theta});\ \boldsymbol{\theta}=(\boldsymbol{\Psi}^{\mathrm{T}}\boldsymbol{\Psi})\boldsymbol{\theta}$$

Step3：$\lambda_{\max}(\boldsymbol{\Psi}^{\mathrm{T}}\boldsymbol{\Psi})=\boldsymbol{\theta}^{\mathrm{T}}(\boldsymbol{\Psi}^{\mathrm{T}}\boldsymbol{\Psi})\boldsymbol{\theta}$；

Step4：$C(\nabla f(\boldsymbol{\theta}))=\lambda_{\max}(\boldsymbol{\Psi}^{\mathrm{T}}\boldsymbol{\Psi})$。

设式(5.38)的最优解为$\boldsymbol{\theta}^*$，则$\boldsymbol{\theta}^*$的求解过程为：求解一系列的$\{\boldsymbol{\theta}^1\quad\boldsymbol{\theta}^2\quad\cdots\quad\boldsymbol{\theta}^n\}$，直到$\|\boldsymbol{\theta}^n-\boldsymbol{\theta}^*\|\leqslant\varepsilon$。

根据优化理论中的最速下降法可知$\boldsymbol{\theta}$求解的迭代公式为$\boldsymbol{\theta}^k=\boldsymbol{\theta}^{k-1}-t_k\nabla f(\boldsymbol{\theta}^{k-1})$，其中$t_k=\dfrac{1}{C(\nabla f(\boldsymbol{\theta}))}$。

此迭代过程既为求解以下问题的不动点过程：

$$\boldsymbol{\theta}^k=\arg\min\left\{\frac{1}{2t_k}\|\boldsymbol{\theta}-(\boldsymbol{\theta}^{k-1}-t_k\nabla f(\boldsymbol{\theta}^{k-1}))\|_2^2+\lambda\sum_{i=1}^{n}\left[\frac{2}{\pi}\arctan(-\mathrm{e}^{\beta*\theta_i^2}+1)\right]^2\right\}\tag{5.39}$$

令$\boldsymbol{c}_k=\boldsymbol{\theta}^{k-1}-t_k\nabla f(\boldsymbol{\theta}^{k-1})$，则式(5.39)可表示为

$$\boldsymbol{\theta}^k=\arg\min\left\{\frac{1}{2t_k}\|\boldsymbol{\theta}-\boldsymbol{c}_k\|_2^2+\lambda\sum_{i=1}^{n}\left[\frac{2}{\pi}\arctan(-\mathrm{e}^{\beta*\theta_i^2}+1)\right]^2\right\}\tag{5.40}$$

式(5.40)为变量可分离问题，即

$$
\begin{aligned}
\boldsymbol{\theta}^k = & \min\left\{\frac{1}{2t_k}\|\theta_1 - c_k{}^1\|_2^2 + \lambda[\arctan(-\mathrm{e}^{\beta * \theta_1{}^2}+1)]^2\right\} \\
& + \min\left\{\frac{1}{2t_k}\|\theta_2 - c_k{}^2\|_2^2 + \lambda[\arctan(-\mathrm{e}^{\beta * \theta_2^2}+1)]^2\right\} \\
& + \cdots \\
& + \min\left\{\frac{1}{2t_k}\|\theta_{n-1} - c_k{}^{n-1}\|_2^2 + \lambda[\arctan(-\mathrm{e}^{\beta * \theta_{n-1}{}^2}+1)]^2\right\} \\
& + \min\left\{\frac{1}{2t_k}\|\theta_n - c_k{}^n\|_2^2 + \lambda[\arctan(-\mathrm{e}^{\beta * \theta_n{}^2}+1)]^2\right\}
\end{aligned}
\tag{5.41}
$$

式(5.41)的求解为求解 n 个一维凸问题。可使用下述算法 2 快速收缩算法求解。

算法 2：快速收缩算法。

Step1：随机选取起始点 $\boldsymbol{\theta}^0=0$，通过算法 1 计算：$t_k=\dfrac{1}{C(\nabla f(\boldsymbol{\theta}))}$

While($\|f(\boldsymbol{\theta}^{k+1})+g(\boldsymbol{\theta}^{k+1})-f(\boldsymbol{\theta}^k)-g(\boldsymbol{\theta}^k)\|)\leqslant \varepsilon$;

Step2：$\boldsymbol{\theta}^k=\Gamma_{\lambda t_k}(c_k)=(|c_k|-\lambda t_k)_+\operatorname{sgn}(c_k)$；

Step3：$t_{k+1}=\dfrac{1+\sqrt{1+4t_k{}^2}}{2}$；

Step4：$\boldsymbol{\theta}^{k+1}=\boldsymbol{\theta}^k+\dfrac{t_k-1}{t_{k+1}}(\boldsymbol{\theta}^k-\boldsymbol{\theta}^{k-1})$；

Step5：$\boldsymbol{\theta}^{k+1}$ 为式(5.41)的最优解。

以上算法的收敛速度为 $F(\boldsymbol{\theta}^k)-F(\boldsymbol{\theta}^*)\leqslant\dfrac{2C(\nabla f(\boldsymbol{\theta}))\|\boldsymbol{\theta}^0-\boldsymbol{\theta}^*\|_2^2}{(k+1)^2}$。

算法 3：压缩感知信号快速重构算法。

Step1：建立压缩感知信号重构框架：$\min(\|\boldsymbol{y}_{m\times 1}-\boldsymbol{\Psi}_{m\times n}\boldsymbol{\theta}_{n\times 1}\|_2^2+\lambda\sum\limits_{i=1}^{n}[\arctan(-\mathrm{e}^{\beta * \theta_i{}^2}+1)]^2)$；

Step2：输入 $\boldsymbol{y}$、$\boldsymbol{\Phi}$、$\boldsymbol{D}$、λ、β、$\boldsymbol{\theta}^0=0$；

Step3：将压缩感知信号重构框架转换为式(5.41)，并利用快速算法 2 求解；

Step4：利用 $\boldsymbol{x}_{n\times 1}=\boldsymbol{D}_{n\times n}\boldsymbol{\theta}_{n\times 1}$ 重构出原始信号。

5.4.6 实验与分析

实验过程分为两组进行：第一组为仿真实验，实验中使用的数据为文献[30]中的数据，数据为 100 组 K 稀疏的 256 维信号 $K\ll 256$；第二组为几何信号实验，实验中使用的数据为文献[28]中的数据(以色列特拉维夫大学 Daniel Cohen-Or 提供)，数据为二维轮廓线模型，即 2 个 401 维的几何信号。

实验过程中首先进行了仿真实验，实验中按照文献[31]的方法利用计算机生成 15 个 K 稀疏($K=5a-4$；$a=1, 2, \cdots, 15$)的 256 维信号。具体的信号设计方法如下：

随机生成服从标准正态分布的 K 维信号，并将其随机插入 256 维 0 信号中，得到 K 稀疏的 256 维信号 $\boldsymbol{X}$。生成服从正态分布为 $\mu=0.3$、$\sigma=10^{-4}$ 的 256 维信号 ε，令 $\boldsymbol{X}=\boldsymbol{X}+\varepsilon$，$\boldsymbol{X}$ 为实验数据。

生成随机矩阵 $\boldsymbol{\Psi}_{m\times n}(m=100, n=256)$，其中的元素按照标准正态分布随机生成，并对 $\boldsymbol{\Psi}_{m\times n}$ 中的列作标准化处理，使得每列的 l_2 范数为 1。使用 $\boldsymbol{\Psi}_{m\times n}$ 对 $\boldsymbol{X}$ 信号抽样。经抽样后，

得到压缩感知信号 $\boldsymbol{\theta}_{m\times 1}=\boldsymbol{\Psi}_{m\times n}\boldsymbol{\Phi}_{n\times n}^{-1}\widetilde{\boldsymbol{X}}_{n\times 1}$，其中 $\boldsymbol{\Phi}_{n\times n}$ 采用小波基，$\boldsymbol{X}$ 在 $\boldsymbol{\Phi}_{n\times n}$ 下可以表达为稀疏信号 $\widetilde{\boldsymbol{X}}_{n\times 1}$。

实验中采用的小波基 $\boldsymbol{\Phi}_{n\times n}$ 是滤波器长度为 8 的小波变换所构成的小波基。由于 $\boldsymbol{\Phi}_{n\times n}$ 可以表示为 $\boldsymbol{\Phi}_{n\times n}=[\boldsymbol{\phi}_1 \quad \boldsymbol{\phi}_2 \quad \cdots \quad \boldsymbol{\phi}_n]$，进而表示为式(5.42)，因此通过算法 4 获取小波基 $\boldsymbol{\Phi}_{n\times n}$。

$$\boldsymbol{\phi}_1=\boldsymbol{\Phi}[1 \quad 0 \quad \cdots \quad 0]^{\mathrm{T}},\ \boldsymbol{\phi}_2=\boldsymbol{\Phi}[0 \quad 1 \quad \cdots \quad 0]^{\mathrm{T}}\cdots,\ \boldsymbol{\phi}_n=\boldsymbol{\Phi}[0 \quad 0 \quad \cdots \quad 1]^{\mathrm{T}} \tag{5.42}$$

算法 4：滤波器长度为 8 的小波基获取算法。

Step1：生成恒等矩阵 $\boldsymbol{I}_{n\times n}$，$i=1$；

Step2：对 $\boldsymbol{I}_{n\times n}$ 的第 i 列进行小波变换，滤波器长度为 8，输出结果为 $\boldsymbol{\phi}_i$；

Step3：$i=i+1$，返回 Step2；

Step4：输出 $\boldsymbol{\Phi}_{n\times n}=[\boldsymbol{\phi}_1 \quad \boldsymbol{\phi}_2 \quad \cdots \quad \boldsymbol{\phi}_n]$。

实验过程中取 $\alpha=10^{-4}$，$\varepsilon=0.07$($\boldsymbol{X}$ 信号经 $\boldsymbol{\Phi}_{n\times n}$ 作用后得到的 $\widetilde{\boldsymbol{X}}_{n\times 1}$ 中绝对值小于 0.07 的元素均设置为 0)。压缩感知信号的重构分别采用本节提出的方法、Mohimani 的方法(2009)、Du. Z. M 的方法、Donoho 的方法(2006)以及 Pant 的方法(2014)进行恢复，并对五种方法进行了对比。图 5.20 所示为五种恢复方法的成功率对比效果。图 5.21 所示为五种恢复方法的速度对比效果。

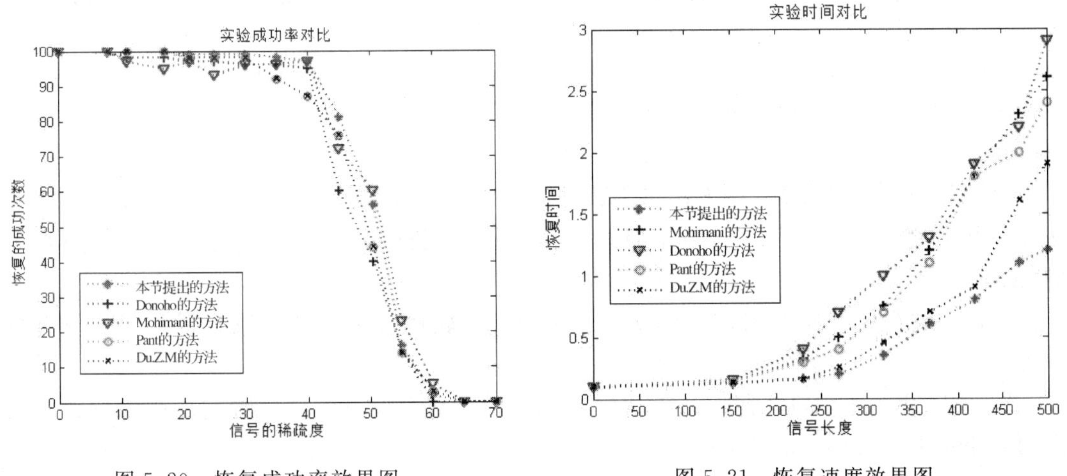

图 5.20　恢复成功率效果图　　　　图 5.21　恢复速度效果图

分析图 5.20 可知，信号 $\boldsymbol{X}$ 在小波基的作用下，当稀疏度低于 40 时，五种方法恢复的成功率均较高，而本节提出的方法明显优于 Donoho、Mohimani、Du. Z. M 以及 Pant 的方法，且稳定性更好。

分析图 5.21 可知，在信号的重构速度上，本节提出的方法明显优于 Donoho、Mohimani、Du. Z. M 以及 Pant 的方法，且本节提出的方法的恢复速度随信号长度的增长以近似线性的速度增长。

Mohimani 的方法与本节提出的方法类似，使用光滑函数 $f(\boldsymbol{x})=\sum_{i=1}^{n}(1-\mathrm{e}^{-x_i^2/2\alpha^2})$ 拟合信号 l_0 范数，目标函数的凸性与拟合的误差均由参数 α 决定，而凸性与拟合误差对 α 的要求是相反的。当 $\alpha\geqslant|x_i|$ 时，目标函数为凸函数，但此时函数拟合误差较大；当 $\alpha<|x_i|$ 时，

目标函数为非凸函数。因此 Mohimani 的方法在重构的成功率与重构时间上很大程度地依赖于 α 的取值。

Du. Z. M的方法通过加权处理，将新得到的光滑函数 $f(\boldsymbol{x})=\sum_{i=1}^{n}\frac{1}{\mathrm{e}^{|x_i|}}(1-\mathrm{e}^{-x_i^2/2\alpha^2})$ 作为优化的目标函数，虽然目标函数的凸性与拟合的误差仍然由参数 α 决定，但权系数 $\frac{1}{\mathrm{e}^{|x_i|}}$ 可快速收敛至0，所以此时的优化问题不再是 n 维问题，而转变为 K 维问题($K\ll n$)。由于问题维数的降低，不仅提高了求解速度，而且减小了函数非凸部分对整体解空间的影响，使得信号在重构的成功率与重构时间上对 α 取值的依赖大大降低。但是Du. Z. M采用的目标函数仍然不是全空间上的凸函数，当信号整体振幅较小时，权系数 $\frac{1}{\mathrm{e}^{|x_i|}}$ 将失效，无法保证收敛至全局最优解。另外，Du. Z. M 在求解过程中使用的算法仍属于一阶收敛算法，在接近最优解时，收敛速度较慢。

Donoho 的方法为最优化 l_1 范数的方法，此方法鲁棒性较差，要求信号的采样长度为稀疏度的四倍，否则恢复成功率迅速下降，且此方法在无噪声情况下存在不可解情况。

Pant 的方法为最优化拟 l_p 范数的方法，使用 $\sum_{i=1}^{n}(x_i^2+\varepsilon^2)^{\frac{p}{2}}$ 代替 l_p 范数 $\|\boldsymbol{x}\|_p^p$，$\sum_{i=1}^{n}(x_i^2+\varepsilon^2)^{\frac{p}{2}}$ 的凸性和拟合误差由 ε 和 p 决定，而凸性和拟合误差对 ε 和 p 的要求是相反的。当 $|x_i|\leqslant\frac{\varepsilon}{\sqrt{1-p}}$ 时，目标函数为凸函数，但此时函数拟合误差较大；当 $|x_i|>\frac{\varepsilon}{\sqrt{1-p}}$ 时，目标函数为非凸函数。为解决此问题，Pant 在求解过程中采用 p、ε 序列进行求解，并采用 $p_i=p_0\mathrm{e}^{-\alpha(i-1)}$、$\varepsilon_i=\varepsilon_0\mathrm{e}^{-\alpha(i-1)}$ 逐渐改变 p、ε，最终收敛到最优解，但最大的问题是首次求解时无法保证起始点在凸集合内。该方法属于随机成功率较大的算法。实际应用中Pant取了50个 p、ε 的序列，每次取值迭代80次，使得算法的运行时间高于 Donoho 的方法，但成功率较好。

其次，进行了二维几何信号的实验。采用二维轮廓线模型的二维坐标作为二维几何信号。

图 5.22 表示了二维几何信号表达二维轮廓线模型的方法，可以看到二维轮廓线模型由两个相互独立的一维信号构成。

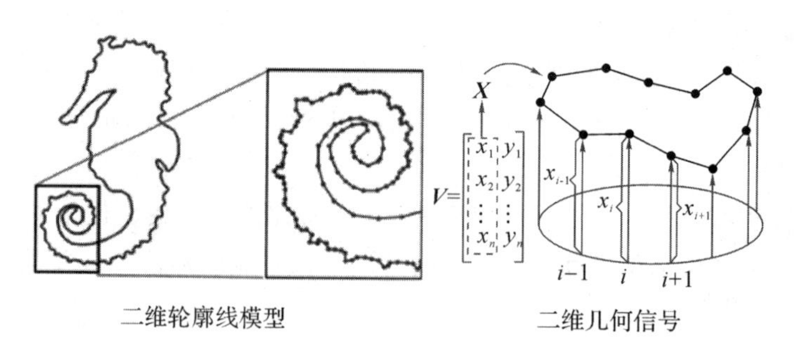

图 5.22　二维几何信号示意图

实验中采用离散 Laplace 算子作为基底对二维几何信号进行稀疏化表达。离散 Laplace 算子可以表示为

$$\delta(\boldsymbol{X})=\boldsymbol{L}\boldsymbol{X}=\begin{bmatrix} 1 & -\frac{1}{2} & 0 & \cdots & \cdots & 0 & -\frac{1}{2} \\ -\frac{1}{2} & 1 & -\frac{1}{2} & 0 & \cdots & \cdots & 0 \\ \vdots & \vdots & \vdots & \vdots & \vdots & \vdots & \vdots \\ 0 & \cdots & \cdots & 0 & -\frac{1}{2} & 1 & -\frac{1}{2} \\ -\frac{1}{2} & 0 & \cdots & \cdots & 0 & -\frac{1}{2} & 1 \end{bmatrix}\boldsymbol{X}$$

两个独立的一维稀疏信号在 Laplace 坐标基下被稀疏化表达(采用的阈值 $\varepsilon_X=0.17$，$\varepsilon_Y=0.15$)。表 5.13 表示了海马模型稀疏化表达前后 0 顶点个数与非 0 顶点个数的对比。

表 5.13　轮廓线模型顶点坐标的稀疏化表达

	顶点个数	非 0 顶点个数	0 顶点个数
原始顶点信息	401($\boldsymbol{X}$) 401($\boldsymbol{Y}$)	401($\boldsymbol{X}$) 401($\boldsymbol{Y}$)	0($\boldsymbol{X}$) 0($\boldsymbol{Y}$)
Laplace 坐标基下的顶点信息	401($\boldsymbol{X}$) 401($\boldsymbol{Y}$)	18($\boldsymbol{X}$) 19($\boldsymbol{Y}$)	383($\boldsymbol{X}$) 384($\boldsymbol{Y}$)

分别采用随机矩阵 $\boldsymbol{S}_{76\times401}$、$\boldsymbol{S}_{50\times401}$、$\boldsymbol{S}_{35\times401}$ 抽样二维几何信号，并分别采用本节提出的方法和 Donoho、Mohimani、Pant 以及 Du. Z. M 的方法进行恢复。表 5.14 对比了五种恢复算法的运行时间。

表 5.14　恢复速度比较表

	稀疏度	恢复时间
本节提出的方法	18	0.7 s
Donoho 的方法	18	1.4 s
Pant 的方法	18	1.7 s
Mohimani 的方法	18	2.0 s
Du. Z. M 的方法	18	0.9 s

分析表 5.14 可知，在 Laplace 算子的作用下海马模型可以表达为稀疏度为 18 的稀疏信号，而经随机矩阵压缩后，在恢复时间方面本节提出的算法明显优于其他四种方法。

本节使用信号的 Frobenius 范数对二维几何信号的恢复效果进行量化说明：

定义 5.6　设矩阵 $\boldsymbol{X}_{m\times n}=\{x_{ij}\mid i=1,\cdots,n;\ j=1,\cdots,m\}$，则 $\boldsymbol{X}_{m\times n}$ 的 Frobenius 范数为 $\|\boldsymbol{X}\|_F=\sqrt{\sum_{j=1}^{m}\sum_{i=1}^{n}x_{ij}^2}$。

实验中采用 401×2 的二维几何信号，因此原始信号与重构信号均可使用 401×2 的矩阵表示。令原始信号为 $\boldsymbol{O}_{401\times2}$，重构信号为 $\boldsymbol{R}_{401\times2}$，则重构信号与原始信号的相似度表示为

$d=\|\boldsymbol{O}_{401\times 2}-\boldsymbol{R}_{401\times 2}\|_F$。图 5.23 表示了分别采用随机矩阵 $\boldsymbol{S}_{76\times 401}$、$\boldsymbol{S}_{50\times 401}$、$\boldsymbol{S}_{35\times 401}$ 抽样二维几何信号，并分别采用本节提出的方法和 Donoho、Mohimani、Pant 以及 Du. Z. M 的方法进行恢复所得到的效果图，其中的 d 值大小表示原始几何信号与重构几何信号之间的距离（由矩阵的 Frobenius 范数表示）。

图 5.23　不同抽样矩阵的重构效果图

信号稀疏表达是压缩感知的基础，是压缩信号重构的前提。重构压缩感知信号的出发点为最小化信号 l_0 范数，由于优化 l_0 范数为 NP 问题，因此引申出引言中提到的各种不同求解方法，如优化 l_1 范数、l_p 范数等。其中一类重要的方法为直接使用初等光滑函数拟合信号 l_0 范数进行求解。目前这类方法的优劣主要体现在拟合程度的精确性以及求解速度的快慢上。但是这类方法的共同问题是，各种不同的拟合函数均不是全空间上的凸函数。虽然求解过程中可通过调节参数扩大拟合函数的凸范围，但仍然属于提高重构成功的概率。本

节提出的 l_0 范数拟合函数与以往拟合函数的本质区别为：本节提出的函数为全空间上的凸函数，可以确保求解过程收敛到全局最优解。

求解过程中本节利用光滑正则凸优化的方法进行求解，实验表明本节提出的方法优于目前广泛使用的恢复方法。今后的工作主要集中在如何更高效地对信号自适应稀疏化表达上。

本章小结

信号的检索与重构(恢复)是信号重用的前提。本章介绍了两种稀疏化信号的检索方法和两种稀疏化信号的重构方法，旨在帮助读者拓展思路，以便构建出更好的检索与重构算法，使设计人员能够从海量的信号中快速、准确地找到合适的可重用的信息，从而辅助他们利用这些信息资源高效地设计出满足要求的新产品。

本章的部分相关工作已发表在《计算机辅助设计与图形学学报》和《中国图像图形学报》等期刊上，有兴趣的读者可进一步查阅。

参考文献及扩展阅读资料

[1] Huang K, Aviyente S. Sparse representation for signal classification[C]//Advances in neural information processing systems. 2007: 609 - 616.

[2] Elad M, Aharon M. Image denoising via learned dictionaries and sparse representation[C]//Computer Vision and Pattern Recognition, 2006 IEEE Computer Society Conference on. IEEE, 2006, 1: 895 - 900.

[3] Elad M, Matalon B, Zibulevsky M. Image denoising with shrinkage and redundant representations [C]//Computer Vision and Pattern Recognition, 2006 IEEE Computer Society Conference on. IEEE, 2006, 2: 1924 - 1931.

[4] Li Y, Cichocki A, Amari S. Analysis of sparse representation and blind source separation[J]. Neural computation, 2004, 16(6): 1193 - 1234.

[5] Olshausen B A, Sallee P, Lewicki M S. Learning sparse image codes using a wavelet pyramid architecture[C]//Advances in neural information processing systems. 2001: 887 - 893.

[6] Starck J L, Elad M, Donoho D L. Image decomposition via the combination of sparse representations and a variational approach[J]. IEEE transactions on image processing, 2005, 14(10): 1570 - 1582.

[7] Wright J, Yang A Y, Ganesh A, et al. Robust face recognition via sparse representation[J]. IEEE transactions on pattern analysis and machine intelligence, 2009, 31(2): 210 - 227.

[8] Donoho D L. For most large underdetermined systems of linear equations the minimal l_1 norm solution is also the sparsest solution[J]. Communications on pure and applied mathematics, 2006, 59(6): 797 - 829.

[9] Suzuki M T, Kato T, Otsu N. A similarity retrieval of 3D polygonal models using rotation invariant shape descriptors[C]//Systems, Man, and Cybernetics, 2000 IEEE International Conference on. IEEE, 2000, 4: 2946 - 2952.

[10] 杜卓明，李洪安，康宝生. 一种压缩感知信号的快速恢复方法[J]. 计算机辅助设计与图形学学报，2014，26(12)：2196 - 2202.

[11] Johnstone I M, Lu A Y. Sparse principal components analysis[J]. Unpublished manuscript, 2004, 7.

[12] Castro Y D, Gamboa F. Exact reconstruction using beurling minimalextrapolation[J]. Journal of Mathematical Analysis and Applications, 2012, 395(1): 336 - 354.

[13] Bredies K, Pikkarainen H K. Inverse problems in spaces of measures[J]. ESAIM: Control, Optimisation and Calculus of Variations, 2013, 19(1): 190 - 218.

[14] Candes E J, Fernandez-Granda C. Towards a mathematical theoryof super-resolution [J]. Communications on Pure and Applied Mathematics, 2014, 67(6): 906 - 965.

[15] Duarte M F, Baraniuk R G. Spectral compressive sensing[J]. Appliedand Computational Harmonic Analysis, 2013, 35(1): 111 - 129.

[16] Grasmair M, Scherzer O, Haltmeier M. Necessary and sufficientconditions for linear convergence of 1-regularization[J]. Communications onPure and Applied Mathematics, 2011, 64(2): 161 - 182.

[17] Scherzer O, Walch B. Sparsity regularization for radon measures[M]//Lecture Notes in Computer Science. Berlin Heidelberg: Springer-Verlag Press, 2009, 5567: 452 - 463.

[18] Candes E J, Romberg J, Tao T. Robust uncertainty principles: exact signal reconstruction from highly incomplete frequencyinformation[J]. Information Theory, IEEE Transactions on, 2006, 52(2): 489 - 509.

[19] Donoho D L. Compressed sensing[J]. Information Theory, IEEE Transactions on, 2006, 52(4): 1289 - 1306.

[20] Gu X F, Gortler S J, Hoppe H. Geometry Images[C]//Proceedings of ACM SIGGRAPH 2002. New York, USA: ACM Press, 2002, 21(3): 355 - 361.

[21] 杜卓明，李洪安，康宝生. 二阶收敛的光滑正则化压缩感知信号重构方法[J]. 中国图像图形学报，2016，21(4)：490 - 498.

[22] Rosanwo O, Petz C, Prohaska S, et al. Dual streamline seeding[C]//Proceedings of the 2009 IEEE Pacific Visualization Symposium. Washington, DC, USA: IEEE Computer Society Press, 2009: 9 - 16.

[23] Weinkauf T, Theisel H. Streak lines as tangent curves of a derived vector field[C]//Proceedings of IEEE Transactionson Visualization and Computer Graphics. Washington, DC, USA: IEEE Computer Society Press, 2010, 16(6):1225 - 1234.

[24] Chartrand R. Exact reconstruction of sparse signals via nonconvexminimization[J]. IEEE Signal Processing Letters, 2007, 14(10): 710 - 770.

[25] Pant J K, Lu W S, Antoniou A. Reconstruction of sparse signals by minimizing a re-weighted approximate l_0 norm in the null space of the measurement matrix[C]//Proceedings of Circuits and Systems (MWSCAS), 2010 53rd IEEE International Midwest Symposium on. Washington, DC, USA: IEEE Computer Society Press, 2010: 430 - 433.

[26] Mohimani H, Babaie - Zadeh M, Jutten C. A fast approach for overcomplete sparse decomposition based on smoothed l_0 norm[J]. IEEE Transactions on Signal Processing, 2009, 57(1): 289 - 301.

[27] Hong-an Li, Yongxin Zhang, Zhanli Li, and Huilin Li. A Multiscale Constraints Method Localization of 3D Facial Feature Points[J]. Computational and Mathematical Methods in Medicine, vol. 2015, Article ID 178102, 6 pages, 2015.

[28] Du Z M, Li H A, Kang B S. A fast recovery method of compressed sensing signal[J]. Journal of Computer-Aided Design & Computer Graphics, 2014, 26(12): 2196 - 2202.

[29] Donoho D L. Compressed sensing[J]. IEEE Transactions on Information Theory, 2006, 52(4):

1289 - 1306.

[30] Pant J K, Lu W S, Antoniou A. New improved algorithms for compressive sensing based on l_p norm [J]. IEEE Transactions on Circuits and Systems II: Express Briefs, 2014, 61(3): 198 - 202.

[31] Lai M J, Xu Y Y, Yin W T. Improved Iteratively Reweighted Least Squares for Unconstrained Smoothed l_q Minimization[J]. SIAM Journal on Numerical Analysis, 2013, 51(2): 927 - 957.

[32] Pant J K, Lu W S, Antoniou A. Unconstrained regularized lp-norm based algorithm for the reconstruction of sparse signals[C]//Proceedings of IEEE International Symposium on Circuits and Systems (ISCAS). Rio de Janeiro, Brazil: IEEE, 2011: 1740 - 1743.

[33] Pant J K, Lu W S, Antoniou A. Recovery of sparse signals from noisy measurements using an lp regularized least-squares algorithm [C]//Proceedings of IEEE Pacific Rim Conference on Communications, Computers and Signal Processing (PacRim). Victoria, BC, Canada: IEEE, 2011: 48 - 53.

[34] Donoho D L, Elad M, Temlyakov V N. On Lebesgue-type inequalities for greedy approximation[J]. Journal of Approximation Theory, 2007, 147(2): 185 - 195.

[35] Zhang Z L, Jung T P, Makeig S, et al. Compressed sensing for energy-efficient wireless telemonitoring of noninvasive fetal ECG via block sparse Bayesian learning[J]. IEEE Transactions on Biomedical Engineering, 2013, 60(2): 300 - 309.

[36] Beck A, Teboulle M. A fast iterative shrinkage-thresholding algorithm for linear inverse problems [J]. SIAM Journal on Imaging Sciences, 2009, 2(1): 183 - 202.

[37] Hong-an Li, Baosheng Kang, Zijuan Zhang. Retrieval Methods of 3D Model Based on Weighted Spherical Harmonic Analysis[J]. Journal of Information & Computational Science, 2013, 10(15): 5005 - 5012.

[38] 杜卓明. 三维模型检索与压缩关键技术研究[D]. 西安：西北大学，2012.

[39] Hong-an Li, Jie Zhang, Baosheng Kang. A 3D Surface Reconstruction Algorithm based on Medical Tomographic Images[J]. Journal of Computational Information Systems, 2013, 9(19): 7873 - 7880.

[40] 马天，李洪安，马本源，等. 三维虚拟维护训练系统关键技术研究[J]. 图学学报，2016，37(1)：97 - 101.

[41] Hong-an Li, Zhanli Li, and Zhuoming Du. A Reconstruction Method of Compressed Sensing 3D Medical Models based on the Weighted 0-norm [J]. Computational and Mathematical Methods in Medicine, vol. 2017, 7(2): 614 - 620.

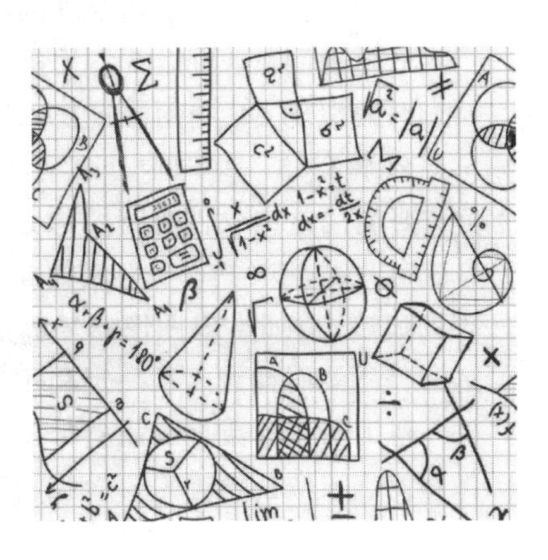

第6章 稀疏化图像修复算法

图像修复其基本思想是根据破损图像中的有效信息，对破损区域中的缺损信息进行有效估计，使修复之后的图像在整体上更加协调，并且使不熟悉原始图像的人觉察不到修复痕迹。本章主要介绍形态成分分析(Morphological Component Analysis，MCA)的边缘提取方法，把图像分解为能被联合字典非常稀疏地表达的平滑层和纹理层，提取对象的主要边缘轮廓，并对破损的边缘进行修复。使用非局部均值的自适应方法来解决非局部均值修复方法容易导致纹理细节模糊的问题，取得了较好的修复效果。

6.1 引 言

图像修复作为图像处理领域一个非常重要的研究课题，近年来受到越来越多研究者的关注。图像修复起源于艺术手工匠对破损艺术品的复原。对于出现瑕疵的艺术品，专业手工匠根据长期积累的经验对其进行手工复原。在修复这些艺术品时，一般是把损坏区域附近的未损坏信息逐渐向损坏区域内部传播，最终使艺术品从整体上看起来统一、协调、完整。受此启发，Bertalmio等人于2000年提出图像修复(Image Inpainting)这一概念，目的是利用计算机模拟手工修补的过程，实现修复过程的自动化。从此之后，研究者对其进行了深入研究，并将其逐渐应用于日常生活的很多领域，如机器人视觉、卫星图像和深度图像处理、人脸识别、篡改检测和缺陷检测、增强现实等诸多方面。

图像修复技术是指根据破损图像中的有效信息，对破损区域中的缺损信息进行有效估计，使修复之后的图像在整体上更加协调，并且使不熟悉原始图像的人觉察不到修复痕迹。近年来，图像修复技术被广泛应用于以下几个领域：

(1) 珍贵文献资料和老照片的修复，对历史文献进行有效保护，有利于文化的传承；

(2) 文物保护，特别是壁画的修复，有效降低修复风险，防止二次破坏；

(3) 影视制作，可以节省拍摄成本，提高经济效益；

(4) 虚拟现实，利用修复技术进行场景渲染。

虽然现有的一些图像处理软件，如Photoshop、Paint等都可以对图像进行编辑处理。然而，要利用这些软件进行图像处理，操作者不仅需要具备相关的专业知识，而且需要熟练掌握软件的相关操作。不仅如此，在操作过程中必须特别仔细，否则就会在图像中出现处理的痕迹。因此，对图像修复算法进行深入研究，主要目的是利用计算机自动对破损图像进行修复，而且需要在一定程度上保证修复效率和修复效果，满足主观视觉要求。除此之外，利用不完整数据对完整数据进行重建和恢复，也是其它图像处理技术，如图像压缩、图像检测、图像去噪等需要面临和解决的问题，因此也有助于上述相关技术的研究。

6.2 理论基础

6.2.1 图像修复的视觉心理

图像修复与人类的视觉系统(Human Visual System，HVS)以及心理认知有着非常重要的联系。人们经常根据主观理解对图像进行解读，依据物体的形状、颜色等信息对缺损的部分进行推断和估计。同时，依赖于长期积累的认知心理，往往比较愿意接受连贯的、封闭的图像，而拒绝孤立的、断裂的图像。因此，人眼的主观视觉心理对于图像修复具有非常重要的指导作用。

格式塔心理学(Gestalt psychology)认为人类视觉认知的心理则具有一定的规律：

(1) 接近性：人们总倾向于把那些彼此距离较近而与其它相似物距离较远的物体看成一个整体，如在图 6.1(a)中，人们往往把黑色的圆点看成两组。

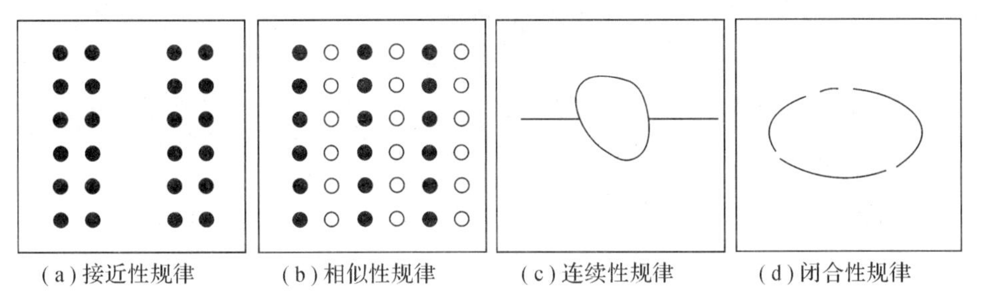

(a) 接近性规律　(b) 相似性规律　(c) 连续性规律　(d) 闭合性规律

图 6.1　Gestalt 定律

(2) 相似性：人们总倾向于把具有显著共同特点(如颜色、形状等)的物体看成一个整体，如在图 6.1(b)中，人们往往分别把黑色的圆点和白色的圆点各看成一组。

(3) 连续性：人们总倾向于把中断的线段看成是连续的直线被物体遮挡了一部分，如在图 6.1(c)中，认为是一条完整的直线被其前面的不规则圆形遮挡了一部分。

(4) 闭合性：人们总倾向于把由一些断裂的线段组成的类似封闭的图形看成是由一条线包围而成的一个封闭图形，即把图 6.1(d)中的图形认为是由一条线画成的一个椭圆。

图像修复的主要目的就是要使图像满足人类的视觉心理要求，尽可能使人眼观察不到其修复痕迹。因此，Bertalmio 和 Sapiro 等人在提出“image inpainting”时，就总结了图像修复应该满足的一些基本原则：

(1) 如何进行修复要依赖于图像的整体，修复的主要目的是要尽量还原图像的完整性，保持其一致性。

(2) 要把破损区域周围的信息延伸至破损区域内，破损边界上的轮廓线也应延伸至破损区域内。

(3) 破损区域中填充的颜色等信息应该与其周围的信息相匹配。

(4) 加入一定程度的纹理进行细化。

6.2.2 数学模型

图像修复的本质是根据破损图像 u_0 恢复原始图像 u。根据贝叶斯最大后验概率

$$P(u|u_0)=\frac{P(u_0|u)P(u)}{P(u_0)} \tag{6.1}$$

即求使 $P(u|u_0)$最大的 u。

如果给定图像 u_0，即 $P(u_0)$为固定常数，则修复问题就转换为 $P(u_0|u)P(u)$的最大化求解问题。其中 $P(u)$为先验模型，即 u 应该满足的性质。$P(u_0|u)$为数据模型，即如何从原始图像 u 中获得破损图像 u_0，亦即二者之间的联系。根据 Gibbs 规则，可以将概率和能量联系起来：

$$P(u)=\frac{1}{Z}\exp\left(-\frac{E[u]}{kT}\right) \tag{6.2}$$

其中，k 和 T 分别称为波尔兹曼常数和绝对温度，Z 为分割函数。

同样，以相同的方式定义能量 $E(u_0|u)$。因此，得到贝叶斯的能量最小化问题：

$$\min_u E[u]+E[u_0|u] \tag{6.3}$$

其中，$E(u)$对应贝叶斯公式中的先验模型，$E(u_0|u)$对应贝叶斯公式中的数据模型。

从图像修复的角度出发，一般按照式(6.4)建立数据模型：

$$u_0|_{I\backslash D}=[u+n]_{I\backslash D} \tag{6.4}$$

其中，I 为整幅图像，D 为破损区域，$I\backslash D$ 为完好区域，则数据模型的能量形式为

$$E[u_0 \mid u]=\int\frac{(u(x)-u_0(x))^2}{\sigma^2(x)}\mathrm{d}x \tag{6.5}$$

其中，σ 表示噪声的标准差。

6.3 研究现状与进展

目前，按照采用的基本原理和方法，研究者将图像修复方法归纳为三类：基于偏微分方程(Partial Differential Equation，PDE)的方法，基于纹理合成(Texture Synthesis，TS)的方法和基于稀疏表示(Sparse Representation，SR)的方法。

6.3.1 基于 PDE 的修复方法

2000 年，Bertalmio 等人利用计算机模拟手工修补过程，提出具有里程碑意义的 BSCB 模型，其基本思想是按照等照度线的方向，把破损区域周围的有效信息进行平滑的延伸，传播至破损区域。同时，为了防止等照度线的交叉，使修复和扩散两个过程交替进行，最终达到修复的目的。

基于变分的修复方法把修复问题进行转换，通过求解泛函极值问题达到图像修复的目的。在噪声约束和最小化代价函数的基础上，Chan 等提出了全变分(Total Variation，TV)模型，采用变分法求解 Euler-Lagrange 方程，通过迭代实现图像修复。由于 TV 模型简单高效，在其基础上，很多研究者提出了相应的改进方法，获得了不错的修复效果。但是由于其只考虑了边界等照度线的强弱，并没有充分利用其几何特征，因此某些情况下不能满足主观视觉的连通性要求。

针对这一不足，Chan 等人在扩散强度中加入曲率，提出一种 CDD(Curvature Driven Diffusion)模型，有效解决了 TV 模型中的视觉不连通问题。在此模型基础上，研究者相继

提出了一些改进方法，并在一定程度上获得了较好的修复效果。但是，由于该模型是三阶偏微分方程，因此算法的复杂度较高。除此之外，典型的模型还有 Mumford-Shah 模型、Euler's Elastica 模型、Mumford-Shah-Euler 模型、非局部整体变分（Non-local TV，NLTV）模型等。

基于 PDE 的修复方法主要考虑几何结构信息，并采用一定的延伸和传播机制，把破损区域邻域的有效信息延伸至破损区域内部，以此实现修复的目的。因此，该类方法对于去除划痕、去除文字覆盖以及填补空洞等小尺度破损的图像修复可以获得较好的效果。但是对于目标移除等大尺度破损的图像修复，经常会造成结构或纹理的模糊。因此，为了对大尺度的破损进行有效修复，逐渐形成了第二类修复方法，即基于 TS 的修复方法。

6.3.2 基于 TS 的修复方法

在基于 TS 的修复方法中，最具代表的是 Efors 等提出的基于非参数采样的纹理合成方法和 Criminisi 等提出的基于样本的修复方法。

基于非参数采样的纹理合成方法也称为 Efros-Leung 方法，该方法以马尔科夫随机场（Markov Random Fields，MRF）为基础，在图像中寻找与当前窗口最接近的图像块，根据这些块的中心像素的直方图估计当前像素的概率分布，最后通过均匀采样或权重采样生成当前像素。该方法可以在一定程度上保持局部纹理的连续性和一致性。但是，该方法主要是在像素点的基础上进行纹理的合成，不能对图像的边缘结构等进行有效修复。而且，该方法对于每一个合成点都要遍历整个图像，比较耗时。Wei 等人对该方法进行了改进，提出 L 邻域规则，加快了合成速度，提高了效率。Drori 等人引入多分辨率思想，并根据自相似原理，利用置信度对修复顺序进行引导，但是该方法在多个尺度上进行全局搜索，因此比较耗时。Kwatra 等人提出了一种迭代优化的合成方法，利用类 EM 算法对最小能量函数进行求解，实现纹理的合成，但是该算法的复杂度过高，效率有待提高。

目前，应用比较广泛的是 Criminisi 等人提出的一种基于样本的修复方法，该方法为破损边界上的每个图像块定义优先权，通过优先权指导修复顺序，使位于边缘结构上的图像块可以得到较高的优先权，因此可以有效保持结构的连续性。另外，在未破损区域搜索与破损块最为相似的样本块，将样本块对应像素直接复制至破损位置，达到修复的目的，因此可以有效保持图像的一致性，使整幅图像更加协调和自然。

但是，基于样本的方法也存在如下一些问题：

(1) 将优先权定义为置信项和数据项相乘，在修复过程中经常出现优先权迅速降低甚至为 0 的情况，导致修复顺序不合理；

(2) 采用 SSD（Sum of Squared Differences，SSD）规则衡量破损块与样本块之间的相似程度，这一规则虽然简单，但容易导致块的错误匹配，影响修复效果；

(3) 采用全局遍历的方式搜索匹配样本块，导致搜索过程比较耗时，降低了修复效率。

另外，很多研究者将 PDE 方法和 TS 方法有机融合，充分利用各自方法的优点，提出了相应的混合修复方法。该类方法首先将图像分解为不同的成分，然后对每个成分利用不同的方法进行修复，最后将各成分进行合成。文献[75]利用小波变换把图像进行分解，得到低频子图和高频子图，并分别采用 FMM（Fast Marching Method）算法和纹理合成算法对

低频子图和高频子图进行修复。文献[76]使用 Vese-Osher 模型把图像分解为结构和纹理两部分，并分别采用 BSCB 模型和非参数采样技术对结构部分和纹理部分进行修复，然后将二者叠加得到完整的修复图像。文献[78]同样利用小波变换把图像分解为纹理部分和结构部分，利用 CDD 模型对结构部分进行修复，利用改进的纹理合成算法对纹理部分进行修复。仿真实验结果说明，以上方法可以在保证图像结构部分完整的同时，在一定程度上保持纹理的清晰。

基于 TS 的修复方法可以对大尺度破损的图像进行有效修复，特别是对于自相似性较好的图像，可以获得令人满意的修复结果。

6.3.3 基于 SR 的修复方法

在稀疏表示(Sparse Representation，SR)理论之前，经常采用正交基表示信号，但是其对信号的表示能力有限，对不同类型的信号缺乏自适应能力。Mallat 等人提出用过完备字典对信号进行表示可以获得更好的效果，并且强调信号的稀疏性越强，则重建获得的信号精度就越高。另外，在过完备 Gabor 字典的基础之上，提出了匹配追踪(Matching Pursuit，MP)算法，该算法对于求解 l_0 范数的非凸优化问题具有里程碑意义。除此之外，Chen 等人利用基追踪算法对稀疏编码过程中 l_1 范数问题进行求解。Mallat 和 Chen 的相关研究工作为信号的稀疏表示奠定了理论基础。

对于稀疏表示理论，目前主要从稀疏编码和过完备字典的构造两方面进行研究。在稀疏编码方面，Mallat 等人提出了 MP 贪婪算法。Pati 等人针对 MP 算法存在的问题，提出正交匹配追踪(Orthogonal Matching Pursuit，OMP)算法，改进了贪婪算法的精度和效率。在 MP 算法和 OMP 算法的基础上，研究者提出诸多相应的改进算法：正则化正交匹配追踪算法、依阶次递推匹配追踪算法、稀疏自适应匹配追踪算法、最优正交匹配追踪算法等。

在过完备字典构造方面，1999 年，Engan 等人提出了最优方向(Method of Optimal-Directions，MOD)字典学习算法，主要通过稀疏编码阶段与字典更新阶段，对过完备字典进行训练。由于该算法使用最小二乘法对超定方程组进行求解，因此比较耗时。2006 年，Aharon 等人提出了一种 K-SVD 字典学习方法，其主要改进之处在于，在字典更新阶段，采用奇异值分解(Singular Value Decomposition，SVD)方法同时对原子和相应的稀疏表示系数进行更新，提高了字典的构造效率。2010 年，Mairal 等人提出在线字典学习方法，该方法分批处理训练样本，样本数量不受限制。在该类方法中，K-SVD 算法由于简单高效而被广泛应用。

近年来，越来越多的研究者把稀疏表示理论应用于图像处理，如图像融合、图像超分辨率重建、图像增强、生物特征识别、图像分类、图像去噪等。在稀疏表示理论中，假设存在一个过完备字典，可以用该字典中极少数几个原子的线性组合对信号进行有效表示。利用过完备字典对图像进行稀疏表示可以对自然图像进行有效表达，并且为图像的处理奠定良好的基础。因此，很多研究者将稀疏表示理论应用于图像修复领域，逐渐形成了基于 SR 的图像修复方法。

基于 SR 的修复方法的基本思想是：首先计算图像在过完备字典上的稀疏编码，然后通过相应的过完备字典和稀疏编码恢复重建图像，以达到对破损区域的修复。

2006 年，Aharon 等人提出了 K-SVD 字典学习算法，该算法根据样本进行学习，得到自适应过完备字典，使得图像在该字典上可以有效地进行稀疏编码。在 K-SVD 字典学习算法的基础之上，Elad 将其应用于图像修复领域，提出基于 K-SVD 的修复方法。假设原始图像为 y，并且每个图像块都可以在过完备字典 D 上被稀疏表示。M 为其破损掩膜，进一步假设在图像中存在高斯噪声，其方差为 σ^2，根据最大后验概率估计，图像修复的目标函数为

$$\arg\min_{z,\{q_k\}}\lambda\|Mz-y\|_2^2+\sum_k u_k\|q_k\|_0+\sum_k\|Dq_k-R_kz\|_2^2 \tag{6.6}$$

式中第一项使重建图像在未破损位置上接近已知像素，第二项使每个图像块能够被稀疏表示，满足稀疏度要求，第三项考虑高斯白噪声的影响，使每个重建图像块 $p_k=R_kz$ 满足相应的重建误差。在该方法中，按照 K-SVD 算法的过程对目标函数进行求解：

Step1：稀疏编码。将过完备字典初始化为 DCT 字典，令 $z=M^{\mathrm{T}}y$，则目标函数变为

$$\begin{gathered}\hat{q}_k=\arg\min_q\|q\|_0\\ \text{s.t. }\|M_k(Dq-p_k)\|_2^2\leqslant cn_k\sigma^2\end{gathered} \tag{6.7}$$

其中，M_k 为图像块 y_k 的掩膜，n_k 为已存在像素的个数，利用 OMP 算法进行求解，可以得到相应的稀疏表示系数 $\hat{q}_k$。

Step2：字典更新。根据稀疏表示系数 $\hat{q}_k$，依次对每个原子及相应的稀疏表示系数进行更新。对于原子 d_j，使用了该原子 d_j 的图像块索引集合 $\Omega_j=\{k|\hat{q}_k(j)\neq0\}$，$\hat{q}_k(j)$ 表示使用了 d_j 的图像块的稀疏表示系数。对于误差：

$$\mathrm{Error}(D)=\sum_{k\in\Omega_j}\|M_k(D\hat{q}_k-p_k)\|_2^2 \tag{6.8}$$

利用 SVD 方法对式(6.8)进行分解，更新 d_j 及相应的稀疏表示系数。

将 Step1 和 Step2 迭代，可以得到适应于本图像的过完备字典及相应的稀疏表示系数。则重建图像为：

$$\hat{y}=\left(\lambda M^{\mathrm{T}}M+\sum_k R_k^{\mathrm{T}}R_k\right)^{-1}\left(\lambda M^{\mathrm{T}}y+\sum_k R_k^{\mathrm{T}}D\hat{q}_k\right) \tag{6.9}$$

Elad 利用该算法修复图像中丢失的像素点，获得了较好的效果。Starck 等人基于稀疏表示理论，提出了形态成分分析(Morphological Component Analysis，MCA)法。该方法假设自然图像能够表示为不同形态成分的线性组合，分别使用不同的字典对各个形态成分进行稀疏表示，通过迭代可以将自然图像分解成不同的成分。在此方法的基础上，Elad 等人在利用稀疏表示理论对图像进行分解的基础上，提出了基于 MCA 的修复方法，该方法利用 MCA 把图像分解成卡通层和纹理层，并在分解的同时实现对卡通层和纹理层的修复，最终将两部分相加获得最终结果，该方法将图像的分解、修复和去噪等过程融为一体，提高了图像的修复效果。

在 MCA 分解算法中，假设自然图像 I 可以分解成纹理层 I_t 和平滑层 I_c 的线性组合，并且对于纹理层 I_t，存在字典 T_t，使 I_t 可以在 T_t 上稀疏表示。同样，存在字典 T_c，使 I_c 可以

在 T_c 上稀疏表示。则图像分解的目标函数为

$$\{\alpha_t^{\text{opt}}, \alpha_c^{\text{opt}}\} = \arg\min_{\{\alpha_t, \alpha_c\}} \|\alpha_t\|_1 + \|\alpha_c\|_1 + \lambda \|I - T_t\alpha_t - T_c\alpha_c\|_2^2 + \gamma TV\{T_c\alpha_c\} \tag{6.10}$$

从图像修复的角度出发，假设破损图像 I 的掩膜为 M，则目标函数为

$$\{\alpha_t^{\text{opt}}, \alpha_c^{\text{opt}}\} = \arg\min_{\{\alpha_t, \alpha_c\}} \|\alpha_t\|_1 + \|\alpha_c\|_1 + \lambda \|M(I - T_t\alpha_t - T_c\alpha_c)\|_2^2 + \gamma TV\{T_c\alpha_c\} \tag{6.11}$$

在求解式(6.11)时，并不直接求解稀疏表示系数 $\{\alpha_t^{\text{opt}}, \alpha_c^{\text{opt}}\}$，而是将其进行转换，求解 $\{I_t^{\text{opt}}, I_c^{\text{opt}}\}$。由于 $I_t = T_t\alpha_t$，$I_c = T_c\alpha_c$，则式(6.11)可转换为

$$\{I_t^{\text{opt}}, I_c^{\text{opt}}\} = \arg\min_{\{I_t, I_c\}} \|T_t^+ I_t\|_1 + \|T_c^+ I_c\|_1 + \lambda \|M(I - I_t - I_c)\|_2^2 + \gamma TV\{I_c\} \tag{6.12}$$

利用 MCA 算法对上式进行求解，可以得到修复之后的纹理层 I_t^{opt} 和平滑层 I_c^{opt}，则修复之后的图像为

$$\hat{I} = I_t^{\text{opt}} + I_c^{\text{opt}} \tag{6.13}$$

由于该方法需要不断对各个图像层进行稀疏表示和重构，因此计算复杂度较高。

从当前的国内外研究现状看，基于 SR 的修复方法的研究尚处于初始阶段，还存在一些亟待解决的问题，比如：

(1) 过完备字典的学习过程比较耗时，计算复杂度较高；

(2) 主要根据破损图像中的未破损信息进行稀疏编码，先验知识非常有限；

(3) 修复效果与图像的特征紧密相关，不同特征的图像修复效果存在较大差异，自适应能力较差；

(4) 由于稀疏表示只是对图像的近似表示，因此对于包含丰富纹理的自然图像，修复效果还有待进一步提高。

在人类视觉注意机制中，对象的边缘是非常显著的特征，很容易引起人的注意。因此，对于大尺度破损的图像修复，应尽可能保持边缘的连续性和完整性，满足视觉上的要求。目前，为了实现这个目标，经常使用的方法是为每个图像块赋予优先权，使位于边缘结构上的图像块优先进行修复，以保证边缘的连续性。

文献[113]通过邻域窗口总变分和内在变分构造权重变分，通过对优先级进行加权，提高对边缘的辨识能力。Shen 等人首先修复梯度图像，然后基于梯度图像，通过求解离散泊松方程修复破损图像，提高了修复效果。Wong 等人把图像去噪方法中的非局部平均思想应用于图像修复，把全局相似样本块进行加权平均，提高了图像的全局相关性，但是样本块的加权平均往往会造成边缘或纹理细节的模糊。文献[116]和文献[117]分别将黄金分割权重和灰度熵引入优先权计算，目的是使置信度下降速度减缓，使修复顺序更加合理，该方法可以在一定程度上保证修复效果，然而依然会出现由于错误匹配导致的视觉不一致问题。Shen 等人通过图像分割算法对图像的结构及纹理进行分析，并将结果作为修复的约束条件保证边缘的连续和纹理的清晰。文献[119]和文献[120]把图像修复抽象为最优化的数学问题，分别利用置信度传播方法和多尺度的 Graph Cuts 算法进行求解，使修复图像达到全局最优，保证了边缘的连续性和视觉一致性，但是由于算法的复杂度较高从而影响了图像修复的效率。Hung 等人使用贝赛尔曲线的计算方法以及改进的纹理合成方法对图像进行修复，但该方法没有有效地解决修复过程中出现的误差累积问题。Anamandra 等人和

Hareesh 等人构造了关于梯度的函数，以使修复顺序更加合理，取得了较好的效果。文献[64]将置信项和数据项进行加权求和，防止优先权迅速降低而导致修复顺序不合理，但是没有很好解决错误匹配以及错误累积问题。

虽然在传统的修复方法中，利用优先权可以使位于边缘结构上的图像块优先进行修复，但是此方法仍然存在一个问题。如果样本块与目标块之间差异较大，则导致用错误的样本块去修复目标块。而且，由于这一过程的不可逆性，随着修复的进行，该错误会不断累积，最终导致在修复结果中引入不可预知的对象。针对这一问题，Wong 等人将非局部均值的思想应用于图像修复，该方法主要的优点是，没有使用单个的匹配样本块去修复目标块，而是利用全局范围内的若干个匹配样本块的均值去修复目标块。该方法可以有效避免由于单个样本块的错误匹配而造成的视觉不一致，可以在很大程度上提高图像的修复效果。

受此方法的启发，笔者对非局部均值方法存在的问题进行了改进，本章提出一种基于 MCA 边缘引导和非局部均值的修复方法。在修复破损图像之前，首先提取出破损的边缘图像，并在边缘图像中修复破损的边缘。然后，针对非局部均值的修复方法中存在纹理模糊的问题，提出基于非局部均值的自适应修复方法，并在已修复边缘的引导下，利用该方法在破损图像中分别对边缘所在的区域和剩余区域进行修复。

6.4 基于 MCA 的边缘提取方法

在本章算法中，为了能够最大程度保持对象边缘轮廓的连续性和完整性，需要首先对破损边缘进行修复。而要进行边缘修复，前提条件是要提取出图像的边缘，并且尽可能地只保留对象的主要边缘轮廓，舍弃图像中过多的纹理细节，因为过多的纹理细节会在很大程度上影响对对象边缘轮廓的判断。

MCA 方法是一种基于稀疏表示的图像分解方法，它利用适应于不同形态特征的字典分别对图像进行稀疏表示，将图像中的不同特征成分进行有效分离。利用该方法可以有效地把自然图像分解成纹理层和平滑层，其中纹理层包含图像中主要的纹理成分，而平滑层则包含图像中主要的平滑成分。通过以上分析发现，形态成分分析正好可以满足本章方法中对边缘提取的要求，舍弃过多纹理细节对边缘的影响。因此，本节提出一种基于形态成分分析的边缘提取方法，用来提取图像中对象的主要边缘。

6.4.1 形态成分分析 MCA

假设图像 I 是由纹理层 I_t 和平滑层 I_c 线性叠加而成，且存在两个不同的字典 T_t 和 T_c，其中，纹理层 I_t 可以在字典 T_t 上被非常稀疏地表示，而平滑层 I_c 在字典 T_t 上则不能被非常稀疏地表示。同样地，平滑层 I_c 可以在字典 T_c 上被非常稀疏地表示，而纹理层 I_t 在字典 T_c 上则不能被非常稀疏地表示，即不同的字典可以非常有效地对具有不同特征的成分进行稀疏表示。因此，构造包含 T_t 和 T_c 的联合字典，使得图像 I 能够在该联合字典上非常稀疏地表示。

通过计算式(6.14)，可以得到图像 I 在联合字典上的稀疏表示系数：

$$\{\alpha_t^{opt}, \alpha_c^{opt}\} = \arg\min_{\{\alpha_t, \alpha_c\}} \|\alpha_t\|_0 + \|\alpha_c\|_0 \quad \text{s.t.} \quad I = T_t\alpha_t + T_c\alpha_c \tag{6.14}$$

其中，α_t为纹理层I_t在字典T_t上的稀疏表示系数，α_c为平滑层I_c在字典T_c上的稀疏表示系数。

由于式(6.14)具有非凸性，因此在基追踪算法中用l_1范数代替l_0范数，将上式变成一个线性规划问题：

$$\{\alpha_t^{opt}, \alpha_c^{opt}\} = \arg\min_{\{\alpha_t, \alpha_c\}} \|\alpha_t\|_1 + \|\alpha_c\|_1 \quad \text{s.t.} \quad I = T_t\alpha_t + T_c\alpha_c \tag{6.15}$$

考虑到噪声的影响，将式(6.15)中的约束条件进行近似，转换成一个无约束优化问题：

$$\{\alpha_t^{opt}, \alpha_c^{opt}\} = \arg\min_{\{\alpha_t, \alpha_c\}} \|\alpha_t\|_1 + \|\alpha_c\|_1 + \lambda\|I - T_t\alpha_t - T_c\alpha_c\|_2^2 \tag{6.16}$$

其中，$\|\cdot\|_2$是l_2范数，用来衡量表示误差。

另外，在基于稀疏表示的图像分解中，经常会增加一个全变分的约束。在本节算法中，主要目的是分离出图像的平滑层而舍弃过多的纹理细节，因此在平滑层上增加全变分的约束。将式(6.16)改为

$$\{\alpha_t^{opt}, \alpha_c^{opt}\} = \arg\min_{\{\alpha_t, \alpha_c\}} \|\alpha_t\|_1 + \|\alpha_c\|_1 + \lambda\|I - T_t\alpha_t - T_c\alpha_c\|_2^2 + \gamma TV\{T_c\alpha_c\} \tag{6.17}$$

考虑到计算的复杂性，在具体计算时，将式(6.17)进行转换，没有直接求解稀疏表示系数$\{\alpha_t^{opt}, \alpha_c^{opt}\}$，而是求解分离的纹理层和平滑层$\{I_t^{opt}, I_c^{opt}\}$。由于$I_t = T_t\alpha_t$，$I_c = T_c\alpha_c$，因此给定$I_t$和$I_c$，则：

$$\alpha_t = T_t^+ I_t + r_t, \quad \alpha_c = T_c^+ I_c + r_c \tag{6.18}$$

其中r_t和r_c均为表示误差，为了便于计算，计算过程中假设$r_t = r_c = 0$。将式(6.18)代入式(6.17)，得到：

$$\{I_t^{opt}, I_c^{opt}\} = \arg\min_{\{I_t, I_c\}} \|T_t^+ I_t\|_1 + \|T_c^+ I_c\|_1 + \lambda\|I - I_t - I_c\|_2^2 + \gamma TV\{I_c\} \tag{6.19}$$

采用块松弛法求解上式，具体过程如下：

Step1：初始化。L_{max}为迭代次数，阈值$\delta = \lambda \cdot L_{max}$，$I_c = I$，$I_t = 0$。

Step2：以下过程迭代N次：

(1) 固定I_t，更新I_c：

① 计算残差$R = I - I_t - I_c$；

② 对$I_c + R$进行曲波变换，$\alpha_c = T_c^+(I_c + R)$；

③ 使用软阈值对系数α_c进行处理，可以得到$\hat{\alpha}_c$；

④ 通过$I_c = T_c\hat{\alpha}_c$重建I_c。

(2) 固定I_c，更新I_t：

① 计算残差$R = I - I_t - I_c$；

② 对$I_t + R$进行DCT变换，$\alpha_t = T_t^+(I_t + R)$；

③ 使用软阈值对系数α_t进行处理，可以得到$\hat{\alpha}_t$；

④ 通过$I_t = T_t\hat{\alpha}_t$重建I_t。

(3) 对 I_c 进行全变分约束：

$$I_c = I_c - \mu \nabla \cdot \left(\frac{\nabla I_c}{|\nabla I_c|} \right)$$

Step3：更新阈值 $\delta = \delta - \lambda / N$。

Step4：如果 $\delta > \lambda$，转 Step2；否则算法结束。

通过求解式(6.6)，可得到 I 的纹理层 I_t 和平滑层 I_c。纹理层 I_t 包含图像中大部分的纹理细节特征，而平滑层 I_c 则包含图像中大部分的平滑特征。从边缘提取的角度看，平滑层 I_c 中舍弃了图像中过多的纹理细节，因此为对象的边缘提取奠定了良好的基础。

6.4.2　自适应阈值

在对图像进行边缘提取的过程中，阈值的选择至关重要，它直接影响到最终的边缘提取效果。但是，经常采用的方法是根据主观经验设置阈值，并且需要根据不同图像的特点对阈值进行不断的测试和修改。文献[125]提出了一种 Otsu 算法，研究者也将其称为最大类间方差法，它是图像分割技术中广泛应用的自适应阈值计算方法。该方法可以根据图像的不同特征自适应地计算阈值，使得分割成的前景部分和背景部分之间的差异最大。因此，在本节方法中，利用 Otsu 算法计算边缘提取的自适应阈值，以提高边缘提取效果。

假设[0，$L-1$]表示图像 I 的灰度范围，N_i 表示灰度值 i 的像素个数，因此 $N = \sum_{i=0}^{L-1} N_i$ 表示总的像素个数，$P_i = \frac{N_i}{N}$ 表示灰度 i 的概率。假设存在一个阈值 t，将图像灰度值划分为两大类 C_1 和 C_2，则 C_1 和 C_2 分别所占的比例为

$$a_1 = \sum_{i=0}^{t} P_i,\ a_2 = 1 - a_1 \tag{6.20}$$

C_1 和 C_2 的灰度均值分别为

$$u_1 = \sum_{i=0}^{t} i \times P_i,\ u_2 = \sum_{i=t+1}^{L-1} i \times P_i \tag{6.21}$$

整个图像的灰度均值为

$$u = u_1 \times a_1 + u_2 \times a_2 \tag{6.22}$$

则 C_1 和 C_2 的类间方差为

$$v = a_1 \times (u_1 - u)^2 + a_2 \times (u_2 - u)^2 = a_1 \times a_2 \times (u_1 - u_2)^2 \tag{6.23}$$

从式(6.23)可以看出，类间方差 v 是阈值 t 的函数。因此，求解式(6.24)即可得到最佳阈值 t：

$$t^{\text{opt}} = \arg \max_{t} a_1 \times a_2 \times (u_1 - u_2)^2 \tag{6.24}$$

6.4.3　边缘提取

本节所述方法的边缘提取过程描述如下：

Step1：读入破损图像，利用 MCA 对其进行稀疏分解，分别得到纹理图像 I_t 和平滑图像 I_c。

Step2：对 I_c进行高斯滤波，得到 S：

$$S(x, y)=G(x, y, \sigma) * I_c(x, y) \tag{6.25}$$

其中，高斯滤波函数为

$$G(x, y, \sigma)=\frac{1}{2\pi\sigma^2}\exp\left(-\frac{x^2+y^2}{2\sigma^2}\right) \tag{6.26}$$

Step3：计算梯度的幅值 M 和方向 θ：

$$D_x=\begin{vmatrix} -1 & 0 & 1 \\ -2 & 0 & 2 \\ -1 & 0 & 1 \end{vmatrix} * S,\ D_y=\begin{vmatrix} -1 & -2 & -1 \\ 0 & 0 & 0 \\ 1 & 2 & 1 \end{vmatrix} * S \tag{6.27}$$

$$M(x, y)=\sqrt{D_x(x, y)^2+D_y(x, y)^2},\ \theta(x, y)=\arctan\left(\frac{D_y(x, y)}{D_x(x, y)}\right) \tag{6.28}$$

Step4：根据上节方法计算 M 的自适应阈值 t。

Step5：根据非极大值抑制方法对图像进行边缘提取。

6.4.4 实验与分析

在本节实验中，分别利用本节提出的方法和经典的 Canny 方法对两组图像进行实验，第 1 组采用标准测试图像 Lena 和 Peppers 进行边缘提取。第 2 组采用 MCALab110 数据库的两幅自然图像 Girl 和 Umbrella 进行边缘提取。算法中相关参数设置如下：式(6.19)中 $\lambda=1$，$\gamma=0.5$，对于纹理层，采用局部离散余弦变换；对于平滑层，采用曲波变换。MCA 运行代数 $N=100$。在图 6.2 和图 6.3 中分别显示最终得到的边缘图像。

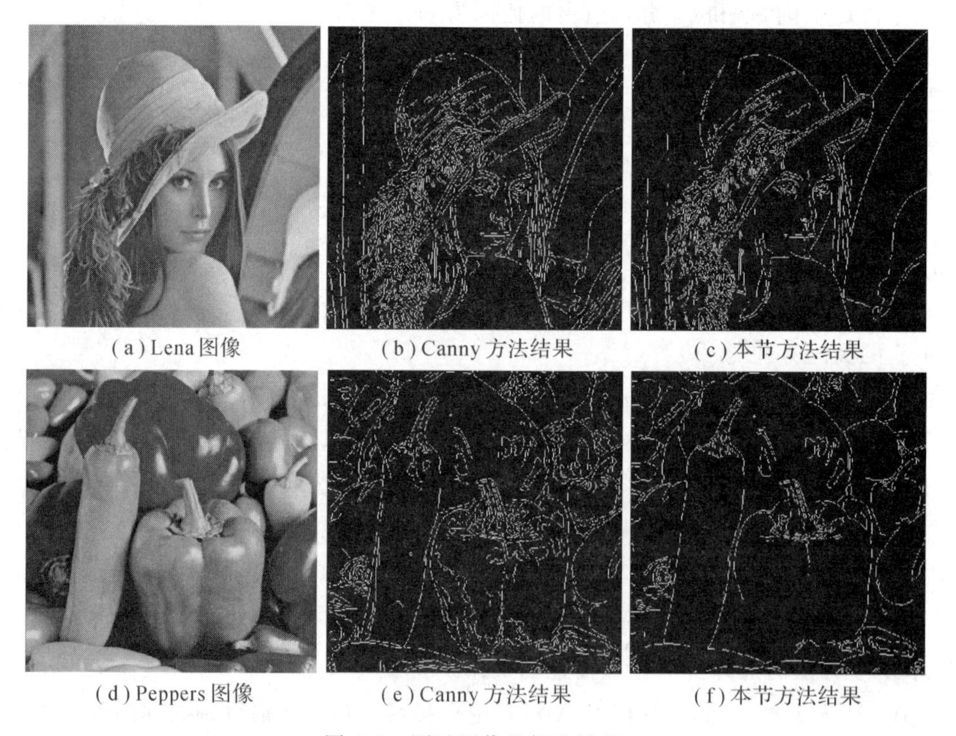

(a) Lena 图像　(b) Canny 方法结果　(c) 本节方法结果

(d) Peppers 图像　(e) Canny 方法结果　(f) 本节方法结果

图 6.2　测试图像的提取结果

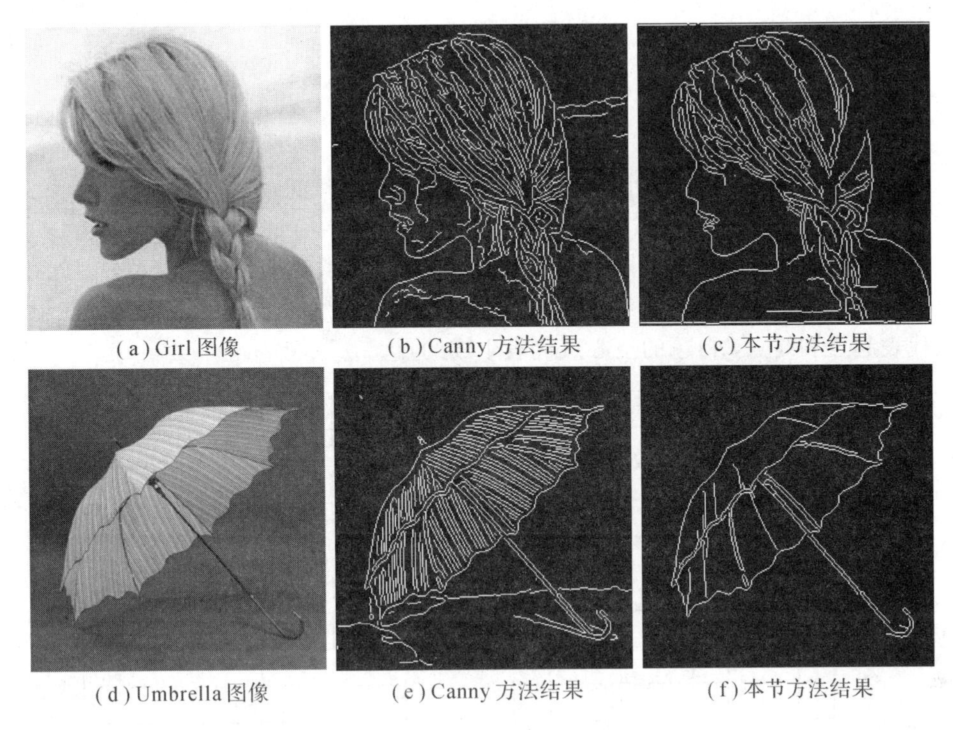

(a) Girl 图像　(b) Canny 方法结果　(c) 本节方法结果

(d) Umbrella 图像　(e) Canny 方法结果　(f) 本节方法结果

图 6.3　自然图像的提取结果

从实验结果可以看出，在 Canny 方法获得的边缘图像中存在较多孤立的、琐碎的、细小的边缘，而在本节方法获得的边缘图像中，数量则相对较少，更有利于后继的边缘修复。原因在于，本节方法使用基于稀疏表示的形态成分分析方法，利用不同的字典对图像的平滑层和纹理层进行分解，分离出的平滑层图像中舍弃了过多琐碎孤立的纹理细节，避免了这些细节对边缘提取造成过多的影响，因此可以为后续的破损边缘的修复奠定良好的基础。

6.5　边缘修复

利用上节的方法提取出图像的边缘，然后采用交互的方式在边缘图像上确定破损边缘的起点和终点，本节方法采用线性插值的方法修复破损边缘。在图 6.4 中，Ω 为需要修复的破损区域，Φ 为未破损的源区域。A 为破损边缘的起点，B 为破损边缘的终点，虚线为 A 和 B 之间生成的直线。在边缘图像中，假设 A 的坐标是(x_1, y_1)，B 的坐标是(x_2, y_2)，则连接 A 和 B 的直线方程为：

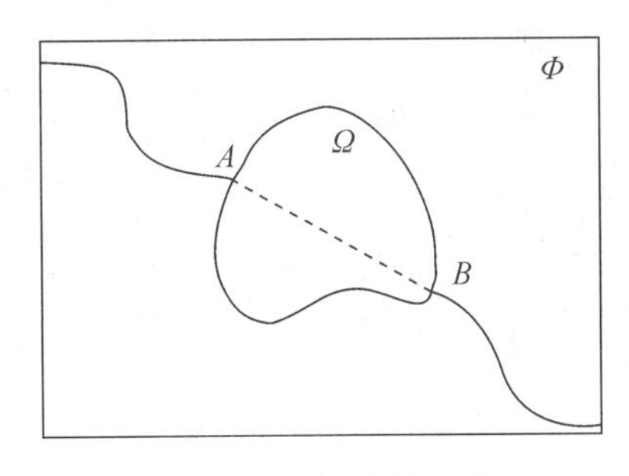

图 6.4　边缘线性插值

$$\begin{cases} x=x_1, & x_1=x_2 \\ y=kx+b, & x_1\neq x_2 \end{cases} \tag{6.29}$$

其中

$$\begin{cases} k=\dfrac{y_2-y_1}{x_2-x_1} \\ b=y_1-kx_1 \end{cases} \tag{6.30}$$

但是，由于数字图像是以离散的像素点进行存储，像素的坐标值为整型，因此在图 6.5 所示情况下，按照上式生成的像素点过于稀少，不利于后续破损边缘的修复，其中黑色的实心点代表起点和终点，白色的空心点代表生成的点。

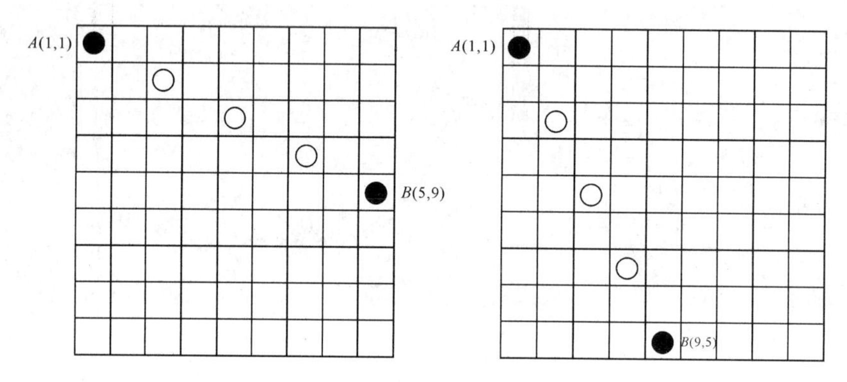

图 6.5　线性插值

为了解决这一问题，将式(6.29)改为下列形式：

$$\begin{cases} y=kx+b, & d_1>d_2 \\ x=\dfrac{(y-b)}{k}, & d_1<d_2 \end{cases} \tag{6.31}$$

其中

$$\begin{cases} d_1=|x_1-x_2| \\ d_2=|y_1-y_2| \end{cases} \tag{6.32}$$

根据式(6.31)，在图 6.5 所示情况下，生成的直线如图 6.6 所示，其中包含一定数量的冗余像素点，直线经过较多的像素点，为后续在修复边缘的引导下对破损图像进行修复奠定了良好的基础。

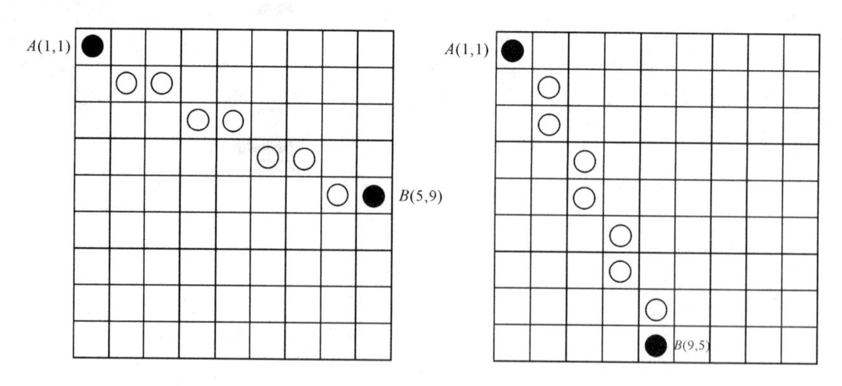

图 6.6　线性插值改进

6.6　基于非局部均值的自适应修复方法

6.6.1　非局部均值

针对传统修复方法中只使用单个样本块对破损块进行修复容易导致错误匹配以及错误累积的问题，Wong等人将非局部均值的思想应用于图像修复。其主要的创新点在于，不是使用单个匹配样本块修复破损图像块，而是使用若干个匹配样本块的均值对目标块进行修复，这样可以有效降低由于某个样本块的错误匹配而造成的误差，在一定程度上保证了图像修复效果。

为了更好地进行说明，我们人工合成了一幅测试图像，如图6.7所示，其中(b)中虚线框表示在修复过程中的图像块大小，绿色区域表示需要被修复的破损区域，其大小为图像块的一半。根据匹配规则，(c)中的图像块即为找到的匹配样本，然后利用该样本块对破损块进行修复，结果如图(d)所示。可以看出，修复结果出现了比较明显的偏差。

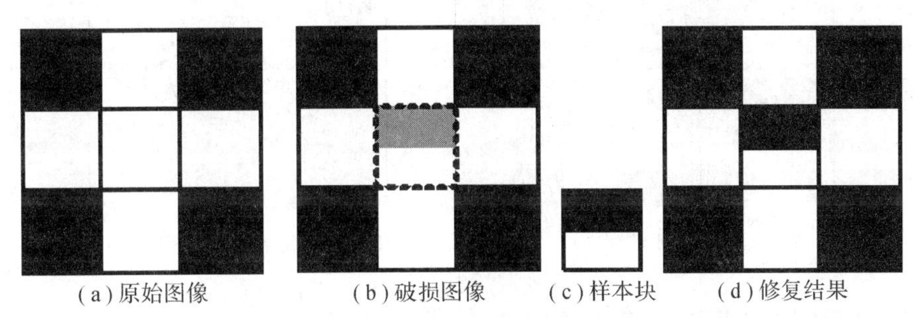

(a)原始图像　(b)破损图像　(c)样本块　(d)修复结果

图6.7　传统方法修复结果

但是，按照Wong等人提出的非局部均值的方法，根据SSD的匹配规则，可以找出6个匹配样本块，如图6.8(a)所示。计算6个样本块的均值，如图6.8(b)所示，最后利用样本块的均值对破损块进行修复，结果如图6.8(c)所示。从中可以看出，该方法可以明显降低修复结果与原始图像之间的偏差，更符合人类视觉的要求。

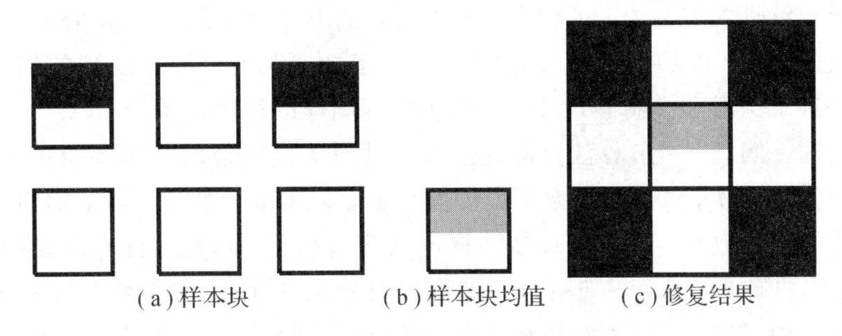

(a)样本块　(b)样本块均值　(c)修复结果

图6.8　非局部均值方法结果

为了便于理解，本节算法中采用Wong等人关于非局部均值的定义。如图6.9所示，假设Ψ_p是破损边界$\partial\Omega$上以p为中心的一个图像块，Ψ_q是位于源区域中以q为中心的样本块，M表示图像块Ψ_p的掩膜，则Ψ_q的权重系数计算为

$$\omega(\Psi_q)=\exp\left(-\frac{\mathrm{d}(\overline{M}\Psi_p,\ \overline{M}\Psi_q)}{\sigma}\right) \tag{6.33}$$

其中，$d(\overline{M}\Psi_p, \overline{M}\Psi_q)$表示$\Psi_p$与$\Psi_q$之间的SSD值，$\sigma$为衰减系数。通过式(6.33)可以看出，根据$\Psi_q$与$\Psi_p$之间的相似程度来决定$\Psi_q$在均值中的权重，$\Psi_p$与$\Psi_q$越相似，则权重值越大，反之则权重值越小。

样本块的均值$\Psi_{p'}$定义为

$$\Psi_{p'} = \frac{\sum_{i=1}^{n}\omega(\Psi_i)\Psi_i}{\sum_{i=1}^{n}\omega(\Psi_i)} \tag{6.34}$$

其中，n为样本块的个数。

然后，通过将$\Psi_{p'}$中的相应像素复制到Ψ_p中的相应位置，实现对图像块的修复。即：

$$M\Psi_p = M\Psi_{p'} \tag{6.35}$$

图6.10显示了该方法的修复过程。

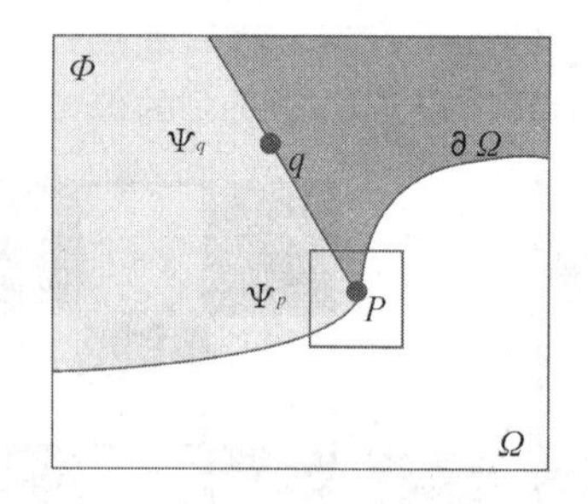

图6.9　符号示意图

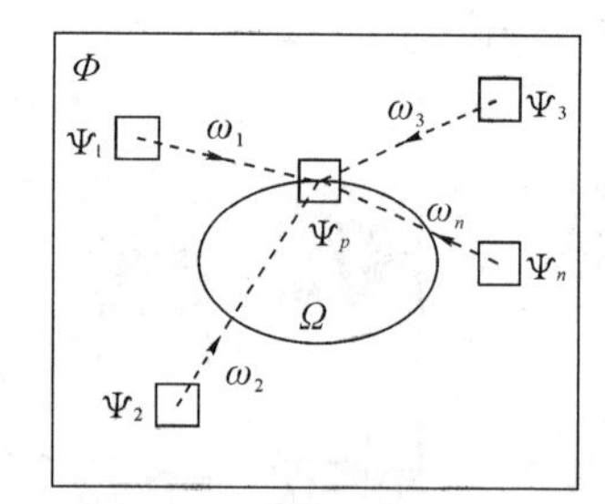

图6.10　非局部均值修复过程

6.6.2　基于像素离散度的图像块分类方法

基于非局部均值的修复方法利用若干个样本块对破损块的缺损像素共同进行估计，可获得较好的修复效果，尤其是当匹配样本块与破损块出现错误匹配的情况下，可以有效降低匹配误差，控制错误的累积。

但是，该方法也存在一定的问题。当图像的破损区域中包含大量不规则纹理时，在修复结果中会导致纹理细节平滑、模糊现象的发生。原因在于，该方法在修复过程中使用了若干个样本块的均值，而均值则往往造成纹理细节的平均化，损坏纹理的局部细节特征，从而造成纹理过于平滑和模糊等，因此会影响整幅图像的视觉效果。

为了解决这一问题，本节算法在修复过程中针对不同特征的图像块使用不同数量的匹配样本块进行修复。对于纹理块，为保护纹理细节，采用较少的样本块，而对于非纹理块，为了获得较好的修复效果，则采用较多的样本块进行修复。因此，首先需要判断图像块的类型。按照图像的局部特征，一般可以把图像块划分为平滑块、边缘块和纹理块三类，但是由于在本章算法中，在已修复边缘的引导下首先对边缘区域进行修复，因此，只需要对平滑块和纹理块进行区分。

在式(6.33)中，根据样本块与目标块之间的相似程度计算各个样本块在均值中的权重，受此启发，本节提出一种基于像素离散度的图像块分类方法，根据图像块中各像素相对于中心像素的离散化程度对图像块的类型进行判断。

假设Ψ_p是破损边界$\partial\Omega$上以p为中心的一个图像块，M表示图像块Ψ_p的掩膜，将图像

中各像素 p' 与中心像素 p 之间的相似系数定义为

$$s(p',\ p)=\frac{1}{Z(p')}\exp\left(-\frac{(p'-p)^2}{\sigma}\right) \tag{6.36}$$

其中，$p'\in\overline{M}$，$Z(p')$ 表示归一化系数，p 和 p' 表示像素值，σ 为衰减系数。通过式(6.36)可以看出，根据 p 与 p' 之间的差异程度来决定像素 p' 的相似系数，如果 p 与 p' 之间差异越小，则 p' 的相似系数越大，否则越小。

通过对平滑块和纹理块局部特征的分析发现，平滑块中各像素与中心像素之间的差异都比较接近，因此相似系数也基本一致，各系数之间相差不大。而在纹理块中，各像素与中心像素之间的差异比较大，因此相似系数的变化范围也较大，各相似系数之间存在较大的差距。由此，将像素的离散度定义为

$$d=\sqrt{\sum_{p'\in\overline{M}} s(p',\ p)^2} \tag{6.37}$$

从式(6.37)可以看出，对于平滑块，各像素的相似系数比较平均，因此平滑块的离散度比较小。对于纹理块，各像素的相似系数相差较大，因此离散度比较大。图 6.11 显示了 4 个图像块以及相应的离散度，(a)和(b)为平滑块，(c)和(d)为纹理块。

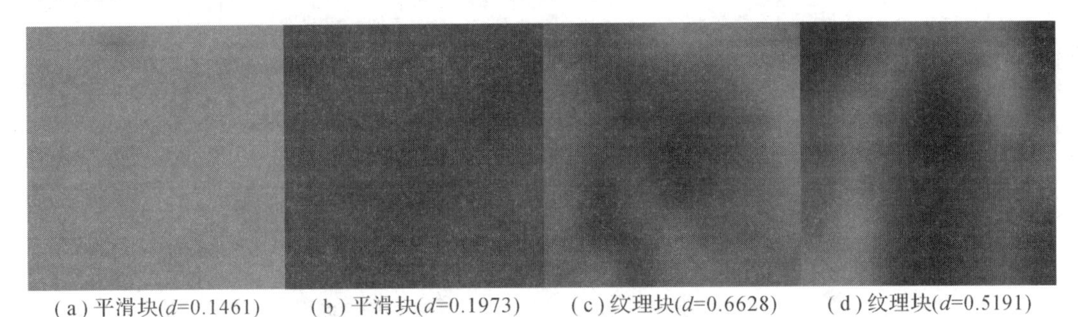

(a) 平滑块(d=0.1461)　(b) 平滑块(d=0.1973)　(c) 纹理块(d=0.6628)　(d) 纹理块(d=0.5191)

图 6.11　图像块及其离散度值

由图 6.11 可以看出，本节定义的离散度可以根据图像块中各像素相对于中心像素的离散化程度，反映图像块的局部特征，因此可以根据图像块的像素离散度，对平滑块和纹理块进行有效区分。设置离散度的阈值，如果离散度大于该阈值，则判定其为纹理块，否则判定其为平滑块。利用该方法对标准测试图像 Lena 进行图像块分类，结果如图 6.12 所示，其中白色代表平滑块，黑色代表纹理块。

图 6.12　Lena 图像及分类结果

6.6.3 非局部均值的自适应修复算法

由于图像的纹理细节是非常重要的视觉显著性特征，它会影响人类视觉对图像整体效果的判断，因此，针对非局部均值的修复方法容易造成边缘或纹理细节模糊的问题，为了更好地保护局部纹理特征，本节提出非局部均值的自适应修复方法。根据图像块的局部特征设置相应阈值，在修复过程中根据阈值设置样本块的数量。对于纹理块，使用较少数量的样本块的均值修复目标块。这样既可以及时减少由于单个样本块的错误匹配而导致的偏差，又可以避免由于样本块的数量过多而导致的对纹理细节的破坏。对于平滑块，则采用数量相对较多的匹配样本块对其进行修复。

本节提出的基于非局部均值的自适应修复算法的流程图如图 6.13 所示，算法详细步骤如下：

Step1：读入破损图像，并用掩膜 M 标识其破损区域；

Step2：确定位于破损边界 $\partial\Omega$ 上点的集合 S；

Step3：计算位于破损边界上所有图像块的优先权 $P(p)$，找到其中优先权最大的图像块 Ψ_p；

Step4：根据式(6.37)计算 Ψ_p 的像素离散度 d，如果 d 大于阈值，判定其为纹理块，使用较少数量的匹配样本块，否则，使用较多数量的匹配样本块；

Step5：分别根据式(6.33)和式(6.34)计算各个样本块的权重 $\omega(\Psi_q)$ 和均值 $\Psi_{p'}$；

Step6：根据式(6.35)对 Ψ_p 进行修复；

Step7：更新掩膜 M；

Step8：判断掩膜 M 是否为空，如果为空，则算法结束，否则转 Step2。

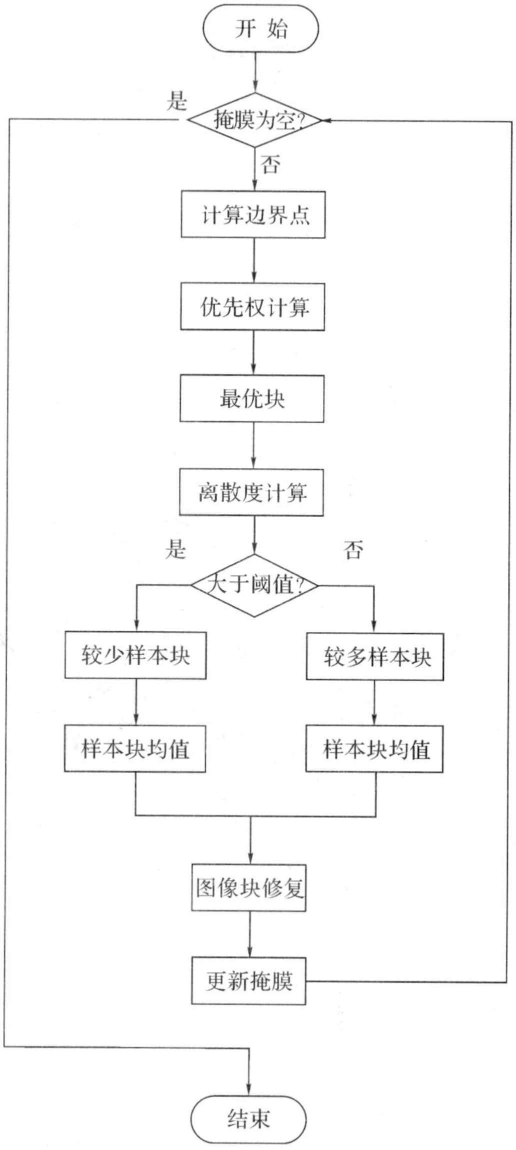

图 6.13 本节算法流程图

6.7 基于 MCA 边缘引导和非局部均值的修复算法

在本章算法中，为了有效保持对象边缘轮廓的连续性和完整性，首先对图像进行边缘提取，在提取出的边缘上对破损边缘进行修复。然后在已修复边缘的引导下，采用基于非局部均值的自适应修复方法在破损图像中对边缘区域和其余区域进行修复。

本章提出的修复方法的详细步骤如下：

Step1：按照 6.4 节方法提取边缘图像；

Step2：按照 6.5 节方法修复破损边缘；

Step3：在已修复边缘的引导下，修复原始破损图像的边缘区域；

Step4：采用 6.6 节中提出的基于非局部均值的自适应方法对剩余区域进行修复。

6.8　实验与分析

在本节中，将本章中相关的方法进行实验对比分析。实验在 Matlab 环境下进行，机器配置为 Intel 2.1GHz CPU。

6.8.1　两种文献方法的实验对比

在本节实验中，将文献[115]方法和文献[55]方法进行仿真实验对比。参数设置为：图像块大小为 7×7，计算块权重系数的衰减系数设置为 5，文献[115]方法中匹配样本块的数量设置为 10。

从标准测试图像 Lena 中选择 4 个位于不同位置的图像块，大小为 51×51，如图 6.14 所示。然后对位于正中间的 7×7 图像块使用破损掩膜进行人为破损处理，破损掩膜如图 6.15所示。最后分别使用两种方法对破损块进行修复，并统计图像块修复前后的 PNSR 值，结果如表 6.1 所示。

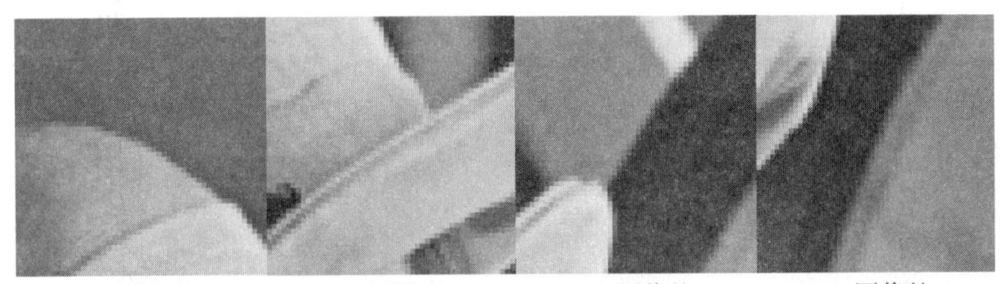

(a) 图像块a　(b) 图像块b　(c) 图像块c　(d) 图像块d

图 6.14　图像块

0	0	0	0	0	0	0
0	0	0	0	0	0	0
0	0	0	0	0	0	0
0	0	0	0	0	0	0
1	1	1	1	1	1	1
1	1	1	1	1	1	1
1	1	1	1	1	1	1

图 6.15　破损掩膜

表 6.1 两种方法的 PNSR 值

图像块	文献[55]中的方法	文献[115]中的方法
图像块 a	26.4156	31.1570
图像块 b	33.8008	35.9805
图像块 c	32.8976	36.0022
图像块 d	33.2258	35.6686

从表中数据可以看出，文献[115]方法的 PNSR 值要高于文献[55]所述方法的 PNSR 值，说明修复结果更接近于原始图像块。原因在于，文献[55]的修复方法使用单个匹配样本块修复目标块，当单个匹配样本块与目标块之间存在较大的差异时，导致修复结果产生较大偏差。而文献[115]的修复方法使用多个匹配样本块修复目标块，可以有效减少由于匹配错误造成的偏差，使修复结果更接近于原始图像，满足视觉要求。

6.8.2 自适应方法实验对比

文献[115]方法对具有不同局部特征的图像块都采用相同数量的匹配样本块，很容易造成纹理图像块的过度平滑和模糊现象。本章提出的基于非局部均值的自适应修复方法，在修复过程中根据图像块不同的局部特征设置不同的样本块数量，以此提高修复效果。

为了说明该方法的有效性，将其与基于非局部均值的方法进行对比分析。相关参数设置为：图像块大小为 7×7，阈值设置为 0.25，衰减系数设置为 5。纹理块的匹配样本块的数量设置为 4，而非纹理块的匹配样本块的数量设置为 10。在文献[115]方法中将匹配样本块的数量设置为 10。

在实验中，从包含丰富纹理的标准测试图像 Barbara 中选择 4 个位于不同位置的图像块，大小为 51×51，如图 6.16 所示。然后对位于正中间的 7×7 图像块使用破损掩膜进行人为破损处理，破损掩膜如图 6.15 所示。最后分别使用两种方法对破损块进行修复，并统计图像块修复前后的 PNSR 值，结果如表 6.2 所示。

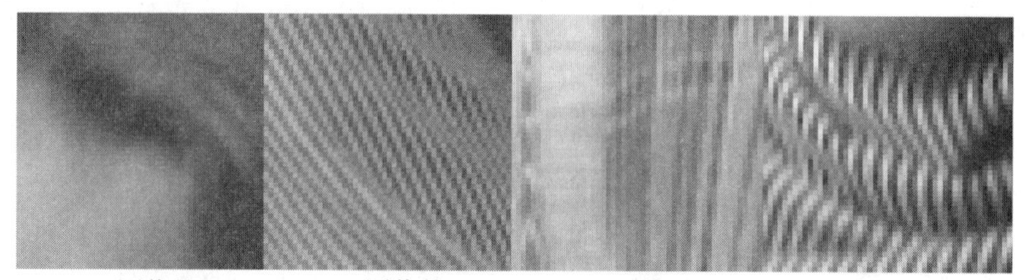

(a) 图像块a　(b) 图像块b　(c) 图像块c　(d) 图像块d

图 6.16 图像块

表 6.2 两种方法的 PNSR 值

图像块	文献[115]所述方法	自适应方法
图像块 a	21.6713	22.1157
图像块 b	35.6435	36.7623
图像块 c	34.3583	34.5633
图像块 d	23.3205	23.9432

从表 6.2 可以看出，本章提出的自适应方法取得的修复结果与原始图像更加接近。原因在于，它可以根据像素的离散度对图像块进行有效辨识，使用不同数量的匹配样本块修复不同类型的图像块。对于纹理块，采用 4 个匹配样本块的均值进行修复，一方面，当单个匹配样本块与破损块之间存在较大的差异时，可以由样本块的均值减少导致的偏差。另一方面，可以避免过多数量的匹配样本块的均值对纹理细节造成的破坏，导致出现纹理过平滑和模糊的现象。而文献[115]所述方法则采用相同数量的样本块对不同类型的块进行修复，尤其对于包含复杂纹理的图像块，过多数量的样本块很容易导致纹理细节模糊。

6.8.3　本章方法与其他方法的实验对比

在本组实验中，从 BSDS500 图像库中选择了三幅自然图像进行目标移除实验。从图像修复的角度看，目标移除意味着需要修复大尺度的区域，这些区域中经常同时包含平滑块、边缘块和纹理块。利用本章笔者的方法分别对每幅图像进行修复，主要过程如图 6.17、图 6.18 和图 6.19 所示。

(a) 原始图像　(b) 破损区域　(c) 边缘图像

(d) 边缘修复　(e) 边缘区域修复　(f) 修复结果

图 6.17　本章方法修复过程

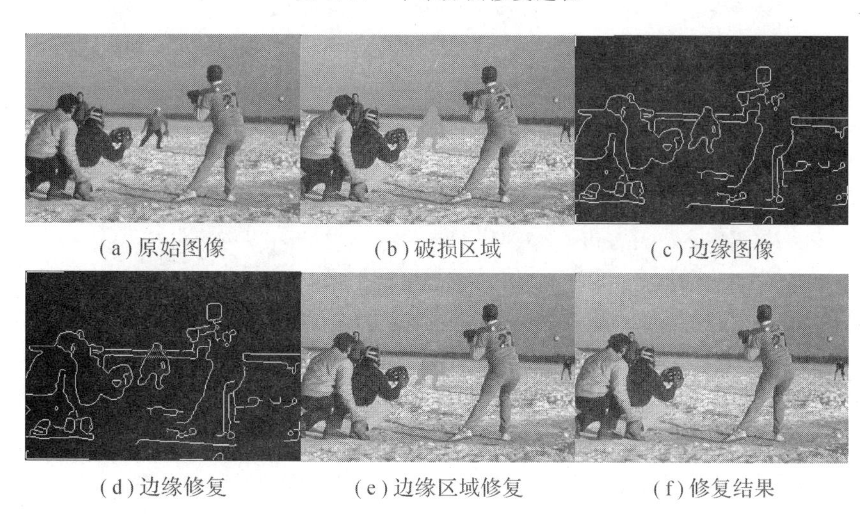

(a) 原始图像　(b) 破损区域　(c) 边缘图像

(d) 边缘修复　(e) 边缘区域修复　(f) 修复结果

图 6.18　本章方法修复过程

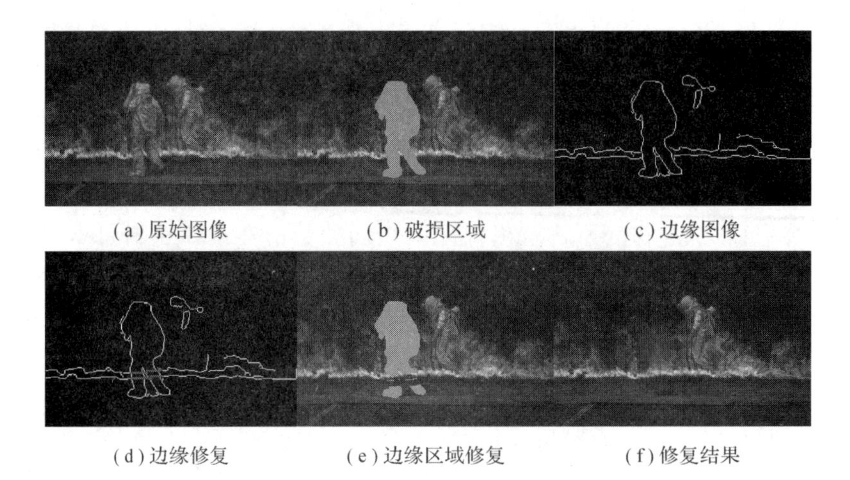

(a)原始图像　(b)破损区域　(c)边缘图像

(d)边缘修复　(e)边缘区域修复　(f)修复结果

图 6.19　本章方法修复过程

从以上各图中的边缘图像可以看出，本章提出的边缘提取方法可以有效地提取出对象的主要边缘轮廓，舍弃过多的纹理细节，这对后续的边缘修复奠定了良好的基础。从各图中的边缘区域修复结果可以看出，在已修复边缘的引导下，本章方法可以非常自然地实现对破损边缘的修复，不仅能够保证破损边缘的连续性和完整性，而且使修复后的边缘更加协调，与未破损区域有机融合，满足主观视觉要求。从修复结果可以看出，本章提出的方法可以有效地辨识平滑块和纹理块，从而采用不同数量的样本块进行修复，一方面可以降低由于单个样本块的错误匹配导致的误差，防止错误不断累积，另一方面可以防止过多样本块均值对纹理细节的破坏，造成纹理的平滑和模糊。

为了更好地进行对比分析，将本章方法的修复结果与文献[106]所述方法、文献[55]所述方法、文献[115]所述方法的修复结果进行对比。相关参数设置为：图像块大小为 7×7，文献[106]的方法运行代数是 500。修复结果分别如图 6.20、图 6.21 和图 6.22 所示。

(a)文献[106]的结果　(b)文献[55]的结果

(c)文献[115]的结果　(d)本章方法的结果

图 6.20　修复结果对比

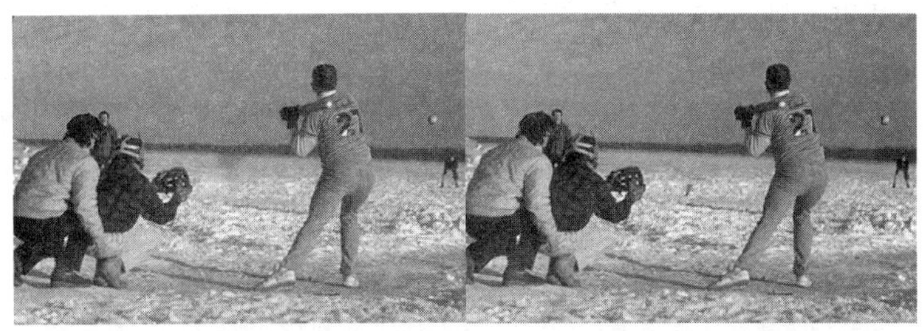

(a) 文献[106]的结果　　(b) 文献[55]的结果

(c) 文献[115]的结果　　(d) 本章方法的结果

图 6.21　修复结果对比

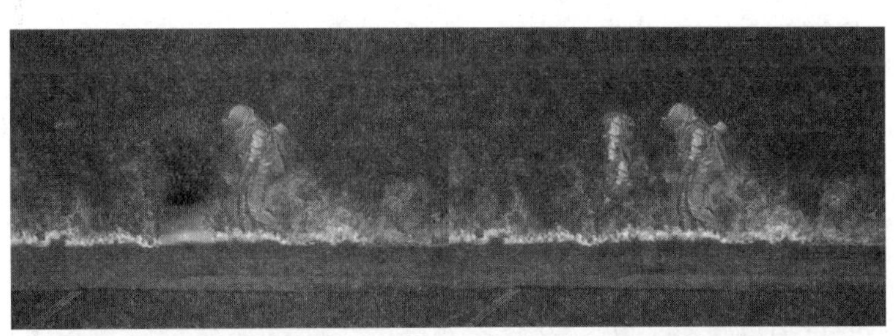

(a) 文献[106]的结果　　(b) 文献[55]的结果

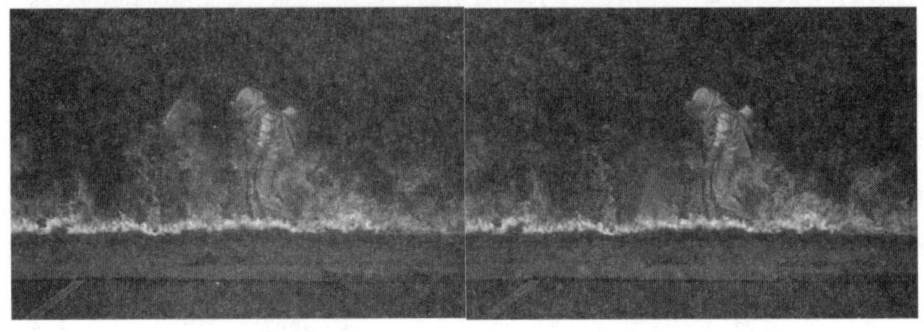

(c) 文献[115]的结果　　(d) 本章方法的结果

图 6.22　修复结果对比

从文献[106]方法的修复结果可以看出，虽然该方法可以利用两个不同字典对图像进行稀疏表示，同时实现对图像纹理层和平滑层的分离与修复，但是对于大尺度的破损图像，修复效果不尽如人意，尤其是对包含丰富纹理的破损区域，会出现明显的过平滑现象。

在文献[55]所述方法的修复结果中，出现了一些孤立的、杂乱的对象。如在图 6.20(b)中，白色的路面一直延伸到草丛中，在图 6.21(b)中，在雪地上出现了一段投掷者裤子的颜色，而在图 6.22(b)中，在破损区域中出现了一部分另一个消防员的身影。原因在于，该方

法使用单个样本块修复目标块，一旦发生错误匹配，随着修复的进行，错误将会不断累积，最终导致在修复结果中出现不可预知的对象。

文献[115]所述方法的修复结果要好于前两种方法，但仍然存在一些问题，如在图6.20(c)中，绿色的草丛和路面之间的区域出现了过平滑和模糊现象。将图6.22(b)和图6.22(c)进行比较可以看出，由于文献[115]所述方法利用多个样本块的均值对目标块进行修复，可以减少由于单个块的错误匹配导致的偏差，因此图6.22(b)中出现的一部分消防员的身影在图6.22(c)中变得比较模糊。

相比之下，本章方法的结果更令人满意。原因在于，该方法首先修复破损边缘，在已修复边缘的引导下修复边缘区域，保证了图像中对象边缘的连续性和完整性，没有出现图6.20(b)和图6.20(c)中明显的边缘不连续的情况。其次利用自适应的非局部均值方法，对平滑块和纹理块设置不同的样本块数量，一方面可以减少由于单个样本块的匹配错误导致的误差，有效防止如图6.20(b)和6.22(b)所示情况的出现。另一方面又可以避免过多的样本块对纹理造成的破损，有效防止如图6.20(c)和图6.22(c)所示情况的出现。因此，获得令人满意的修复结果。

本章小结

为了尽可能保持对象边缘的连续性和完整性，本章提出了一种基于边缘引导和非局部均值的修复方法。首先，提出了一种基于MCA的边缘提取方法，使用不同特征的字典对图像纹理层和平滑层进行稀疏分解，舍弃自然图像中过多的复杂纹理细节，使最后提取出的对象边缘更加清晰，更加有利于后续的边缘修复。其次，受图像块权重系数的启发，提出了一种基于像素离散度的图像块分类方法，根据像素离散度对图像块进行分类。最后，在图像块分类的基础上，针对非局部均值方法可能导致纹理细节平滑和模糊的问题，提出一种基于非局部均值的自适应修复方法。仿真实验表明本章方法可以获得令人满意的修复效果，满足主观视觉的一致性要求。本章的部分相关工作已发表于《Journal of Computational Information Systems》(EI源刊)。

本章只初步研究了稀疏表示理论在图像修复中的应用，下一步主要从稀疏编码、字典构造等方面进行深入研究。结合近期出现的结构稀疏、多尺度稀疏等概念，提高稀疏编码精度、改进字典的构造方法，设计更有效的过完备字典，提高对包含复杂纹理的大尺度破损图像的修复效果。

参考文献及扩展阅读资料

[1] Hong-an Li, Lei Zhang, Baosheng Kang. A New Control Curve Method for Image Deformation[J]. TELKOMNIKA Telecommunication Computing Electronics and Control, 2014, 12(1): 135-142.

[2] Lei Zhang, Baosheng Kang, Hong-an Li. Edge Detection using Morphological ComponentAnalysis [J]. Journal of Computational Information Systems, 2014, 10(15): 6535-6542.

[3] 张雷，康宝生，李洪安. 基于Contourlet变换和改进NeighShink的图像去噪[J]. 计算机应用研究，2014，31(4)：1267-1269.

[4] 张雷. 基于样本和稀疏表示的图像修复方法研究[D]. 西安：西北大学，2016.

[5] Pandya N., Limbasiya B.. A survey on image inpainting techniques [J]. International Journal of Current Engineering and Technology, 2013, 3(5): 1828 - 1831.

[6] Guillemot C., Le Meur O.. Image inpainting: overview and recent advances [J]. IEEE Signal Processing Magazine, 2014, 31(1):127 - 144.

[7] Liu J., Gong X., Liu J.. Guided inpainting and filtering for Kinect depth maps[C]. 2012 21st International Conference on Pattern Recognition (ICPR), IEEE, 2012: 2055 - 2058.

[8] Sangeetha K., Sengottuvelan P., Balamurugan E.. Performance analysis of exemplar based image inpainting algorithms for natural scene image completion [C]. 2013 7th International Conference on Intelligent Systems and Control, IEEE, 2013: 276 - 279.

[9] Ishi M. S., Singh L., Agrawal M.. A review on image inpainting to restore image [J]. IOSR Journal of Computer Engineering, 2013, 13(6): 8 - 13.

[10] 蔡文亮. 数字图像修复算法研究及其应用[D]. 南京：南京航空航天大学，2014.

[11] Wang M., Yan B., Ngan K. N.. An efficient framework for image/video inpainting [J]. Signal Processing: Image Communication, 2013, 28(7): 753 - 762.

[12] Bertalmio M., Sapiro G., Caselles V., et al. Image inpainting[C]. Proceedings of the 27th annual conference on Computer graphics and interactive techniques. ACM Press/Addison-Wesley Publishing Co., 2000: 417 - 424.

[13] Yang J., Wang Y., Wang H., et al. Automatic objects removal for scene completion [C]. 2014 IEEE Conference on Computer Communications Workshops, IEEE, 2014: 553 - 558.

[14] Gaikwad V. U., Kulkarni P V.. Exemplar-based Video Inpainting for Occluded Objects [J]. International Journal of Computer Applications, 2013, 81(13): 28 - 30.

[15] Chen Y.. A lattice-Boltzmann method for image inpainting [C]. 2010 3rd International Congress on Image and Signal Processing. 2010, 3: 1222 - 1225.

[16] Gomathi R., Kumar A.. Inpainting for satellite imagery using thin plate spline radial basis function neural networks in shearlet domain [J]. Journal of Intelligent & Fuzzy Systems, 2014, 27(5): 2391 - 2398.

[17] Yang N. E., Kim Y. G., Park R. H.. Depth hole filling using the depth distribution of neighboring regions of depth holes in the Kinect sensor[C]. 2012 IEEE International Conference on Signal Processing, Communication and Computing, IEEE, 2012: 658 - 661.

[18] Yin L., Song X., Jiang H.. An inpainting method for face images[C]. 2011 IEEE 13th International Conference on Communication Technology, IEEE, 2011: 393 - 396.

[19] Chang I. C., Yu J. C., Chang C. C.. A forgery detection algorithm for exemplar-based inpainting images using multi-region relation [J]. Image and Vision Computing, 2013, 31(1): 57 - 71.

[20] Bhardwaj N., Agarwal S.. Review of image defect detection and inpainting techniques and scope for improvements [J]. International Journal of Emerging Sciences, 2015, 5(1): 49 - 67.

[21] 顾晨. 增强现实中的图像修复算法[D]. 西安：西安电子科技大学，2014.

[22] Chhabra J. K., Birchha V.. An efficient algorithm for the exemplar based image inpainting [J]. International Journal of Engineering Sciences & Research Technology, 2015, 4(3): 25 - 29.

[23] Rodriguez-Sánchez R., García J. A., Fdez-Valdivia J.. Image inpainting with nonsubsampled contourlet transform [J]. Pattern Recognition Letters, 2013, 34(13): 1508 - 1518.

[24] Sun J., Yuan L., Jia J., et al. Image completion with structure propagation [J]. ACM Transactions on Graphics, 2005, 24(3): 861 - 868.

[25] Lu X., Wang W., Zhuoma D.. A fast image inpainting algorithm based on TV model[C].

Proceedings of the International MultiConference of Engineers and Computer Scientists, 2010: 1457-1460.

[26] 胡文瑾，李战明，刘仲民. 快速非局部均值形态成分分析唐卡图像修复算法[J]. 计算机辅助设计与图形学学报，2014，26(7):1067-1074.

[27] Cornelis B., Ružič T., Gezels E., et al. Crack detection and inpainting for virtual restoration of paintings: The case of the Ghent Altarpiece [J]. Signal Processing, 2013, 93(3): 605-619.

[28] Xiong Z. W., Sun X. Y., Wu F.. Block-based image compression with parameter-assistant inpainting [J]. IEEE Trans on Image Processing, 2010, 19(6): 1651-1657.

[29] Liang Z., Yang G., Ding X., et al. An efficient forgery detection algorithm for object removal by exemplar-based image inpainting [J]. Journal of Visual Communication and Image Representation, 2015, 30: 75-85.

[30] Jidesh P., Bini A. A.. A curvature-driven image inpainting approach for high-density impulse noise removal [J]. Arabian Journal for Science & Engineering, 2014, 39(5): 1-23.

[31] 赵合胜. 基于样本纹理合成的数字图像修复技术研究[D]. 长沙：湖南大学，2012.

[32] 张红英. 数字图像修复技术的研究与应用[D]. 成都：电子科技大学，2006.

[33] https://en.wikipedia.org/wiki/Gestalt_psychology[DB/OL].

[34] Mumford D., Shah J.. Optimal approximations by piecewise smooth functions and associated variational problems [J]. Communications on Pure and Applied Mathematics, 1989, 2: 577-685.

[35] 张勋. 基于稀疏表示与字典训练的图像着色与图像修复算法研究[D]. 北京：北京交通大学，2014.

[36] 胡海平，刘晓振. 一种基于非局部 BSCB 模型的图像修复方法[J]. 应用数学与计算数学学报，2015，29(3): 374-382.

[37] Bugeau A., Bertalmío M., Caselles V., et al. A comprehensive framework for image inpainting [J]. IEEE Transactions on Image Processing, 2010, 19(10): 2634-2645.

[38] Patel H. M., Desai H. L.. A review on design, implementation and performance analysis of the image inpainting technique based on TV model [J]. International Journal of Engineering Development and Research (IJEDR), 2014, 2(1): 191-195.

[39] Chan T. F., Shen J.. Mathematical models for local nontexture inpaintings [J]. SIAM Journal on Applied Mathematics, 2002, 62(3): 1019-1043.

[40] Lu X., Wang W., Zhuoma D.. A fast image inpainting algorithm based on TV model [C]. Proceedings of the International MultiConference of Engineers and Computer Scientists, 2010: 1457-1460.

[41] Li F., Shen C., Liu R., et al. A fast implementation algorithm of TV inpainting model based on operator splitting method [J]. Computers & Electrical Engineering, 2011, 37(5): 782-788.

[42] Zhai D. H., Duan W. X., Jiang Y.. Image inpainting algorithm based on double cross TV [J]. Journal of University of Electronic Science & Technology of China, 2014, 43(3): 432-436.

[43] Chan T. F., Shen J., Zhou H. M.. Total variation wavelet inpainting [J]. Journal of Mathematical imaging and Vision, 2006, 25(1): 107-125.

[44] Chan T. F., Shen J.. Nontexture inpainting by curvature-driven diffusions [J]. Journal of Visual Communication and Image Representation, 2001, 12(4): 436-449.

[45] Liu J., Li M., He F.. A novel inpainting model for partial differential equation based on curvature function [J]. Journal of Multimedia, 2012, 7(3): 239-246.

[46] Jiang J., Wang L. Y., Wang Z. X., et al. The research of Tibet mural digital images inpainting using CDD model [J]. Electronic Design Engineering, 2013:805-807.

[47] Tai X. C., Osher S., Holm R.. Image inpainting using a TV-Stokes equation [M]. Image Processing based on partial differential equations. Springer Berlin Heidelberg, 2007: 3 - 22.

[48] Telea A.. An image inpainting technique based on the fast marching method [J]. Journal of graphics tools, 2004, 9(1): 23 - 34.

[49] Tsai A., Yezzi A., Willsky A. S.. Curve evolution implementation of the Mumford-Shah functional for image segmentation, denoising, interpolation, and magnification [J]. IEEE Transactions on Image Processing, 2001, 10(8): 1169 - 1186.

[50] Chan T. F., Kang S. H., Shen J. H.. Euler's Elastica and curvature based inpainting [J]. Siam Journal on Applied Mathematics, 2003, 63(2): 564 - 592.

[51] Esedoglu S., Shen J.. Digital inpainting based on the Mumford-Shah-Euler image model [J]. European Journal of Applied Mathematics, 2002, 13(4): 353 - 370.

[52] Zhang X., Chan T. F.. Wavelet inpainting by nonlocal total variation [J]. Inverse problems and Imaging, 2010, 4(1): 191 - 210.

[53] Bertalmio M.. Strong-continuation, contrast-invariant inpainting with a third-order optimal PDE [J]. IEEE Transactions on Image Processing, 2006, 15(7): 1934 - 1938.

[54] Efros A. A, Leung T. K. Texture synthesis by non-parametric sampling [C]. IEEE International Conference on Computer Vision. 1999:1033 - 1038.

[55] Criminisi A., Pérez P., Toyama K.. Region filling and object removal by exemplar-based image inpainting [J]. IEEE Transactions on Image Processing, 2004, 13(9): 1200 - 1212.

[56] Li S. Z.. Markov random field modeling in image analysis [M]. Springer Science & Business Media, 2009.

[57] 张晴. 基于样本的数字图像修复技术研究[D]. 上海：华东理工大学，2012.

[58] Wei L. Y., Levoy M.. Fast texture synthesis using tree-structured vector quantization [C]. Proceedings of the 27th annual conference on Computer graphics and interactive techniques. ACM Press/Addison-Wesley Publishing Co., 2000: 479 - 488.

[59] Drori I., Cohen-Or D., Yeshurun H.. Fragment-based image completion [J]. ACM Transactions on Graphics, 2003, 22(3): 303 - 312.

[60] Kwatra V., Essa I., Bobick A., et al. Texture optimization for example-based synthesis [J]. Acm Transactions on Graphics, 2005, 24(24): 795 - 802.

[61] He K., Sun J.. Image completion approaches using the statistics of similar patches [J]. IEEE Transactions on Pattern Analysis and Machine Intelligence, 2014, 36(12): 2423 - 2435.

[62] Guillemot C., Turkan M., Le Meur O., et al. Image inpainting using LLE-LDNR and linear subspace mappings [C]. 2013 IEEE International Conference on Acoustics, Speech and Signal Processing, IEEE, 2013: 1558 - 1562.

[63] Anupam, Goyal P., Diwakar S.. Fast and enhanced algorithm for exemplar based image inpainting [C]. 2010 Fourth Pacific-Rim Symposium on Image and Video Technology. IEEE, 2010: 325 - 330.

[64] Cheng W. H., Hsieh C. W., Lin S. K., et al. Robust algorithm for exemplar-based image inpainting [C]. Proceedings of International Conference on Computer Graphics, Imaging and Visualization. 2005: 64 - 69.

[65] Choi J. H., Hahm C. H.. An exemplar-based image inpainting method with search region prior [C]. 2013 IEEE 2nd Global Conference on Consumer Electronics (GCCE). IEEE, 2013: 68 - 71.

[66] Vantigodi S., Babu R. V.. Entropy constrained exemplar-based image inpainting [C]. 2014 International Conference on Signal Processing and Communications (SPCOM), IEEE, 2014: 1 - 5.

[67] Liu Y. F., Wang F. L., Xi X. Y.. Enhanced algorithm for exemplar-based image inpainting [C]. 2013 9th International Conference on Computational Intelligence and Security (CIS). IEEE, 2013: 209 - 213.

[68] Patel J., Sarode T. K.. Exemplar based image inpainting with reduced search region [J]. International Journal of Computer Applications, 2014, 92(12): 27 - 33.

[69] Chen Q., Zhang Y., Liu Y.. Image inpainting with improved exemplar-based approach [M]. Multimedia Content Analysis and Mining. Springer Berlin Heidelberg, 2007: 242 - 251.

[70] Zhou H., Zheng J.. Adaptive patch size determination for patch-based image completion[C]. 2010 17th IEEE International Conference on Image Processing. IEEE, 2010: 421 - 424.

[71] Hesabi S., Jamzad M., Mahdavi-Amiri N.. Structure and texture image inpainting[C]. 2010 International Conference on Signal and Image Processing, IEEE, 2010: 119 - 124.

[72] Sangeetha K., Sengottuvelan P., Balamurugan E.. Combined structure and texture image inpainting algorithm for natural scene image completion [J]. Journal of Information Engineering and Applications, 2011, 1(1): 7 - 12.

[73] Wang M.. A Novel Image Inpainting Method based on Image Decomposition [J]. Procedia Engineering, 2011, 15(1):3733 - 3738.

[74] Li S., Zhao M.. Image inpainting with salient structure completion and texture propagation [J]. Pattern Recognition Letters, 2011, 32(9): 1256 - 1266.

[75] 张东，唐向宏，张少鹏，等. 小波变换与纹理合成相结合的图像修复[J]. 中国图像图形学报，2015, 20(7): 882 - 894.

[76] Bertalmio M., Vese L., Sapiro G., et al. Simultaneous structure and texture image inpainting [J]. IEEE Transactions on Image Processing, 2003, 12(8): 882 - 889.

[77] Vese L. A., Osher S. J.. Modeling textures with total variation minimization and oscillating patterns in image processing [J]. Journal of scientific computing, 2003, 19(1 - 3): 553 - 572.

[78] Zhang H., Dai S.. Image inpainting based on wavelet decomposition [J]. Procedia Engineering, 2012, 29: 3674 - 3678.

[79] 黄江林. 基于稀疏表示的图像修复算法研究[D]. 合肥：安徽大学，2013.

[80] Mallat S. G., Zhang Z.. Matching pursuits with time-frequency dictionaries [J]. IEEE Transactions on Signal Processing, 1993, 41(12):3397 - 3415.

[81] Chen S. S., Donoho D. L., Saunders M. A.. Atomic decomposition by basis pursuit [J]. SIAM review, 2001, 43(1): 129 - 159.

[82] Pati Y. C., Rezaiifar R., Krishnaprasad P. S.. Orthogonal matching pursuit: recursive function approximation with applications to wavelet decomposition [C]. Proceedings of the 27th Annual Asilomar Conference on Signals, Systems. IEEE, 1993, (1): 40 - 44.

[83] Needell D., Vershynin R.. Signal recovery from incomplete and inaccurate measurements via regularized orthogonal matching pursuit [J]. IEEE Journal of Selected Topics in Signal Processing, 2010, 4(2): 310 - 316.

[84] Gharavi-Alkhansari M., Huang T. S.. A fast orthogonal matching pursuit algorithm [C]. Proceedings of the 1998 IEEE International Conference on Acoustics, Speech and Signal Processing. IEEE, 1998, 3: 1389 - 1392.

[85] Do T. T., Gan L., Nguyen N., et al. Sparsity adaptive matching pursuit algorithm for practical compressed sensing [C]. 42nd Asilomar Conference on Signals, Systems and Computers, 2008: 581 - 587.

[86] Rebollo-Neira L., Lowe D.. Optimized orthogonal matching pursuit approach [J]. IEEE signal processing Letters, 2002, 9(4): 137 - 140.

[87] 80Engan K., Aase S. O., Hakon-Husoy J.. Method of optimal directions for frame design[C]. 1999 IEEE International Conference on Acoustics, Speech, and Signal Processing, IEEE, 1999, 5: 2443 - 2446.

[88] Aharon M., Elad M., Bruckstein A.. K-SVD: An algorithm for designing over-complete dictionaries for sparse representation [J]. IEEE Transactions on Signal Processing, 2006, 54(11): 4311 - 4322.

[89] Mairal J., Bach F., Ponce J., et al. Online learning for matrix factorization and sparse coding [J]. The Journal of Machine Learning Research, 2010, 11(3): 19 - 60.

[90] Yu X., Gao G., Xu J., et al. Remote sensing image fusion based on sparse representation [J]. Acta Optica Sinica, 2013, 33(4):2858 - 2861.

[91] Dong W., Zhang L., Shi G., et al. Image deblurring and super-resolution by adaptive sparse domain selection and adaptive regularization [J]. IEEE Trans. Image Process, 2011, 20(7): 1838 - 1857.

[92] Liu W., Li S.. Multi-morphology image super-resolution via sparse representation [J]. Neurocomputing, 2013, 120(10): 645 - 654.

[93] Zhang L. L., Liu X. L., Zhang S. L.. An algorithm for image enhancement via sparse representation [J]. Applied Mechanics & Materials, 2014, 556 - 562.

[94] Huang Z., Liu Y., Li C., et al. A robust face and ear based multimodal biometric system using sparse representation [J]. Pattern Recognition, 2013, 46(8): 2156 - 2168.

[95] Zhang C., Wang S., Huang Q., et al. Image classification using spatial pyramid robust sparse coding [J]. Pattern Recognition Letters, 2013, 34(9): 1046 - 1052.

[96] Dong W., Li X., Zhang L., et al. Sparsity-based image denoising via dictionary learning and structural clustering [C]. IEEE Conference on Computer Vision & Pattern Recognition. IEEE Computer Society, 2011:457 - 464.

[97] Elad M., Aharon M.. Image denoising via sparse and redundant representations over learned dictionaries [J]. Image Processing, IEEE Transactions on, 2006, 15(12): 3736 - 3745.

[98] Elad M., Figueiredo M., Ma Y. On the role of sparse and redundant representations in image processing [J]. IEEE Proceedings: Special Issue on Applications of Sparse Representation & Compressive Sensing, 2010, 98(6): 972 - 982.

[99] Elad M. Sparse and redundant representation modeling-What next? [J]. Signal Processing Letters, IEEE, 2012, 19(12): 922 - 928.

[100] Elad M. Five lectures on sparse and redundant representations modelling of images, Book Chapters in Mathematics in Image Processing [M]. AMS and IAS/Park City Mathematics Institute, 2013.

[101] Mairal J., Sapiro G., Elad M., et al. Learning multiscale sparse representations for image and video restoration (PREPRINT) [J]. Siam Journal on Multiscale Modeling & Simulation, 2008, 7 (1): 214 - 241.

[102] Mairal J. Sparse coding for machine learning, image processing and computer vision [D]. PhD. Paris: Ecole normale supérieure, 2010.

[103] Mairal J., Elad M., Sapiro G.. Sparse representation for color image restoration [J]. IEEE Transactions on Image Processing, 2008, 17(1): 53 - 69.

[104] Elad M. Sparse and redundant representations rrom theory to applications in signal and image processing [M]. Springer, New York, 2010.

[105] Starck J. L., Moudden Y., Bobin J., et al. Morphological component analysis[C]. Optics & Photonics 2005. International Society for Optics and Photonics, 2005: 59140Q-59140Q-15.

[106] Elad M., Starck J. L., Querre P., et al. Simultaneous cartoon and texture image inpainting using morphological component analysis (MCA) [J]. Applied and Computational Harmonic Analysis, 2005, 19(3): 340-358.

[107] Zhang J., Zhao D., Gao W.. Group-based sparse representation for image restoration [J]. IEEE Transactions on Image Processing, 2014, 23(8): 3336-3351.

[108] Beghdadi A., Larabi M. C., Bouzerdoum A., et al. A survey of perceptual image processing methods [J]. Signal Processing: Image Communication, 2013, 28(28):811-831.

[109] Le Meur O., Gautier J., Guillemot C.. Examplar-based inpainting based on local geometry [C]. 2011 18th IEEE International Conference on Image Processing, IEEE, 2011: 3401-3404.

[110] Huang H. Y., Hsiao C. N.. A patch-based image inpainting based on structure consistence [C]. 2010 International Computer Symposium. IEEE, 2010: 165-170.

[111] Hesabi S., Mahdavi-Amiri N.. A modified patch propagation-based image inpainting using patch sparsity [C]. 2012 16th CSI International Symposium on Artificial Intelligence and Signal Processing (AISP), IEEE, 2012: 043-048.

[112] Wang Y. X., Zhang Y. J.. Image inpainting via weighted sparse non-negative matrix factorization [C]. 2011 18th IEEE International Conference on Image Processing, IEEE, 2011: 3409-3412.

[113] 王猛，翟东海，聂洪玉，等. 邻域窗口权重变分的图像修复[J]. 中国图像图形学报，2015，20(8)：1000-1007.

[114] Shen J., Jin X., Zhou C., et al. Gradient based image completion by solving poisson equation [J]. Computers & Graphics, 2005, 31(1): 119-126.

[115] Wong A., Orchard J.. A nonlocal-means approach to exemplar-based inpainting[C]. 15th IEEE International Conference on Image Processing, IEEE, 2008: 2600-2603.

[116] Nan A., Xi X.. An improved Criminisi algorithm based on a new priority function and updating confidence [C]. 2014 7th International Conference on Biomedical Engineering and Informatics, IEEE, 2014: 885-889.

[117] Xi X., Wang F., Liu Y.. Improved Criminisi algorithm based on a new priority function with the gray entropy [C]. 2013 9th International Conference on Computational Intelligence and Security. IEEE, 2013: 214-218.

[118] Shen M., Li B.. Structure and texture image inpainting based on region segmentation [C]. IEEE International Conference on Acoustics. IEEE, 2007: 701-704.

[119] Nikos K., Georgios T.. Image completion using efficient belief propagation via priority scheduling and dynamic pruning [J]. IEEE Transactions on Image Processing, 2007, 16(11): 2649-2661.

[120] Liu Y., Caselles V.. Exemplar-based image inpainting using multiscale graph cuts [J]. IEEE Transactions on Image Processing, 2013, 22(5): 1699-1711.

[121] Hung J. C., Hwang C. H., Liao Y. C., et al. Exemplar-based image inpainting base on structure construction [J]. Journal of Software, 2008, 3(8): 57-64.

[122] Anamandra S. H., Chandrasekaran V.. Exemplar-based color image inpainting using a simple and effective gradient function [C]. International Conference on Image Processing, Computer Vision, and Pattern Recognition. 2010: 140-145.

[123] Hareesh A. S., Chandrasekaran V.. Exemplar-based color image inpainting: a fractional gradient function approach [J]. Pattern Analysis and Applications, 2014, 17(2): 389-399.

[124] Fadili M. J., Starck J. L., Bobin J., et al. Image decomposition and separation using sparse representations: an overview [J]. Proceedings of the IEEE, 2010, 98(6): 983 - 994.

[125] Otsu N.. A threshold selection method from gray-level histograms [J]. Automatica, 1975, 11(285 - 296): 23 - 27.

[126] Canny J.. A computational approach to edge detection [J]. IEEE Transactions on Pattern Analysis and Machine Intelligence, 1986 (6): 679 - 698.

[127] https://fadili.users.greyc.fr/demos/WaveRestore/downloads/mcalab/Home.html [DB/OL].

[128] Banday M., Sharma A.. A comparative study of existing exemplar based region filling algorithms [J]. International Journal of Current Engineering and Technology, 2014, 4(5): 3532 - 3539.

[129] http://www.eecs.berkeley.edu/Research/Projects/CS/vision/grouping/resources.html [DB/OL].

[130] 李洪安. 数字图像修复软件 V1.0[CP]. 计算机软件著作权，中华人民共和国国家版权局，2016 年 8 月 23 日，登记号：2016SR229915.

第7章 稀疏化数字水印算法

数字水印是数字信息隐藏技术中的一项重要研究内容，数字水印技术可以将一段水印信息嵌入到数字信号中，并使人眼无法察觉载体信息的改变，以达到信息隐藏的目的。本章介绍利用两种数字信号稀疏分解方法形态学成分分析(Morphological Component Analysis, MCA)和鲁棒主成分分析(Robust Principal Comoponent Analysis, RPCA)对数字信号载体进行稀疏分层操作，实现两种稀疏化数字水印算法。这两种算法均能获得较高的视觉质量，而且同时对裁切和噪声等攻击也都具有很强的抵抗能力。

7.1 引 言

数字水印(Digital Watermarking)是一种非常行之有效的实现信息安全、版权保护以及防伪溯源的办法。同时该技术也是信息隐藏领域中极其重要的一个研究分支和方向。该技术是指在不影响宿主产品主观视觉质量的情况下，将具有某种特定意义的标识信息(即数字水印，其存在形式可以是多种多样的)直接嵌入到数字信号中(包括图像、音频、文本和视频等)或间接地表示(修改特定区域的结构)，且不影响原信号的使用，也不会轻易被检测和再次修改，但可被出厂方和版权所有方辨识的一种技术。隐藏在信号产品中的水印信息，可以起到评判产品创造者和所有者、传递秘密信息或者评判原始载体产品是否被篡改，从而达到有效鉴定侵权等一系列违法行为的目的。

数字水印技术是结合了密码学、算法设计、信号处理、计算机科学和通信理论等众多学科的优势之处才得以实现的。针对数字水印技术，目前亟待研究解决的问题主要包括这几个方面：

(1) 具体应用中原始载体产品容量大小的统计和原始水印信息生成形式的选择；

(2) 已嵌入水印信息的快速检测算法、提取算法以及检测和提取算法的差错率估计技术；

(3) 利用人眼视觉系统(Human Visual System, HVS)和人耳听觉系统(Human Aural System, HAS)特性在内的水印模型的建立；

(4) 算法强稳健性和高透明性的评价依据和针对各种攻击抵抗能力的检测机制；

(5) 多重水印鉴别技术的实现；

(6) 水印算法安全性论证；

(7) 水印与印刷技术的结合；

(8) 针对水印信息技术优劣性判断方法的标准化和统一性。

水印技术阔步向前，已由最初仅被设计为图像处理系统的小插件，转为大型商业化软件，同时呈现出面向多技术集成互联网发展的趋势。基于以上这些原因，数字水印技术未来的发展方向可以叙述如下：

(1) 结合智能体的技术，开发出基于网络设备或者其它移动代理设备的水印追踪系统；

(2) 针对电子商务，提供同时具有完整性保护能力的服务器端和具有数据认证特性的客户端；

(3) 结合先进的网络技术和其它学科，建立相应的数字水印认证中心；

(4) 开发基于各类数字产品的销售系统，该系统可以同时提供完善并且安全强度高的版权保护机制；

(5) 面向范围更广阔的数字产品或者多媒体产品技术，如针对数字地图以及三维动画等新兴产业，开发出具有自我安全保护能力的数字产品；

(6) 使用各种生物认证技术(例如指纹识别技术或视网膜识别技术)，研发出具有强综合能力的数据安全认证系统，从而实现专人标识的水印技术等。

7.2 研究现状与进展

目前针对数字水印的研究，根据其组织结构大体上可主要分为三大类：基础理论研究领域、应用基础研究领域以及应用技术研究领域。

(1) 基础理论研究领域：主要研究基于信息隐藏、压缩感知以及图像水印技术的理论框架和具体模型；

(2) 应用基础研究领域：主要针对音频、图形图像、文本以及视频等载体，研究基于这些方面的相应水印嵌入和检测算法；

(3) 应用技术研究领域：该领域主要是以实用性为目的，结合多门其它学科，研究多种多媒体形式的数字水印在实际生活中的应用。

目前，针对图像数字水印的实现方式主要包括两种：空域法和变换域法。空域法的基本思想是直接改变原始载体图像的像素数据信息。最常用的实现方法是：在原始载体图像的亮度光带区域或彩色光带区域或这两个区域之间加上一个用于嵌入水印信息的调制解调信号，这种方法属于较早的实现方式。目前水印技术大都基于最低有效位(Least Significant Bit，LSB)方法。该类方法实现的共同点是：将水印信息存放在原始载体图像像素信息最不显著的区域位置上，从而确保水印信息具有较高的透明性。但该技术对各类攻击的鲁棒性较差，常见的压缩攻击和一般的量化攻击就可以导致水印信息被大规模地删除。Bende 和 Lee 提出的空间域水印方法各有优势，然而在提取水印信息时都需要原始图像，且这些算法都存在对各类常见攻击鲁棒性不强的缺点，因此这些算法并未被推广使用。

另一种水印算法的实现方式则主要是基于变换域而得以实现。这类技术一般基于常用的局部或全局的图像变换，如：离散余弦变换(Discrete Cosine Transform，DCT)、离散小波变换(Discrete Wavelet Transform，DWT)、快速傅里叶变换(Fast Fourier Transformation，FFT)、哈达马变换、分形变换、奇异值分解等，改变某些变换系数从而用于嵌入水印信息。变换域水印技术的基本思想是：将原始图像变换到频率域，修改其频率域系数；然后对该部分进行反转变换得到含水印图像。近年来，该领域的许多研究学者们针对变换域的数字水印技术进行了广泛而深入的研究，并提出许多新的水印算法。随着针对水印算法研究领域的逐渐深入，对增强水印算法鲁棒性和透明性的要求也越来越严格。目前图像水印技术

与其他学科的结合力度日渐密切，从而衍生出许多具体的应用实例。如 Kundur 等人结合多尺度融合技术的优良特性，提出了静止的图像水印算法，该算法很好地实现了水印信息的嵌入操作。Barni 等人充分利用人眼视觉的分布特征，基于 Lewis 等人提出的视觉掩膜模型，完成了数字水印的自适应嵌入算法。

纵观国内外研究现状，变换域水印技术是当下的主流。该类算法计算简单易实现，同时充分利用人类的感知特性，对常见攻击具有很强的鲁棒性和高度的不可见性，且与国际压缩标准(JPEG，MPEG)相兼容。

7.3 理论基础

7.3.1 离散余弦变换

由于本章的两个算法使用到了离散余弦变换(Discrete Cosine Transform，DCT)，因此本章首先介绍 DCT 变换的相关理论知识。

1974 年，Ahmed 和 Rao 提出了 DCT 的概念，从此 DCT 变换及其改进的相关技术就被广泛地应用于图像、信号处理等各个领域之中。尤其是被作为处理图像和语音压缩编解码的主要技术和重要工具，该技术也一度被推崇为国际学术界和高科技产业界的研究热点。现如今，很多基于图像和视频的编码标准都明确要求达到 8×8 的 DCT/IDCT(Inverse Discrete Cosine Transformation，IDCT)变换，而对于音频信号的编解码，主要应用的是 MDCT 技术和 IMDCT 技术。正是基于该技术的普遍使用，以及针对特定应用条件下的快速算法提高了整个系统的性能表现，使得对 DCT 快速算法的研究需求也显得尤其迫切。

离散余弦变换存在很多种变换形式，分别是一型变换、二型变换、三型变换和四型变换。它们的一维变换运算公式分别如下所示：

$$\text{DCT-I}: X(k)=\sum_{n=0}^{N-1}\left(c\sqrt{\frac{2}{N}}\right)x(n)\cos\frac{nk\pi}{N},\ (n=0,1,\cdots,N-1) \tag{7.1}$$

$$\text{DCT-II}: X(k)=\sum_{n=0}^{N-1}\left(c\sqrt{\frac{2}{N}}\right)x(n)\cos\frac{k(2n+1)\pi}{2N},\ (n=0,1,\cdots,N-1) \tag{7.2}$$

$$\text{DCT-III}: X(k)=\sum_{n=0}^{N-1}\left(c\sqrt{\frac{2}{N}}\right)x(n)\cos\frac{n(2k+1)\pi}{2N},\ (k=0,1,\cdots,N-1) \tag{7.3}$$

$$\text{DCT-IV}: X(k)=\sum_{n=0}^{N-1}\left(c\sqrt{\frac{2}{N}}\right)x(n)\cos\frac{(2k+1)(2n+1)\pi}{2N},\ (k=0,1,\cdots,N-1) \tag{7.4}$$

式中，$c=\begin{cases}\frac{1}{\sqrt{2}}, & n=0\\ 1, & n\neq 0\end{cases}$。

二型 DCT(简称为 DCT)和三型 DCT(简称为 IDCT)则经常被分别应用于编解码器中。在很多相关标准和实际应用技术中，都会要求必须实现二维 8×8 的 DCT/IDCT 变换处理。二维 DCT 和 IDCT 变换的定义公式如下：

2D-DCT-Ⅱ：

$$X(k, l)=\sum_{n=0}^{N-1}\sum_{m=0}^{M-1}\left(c_n\sqrt{\frac{2}{N}}\right)\left(c_m\sqrt{\frac{2}{M}}\right)x(n, m)\cos\frac{k(2n+1)\pi}{2N}\cos\frac{l(2m+1)\pi}{2M}$$

$$(k=0, 1, \cdots N-1; l=0, 1, \cdots, M-1) \tag{7.5}$$

2D - DCT - Ⅲ：

$$X(m, n)=\sum_{k=0}^{N-1}\sum_{l=0}^{M-1}\left(c_n\sqrt{\frac{2}{N}}\right)\left(c_m\sqrt{\frac{2}{M}}\right)x(k, l)\cos\frac{n(2k+1)\pi}{2N}\cos\frac{m(2l+1)\pi}{2M}$$

$$(m=0, 1, \cdots, N-1; n=0, 1, \cdots, M-1) \tag{7.6}$$

其中，$c_n=\begin{cases}\dfrac{1}{\sqrt{2}}, & n=0\\ 1, & n\neq 0\end{cases}$，$c_m=\begin{cases}\dfrac{1}{\sqrt{2}}, & m=0\\ 1, & m\neq 0\end{cases}$。

当 $m=n=8$ 时，式(7.5)和式(7.6)即转化为 8×8 的二维 DCT/IDCT 的定义式。由定义式可以看出，两个一维的 DCT/IDCT 变换可以实现一个二维的 DCT/IDCT 变换。

基于 DCT 最主要的图像处理基本思想是把图像 $F(M, N)$看作一个二维矩阵，然后直接对该矩阵进行一系列的相应操作，同时选择相应位置嵌入水印信息，从而完成水印的嵌入操作。

DCT 变换是一种酉变换，变换前后的信息熵及其能量总和保持不变，这使得该变换技术具有如下几个方面的特点：

(1) 实现方式简单快捷。因为基于变换域来处理视频图像，相对于空间域来说要简单得多。

(2) 信息集中且计算量小。采用 DCT 变换，可十分有效地降低视频图像的相关性，使得信号的能量主要汇集于某些特定的变换系数之上。

(3) 具有较高的压缩比。因为 DCT 变换采用量化的方式和熵编码技术得以实现，这使得该技术能有效地实现信号数据的压缩处理。

(4) 对各类干扰信号都具有很强的抵抗能力。

(5) 误码率低。通常情况下，对于较高质量的图像，差值编码(Differential Pulse Code Modulation，DPCM)要求信道误码率尽量低，而变换编码则仅仅要求信道误码率低于某一指定值即可。

(6) DCT 变换(通常指的是基于整数的 DCT 变换)的快速变换算法，对实现实时视频压缩处理具有很好的实用效果。

(7) K - L 变换在能力压缩方面是最优的，而 DCT 在该方面近似于 K - L。

(8) 经过 DCT 变换得到的频域图像具有尺度不变的特性，对于一幅 $M\times N$ 的二维图像 $F(x, y)$来说，其变换后的二维 DCT 系数构成一个与原始图像等大小的矩阵向量。

(9) DCT 变换可以减小观察向量的维度，这样可以十分有效地减少隐马尔科夫模型(Hidden Markov Models，HMM)训练时的数据数量，从而提高人脸模型的训练速度，这些都有利于人脸特征的提取。

目前，离散余弦变换的发展已趋近成熟，该技术也已被应用于人类生活的方方面面。其中最主要的应用如下：

1) *MP3 方面*

改进的 DCT 变换并不适于直接处理音频信号，而较适于去处理 32 波段的多相正交滤

波器(Polyphase quadrature filter，PQF)阵列的输出端信号。这种改进的离散余弦变换，其输出信息是一个由混叠削减公式稍作后置处理，用以减少多相正交滤波器阵列的特殊混叠。这种改进的滤波器阵列组合和 DCT 变换，被称为混合滤波器阵列或改进子带的 DCT 变换。相反地，AAC 则通常使用较单一的改进的 DCT 变换，而 Sony 公司比较偏重于结合 MPEG、4AAC 以及 SSR 这三种技术。自适应听觉变换编码(Adaptive TRansfeorm Acoustic Coding，ATRAC)则利用改进的 DCT 堆叠型正交镜像滤波器(Quadrature Mirror Filter，QMF)得以实现。

2) 数字水印方面

基于 DCT 变换具有高压缩比、低误码率、集中的信息且较小的计算量等优点，DCT 变换是广泛应用于变换域水印算法中的一项技术。该类技术的实现步骤是：首先，将原始载体图像变换到频率域，同时修正该图像相应的频率域系数；然后根据一定的算法选择相应的中低频系数嵌入水印；最后，对变化后的图像作 DCT 反变换得到含水印的载体图像。之所以会选择中、低频系数用于水印信息的嵌入操作，是因为这一频段主要集中了人类的视觉感知特性。当含水印信息的载体图像在遭受任何形式的破坏或者攻击时，会不可避免地导致载体图像像素质量严重下降，从而发现攻击行为，这有利于对水印信息进行保护。近十几年以来，许许多多的学者对变换域水印进行了十分深入和详尽的研究，提出很多新的水印算法。

3) 图像编码方面

图像编码一般情况下都要先进行图像数据的压缩处理，这是图像通信和显示的重要基础。图像像素数据最显著的特点就是信息容量大。据不完全统计，在不对原始图像进行压缩编码处理时，一张 600M 的存储光盘仅仅能够储存大约 20 s 的 630×490 像素的图像数据信息，这导致在对于数据图像的处理和存储过程中所需的成本异常之高。与此同时，在当代的通信技术中，图像传输已成为一项非常重要的课题，而且同一时刻所能传输的通信信息量的大小直接影响着传输速度。因此，当务之急是对图像或者信号采取必要的编码压缩技术，降低图像或者信号的传输量，提高其通信的速率。目前，成熟的编码压缩技术林林总总，主要包括变换编码技术、预测编码技术、统计编码技术以及轮廓编码技术等。而应用最为广泛的方法之一则是基于 DCT 的混合编码技术。

4) 人脸检测和识别技术方面

人脸检测和识别技术实质是指通过某些特定硬件设备来提取被检测人的脸部特征，并根据脸部的特征信息数据来进行身份合法性验证和检验的一种技术。从广义方面来说，人脸识别和检测的对象不但包括人脸面部的整个轮廓信息，同时也包含各个面部器官独一无二的特征信息。Yang 将人脸识别和检测定义为：给定任意一幅图片或是一组图片序列，从而判断出该图片或者图片序列中是否包含某个特定的人脸信息；若包含，则可以判断出该特征的详细位置和几何空间分布信息。该技术由三个步骤组成：人脸轮廓信息的定位、人脸特征信息的提取和人脸特征信息的对比识，DCT 变换则主要被应用于特征信息提取这一步操作。之所以选择 DCT 变换技术正是基于其变换基是余弦函数的缘故，这使得基于 DCT 变换的技术具有计算速度相对较快的特性。同时在数据压缩方面 DCT 变换近似于 K－L变换，并且选择和数据相关性较低的余弦函数作为变换过程的固定基。DCT 变换还存在快速算法，这使得基于该技术的特征提取方法本身具有更便捷的操作，更易于实现和更高效率的特点。这些优良的特性都使得 DCT 成为特征提取的主要方法。

5）图像加密方面

图像数据具有超大信息容量、超高冗余度等特性，这些特性使得基于图像数据的加解密技术通常需要同时满足以下几个方面的需求：

(1) 安全性。安全性是针对数字产品或多媒体产品加密技术中最基本的要求。

(2) 图像格式不变性。一般情况下，要求在使用加密技术对图像数据进行加密的过程中，图像格式在操作前后应当保持不变。

(3) 实时性。由于图像数据要求针对自身的所有技术应具有实时传输和存取的特性，因此在加解密过程中应尽量减少或降低对传输以及存取速率的影响。

作为一个十分有效的时频分析技术，DCT 变换也被广泛应用于图像数据的加密方面。结合 DCT 变换的加密技术，不仅能够有效加密图像数据，同时与离散分数傅里叶变换相比，使用 DCT 处理过的加密图像，其传输速度得到了大幅提高。另外，基于 DCT 变换的加密算法具有很高的可扩展特性，因此其与 Logistic 混沌序列的空域置乱算法相结合，可用于实现原始图像的双重加密。

本章主要针对基于图像的数字水印技术开展了深入的研究。目前，基于 DCT 最主要的图像处理基本思想是把图像 $F(M, N)$ 看作一个二维矩阵，然后直接对该矩阵进行一系列的相应操作，同时选择相应位置嵌入水印信息，从而完成水印的嵌入操作。

7.3.2　形态学成分分析

形态学成分分析(Morphological Component Analysis，MCA)是一种用于对信号或者图像进行基于稀疏表示的分解方法。也可以看成是匹配追踪(Marching Pursuit，MP)算法和 BP 算法相互结合的产物。MCA 技术实现的基本思想是，在图像处理或者信号处理的过程中，对于待分离原始图像或者信号中的任意一种形态，假定都存在能够稀疏表示该层相应信息的特定字典。该字典能够唯一稀疏表示对应层的形态，且其他字典无法达到稀疏表示该层信息的目的。同时使用 BP 算法达到获取每层最稀疏表达形式的目的，从而产生符合特定研究需求并且具有相对理想分离效果的表示形式。MCA 的这种特性能够排除“劣点”样本造成的不良影响，使得分离后的各层独立性更强，收敛性更高且计算精度更好，更有利于对图像或信号进行后期处理。

假定一个图像 F 共有 N 个不同的信号，这些信号信息可以用一个长度为 N 的一维矢量来表示。因为图像 F 包含 N 个背景透明、内容互异的层，即 $\{F_i\}(i=1, 2, \cdots, N)$，$F=F_1+F_2+\cdots+F_n$，所以可以使用一组过完备的数据字典 $\{T_1, \cdots, T_M\}$ 来分别描述每一层信息，然后将这 N 层叠加起来构成原始载体图像 F。因为在 MCA 理论下被处理的图像各层形态互异，所以可用对应的字典 T_i 的原子稀疏表示任意层 F_i，而其他字典 $T_j\,(j\neq i)$ 则不能对其进行表示，从而达到图像或者信号分离的目的。本章通过 MCA 处理算法将 Lena 原始图像分解为两个互相独立的部分：平滑部分和纹理部分，即 $a=2$(a 代表所分的层数)。设 X_t 表示的是高频纹理部分，则通过矩阵 $\boldsymbol{T}_t\in\boldsymbol{\alpha}^{N\times L}\,(L\gg N)$，高频纹理部分可稀疏表示为下式：

$$\boldsymbol{X}_t=\boldsymbol{T}_t\underline{a}_t \tag{7.7}$$

其中$\underline{a}_t$达到稀疏性，且其稀疏性可通过 l_0 范数和 l_p 范数来进行范数量化。

X_c对应图像的低频平滑部分，其可以用T_c字典中的原子最稀疏来进行表示，从而得到上述问题的最优解。对于包含平滑层和纹理层的图像F，需要分别使用字典T_c、T_t寻找符合这两层图像像素信息的稀疏表示方式。

如果用l_0范数定义图像信息的稀疏性，则目前亟待解决的问题应该是：

$$\begin{aligned}\{\underline{a}_t^{\text{opt}}, \underline{a}_c^{\text{opt}}\} &= \arg\min_{\{\underline{a}_t, \underline{a}_c\}} \|\underline{a}_t\|_0 + \|\underline{a}_c\|_0 \\ \text{s.t.} \quad X &= T_c a_c + T_t a_t\end{aligned} \tag{7.8}$$

然而，式(7.8)是一个非凸的问题，其计算的复杂度随着所选字典数量的增加而呈现指数级增长。为了获得此问题的最优化解，BP算法提出使用l_1范数代替l_0范数，从而将其转换成一个线性组合的问题。

$$\begin{aligned}\{\underline{a}_t^{\text{opt}}, \underline{a}_c^{\text{opt}}\} &= \arg\min_{\{\underline{a}_t, \underline{a}_c\}} \|\underline{a}_t\|_1 + \|\underline{a}_c\|_1 \\ \text{s.t.} \quad X &= T_t \underline{a}_t + T_c \underline{a}_c\end{aligned} \tag{7.9}$$

因为一定程度的噪声信息会导致原始图像不能很好地或者完全地分解为平滑层和纹理层，因此本章图像暂时忽略噪声信息所带来的影响。这种近似分解的反复操作，导致图像某一部分的内容不能被所选择的过完备字典合理表达的问题，从而引起一定程度误差的产生。针对这一问题，可以使用无约束的惩罚优化处理操作来代替约束优化问题。即有MCA的等价优化问题，如公式(7.10)。

$$\{\underline{a}_t^{\text{opt}}, \underline{a}_c^{\text{opt}}\} = \arg\min_{\{\underline{a}_t, \underline{a}_c\}} \|\underline{a}_t\|_1 + \|\underline{a}_c\|_1 + \lambda \|X - T_t \underline{a}_t - T_c \underline{a}_c\|_2^2 + \gamma \text{TV}\{T_c \underline{a}_c\} \tag{7.10}$$

上式必须同时满足：$\|X - T_t \underline{a}_t - T_c \underline{a}_c\| \leqslant \varepsilon$ 和 $\text{TV}(X) = \sum_{x, y} |\text{gradient}(X(x, y))|$，其中参数$\varepsilon$代表图像中的噪声级数。为了使$T_c \underline{a}_c$的梯度趋近于更加稀疏，更能够接近于平滑区域值，因此加入全方差(Total Variation，TV)的概念来进行调整处理，图像F的TV表示该图像梯度的l_1范数。

本章结合MCA的基本思想，提出一种具有强鲁棒性和高透明性的图像水印算法。该算法在获得较高视觉质量的同时，对抵抗一定范围的裁切攻击和常见的噪声攻击也具有很强的鲁棒性。

7.3.3 鲁棒主成分分析

PCA技术多用于医学图像处理和生物应用学等科学领域。由于其在抵抗遮挡、光照和噪声等其他攻击时的鲁棒性较差，这导致使用结合该技术而实现的算法具有一定的脆弱性。为了能够达到对PCA理论“取其精华”，同时又“去其糟粕”的目的，研究人员提出了鲁棒主成分分析(Robust Principal Comoponent Analysis，RPCA)方法。RPCA技术的主要实现思路是用低秩矩阵$\boldsymbol{A}$和稀疏矩阵$\boldsymbol{E}$的总和来共同表示较大的数据矩阵$\boldsymbol{D}$，$\boldsymbol{A}$和$\boldsymbol{E}$可以通过$\boldsymbol{D}$的分解处理得到。其克服了在传统PCA中只能存在极少噪声的缺点，在RPCA中，$\boldsymbol{E}$中的值可以为任意大小，但支撑集却是未知且稀疏的。

假定所给的数据矩阵$\boldsymbol{D} \in \boldsymbol{R}^{m \times n}$是低秩矩阵或近似低秩的矩阵，则可以从其分离的过程中分别得到稀疏矩阵$\boldsymbol{E}$和低秩矩阵$\boldsymbol{A}$。当$\boldsymbol{E}$所代表的图像像素信息服从高斯分布时，最优矩阵$\boldsymbol{A}$可以通过经典的PCA算法计算得到，即可以等价于求解下述问题：

$$\begin{aligned}&\min_{A, E} \|\boldsymbol{E}\|_F \quad \text{s.t.} \quad \text{rank}(\boldsymbol{A}) \leqslant r \\ &\boldsymbol{D} = \boldsymbol{A} + \boldsymbol{E}\end{aligned} \tag{7.11}$$

所给的数据矩阵 $\boldsymbol{D}$ 通过奇异值分解(Singular Value Decomposition, SVD)技术处理后，即可得到上述问题的最优解。但是，当 $\boldsymbol{E}$ 是较大噪声的稀疏矩阵时，经典的方法则不再适用。这时，低秩矩阵 $\boldsymbol{A}$ 的求解问题则可以演变成为一个双目标优化的问题。

$$\min_{A,E}(\text{rank}(\boldsymbol{A}),\ \|\boldsymbol{E}\|_0) \quad \text{s.t.} \quad \boldsymbol{D}=\boldsymbol{A}+\boldsymbol{E} \tag{7.12}$$

然后引入折中因子 $\lambda(\lambda>0)$，将双目标优化的问题转换成单目标优化的问题，则式(7.12)可表示为式(7.13)。

$$\min_{A,E}(\text{rank}(\boldsymbol{A}),\ \lambda\|\boldsymbol{E}\|_0) \quad \text{s.t.} \quad \boldsymbol{A}+\boldsymbol{E}=\boldsymbol{D} \tag{7.13}$$

式(7.13)是一个 NP 难题，因此需要通过松弛处理，来优化该问题的目标函数。由于矩阵的核范数代表该矩阵秩的包络，矩阵的 l_0 范数与(1, 1)范数在某些特定条件下具有一定的等价关系，故上述问题可被松弛为如下凸优化问题，这种优化方式就叫做 RPCA。

$$\min_{A,E}\|\boldsymbol{A}\|_*+\|\boldsymbol{E}\|_{1,1} \quad \text{s.t.} \quad \boldsymbol{A}+\boldsymbol{E}=\boldsymbol{D} \tag{7.14}$$

RPCA 算法能够最大程度过滤掉由少数“劣点”样本信息而造成的不良影响，达到收敛于正确结果的目的。同时保持很高的计算精度，且能够很好地解决 PCA 在降维过程中相关性数据丢失的问题。把 RPCA 的这种优良抗噪性能与数字水印技术相结合的数字水印算法，对增强数字水印的鲁棒性具有很重要的意义。

RPCA 优化方式是多种优化技术中更为普遍的一个特例，标准 RPCA 算法的求解方式一般包括以下几种：迭代阈值法(IT)、对偶法(DUAL)以及加速低端梯度法(APG)等。本章结合 RPCA 的基本思想，提出一种基于 RPCA 的具有强鲁棒性和透明性的图像水印算法。该算法在获得较高视觉质量的同时，对一定范围的裁切攻击和常见的噪声攻击也都具有很强的抵抗能力。

7.4 基于 MCA 的图像数字水印算法

随着图像水印技术各类应用范围的日益扩增，专门针对水印技术各项性能的攻击此起彼伏。但目前的很多算法遭受常见的攻击处理后(如线性及非线性过滤攻击、JPEG 有损压缩、几何攻击等)，会导致原始载体图像像素信息产生明显变化。即任何攻击水印算法的技术，都会或多或少地引起原始载体图像像素质量的明显降低。为了能够在嵌入水印的同时，最大限度地减少对原始图像的损坏，并提高算法的鲁棒性，对图像“先分层再嵌入”的思想由此提出。

有效的图像分解技术和信号分离技术在基于图像和信号的增强处理操作、复原处理操作、压缩处理操作等多个领域中都起着十分重要的作用。如何能够利用信号或者图像的成分来更好地表示该图像和信号，也已成为很多研究学者的重点研究方向。在信号分离和图像处理领域中，观测值通常被认定是基于不同的源信号信息混合而成的，而最简单最直接的混合模型则应该同时具有瞬时性和线性两个特点，可被表示为 $\boldsymbol{X}=\boldsymbol{AS}+\boldsymbol{N}$。其中观测信号以及源信号分别用 $\boldsymbol{X}\in\boldsymbol{R}^{m\times n}$ 和 $\boldsymbol{S}\in\boldsymbol{R}^{n\times t}$ 表示，$\boldsymbol{N}\in\boldsymbol{R}^{m\times t}$ 表示噪声信号，$\boldsymbol{A}\in\boldsymbol{R}^{m\times n}$ 则表示混合矩阵信息。然而现在问题的重点转变为，如何通过混合过程的逆过程，达到将不同源信号信息分离的目的。经典的方法是独立成分分析(Independent Component Analysis，ICA)方法。该方法执行的前提是：假定源信号信息是通过独立统计而得到的。这种假设的特殊性导致该方法所取得的效果并不完全适用于所有情况。基于在实际应用的情况中，两个独立的信号同时为有效信号的概率很低，因此可以用不同的奇函数来代表源信号信息。该思想最具有代表性的实际应用即是稀疏成分分析(Sparse Component Analysis，SCA)。而Strack等在总结前人研究的基础上，提出了另一种新的信号分离方法——MCA。该算法减少了对图像像素信息的损坏，增强了算法对常见攻击的抵抗能力，达到了透明性与鲁棒性优化平衡的目的。

本章正是在此基础上，提出了一种基于稀疏表达的数字水印算法。首先使用MCA技术将原始载体图像分离为平滑层和纹理层，然后将水印信息嵌入到经过DCT处理的高频纹理层中，最后合并这两层得到含水印图像。实验取得了较理想的效果。

7.4.1 水印嵌入算法

图7.1展示了使用本节算法对原始载体图像分层嵌入水印信息的思路过程，具体嵌入步骤如下。

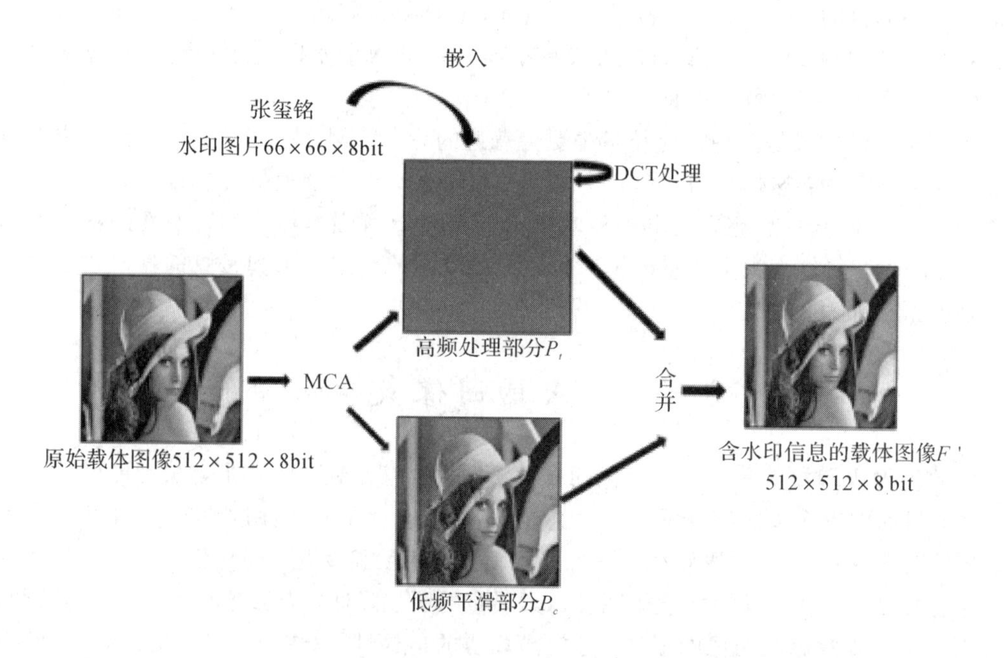

图7.1　图像分层嵌入思路图

Step1：将原始载体图像F分成平滑层和纹理层，即令$a=2$。两层选取的字典分别为曲波变换(Curvelet Transform)和LDCT变换。这两个字典分别用来表示图像F进行MCA处理后得到的平滑层P_c和纹理层P_t。

Step2：对分离后的高频纹理部分进行$m\times n(m=n=8)$的DCT变换，选取其中频系数，并利用密钥产生伪随机序列k_1、k_2，从而记录水印信息的像素值(0或者1)。

Step3：设原始图像DCT变换后的矩阵为$\boldsymbol{A}[i, j]$，则其中频系数可表示为$\boldsymbol{A}'[i, 8-i+1]$

($i=1, 2, \cdots, N$)，其中 α 为嵌入强度，则：

$$\begin{cases} \boldsymbol{A}[i, j]=\boldsymbol{A}[i, j]\times\alpha\times k_1, \text{该点处的像素值为 } 0 \\ \boldsymbol{A}[i, j]=\boldsymbol{A}[i, j]\times\alpha\times k_2, \text{该点处的像素值为 } 1 \end{cases} \tag{7.15}$$

Step4：合并平滑层 P_c 和纹理层 P_t，从而完成水印信息的嵌入操作，得到含水印图像 F'。

7.4.2　水印提取算法

水印提取过程则是上述过程的逆操作，具体的实现步骤如下：

Step1：对含有水印信息的图像 F' 做 DCT 变换处理。F' 经过 DCT 变换后的矩阵设为 $\boldsymbol{B}[i, j]$，则其中频系数应为 $\boldsymbol{B}'[i, j][i, 8-i+1]$($i=1, 2, \cdots, N$)。

Step2：对 $\boldsymbol{B}[i, j]$ 做如下操作，并根据下式计算各个像素点的对应值：

$$\boldsymbol{W}=\begin{cases} \mathrm{sd}_1>\mathrm{sd}_2 & \text{取出的像素值为 } 1 \\ \mathrm{sd}_2>\mathrm{sd}_1 & \text{取出的像素值为 } 0 \end{cases} \tag{7.16}$$

其中

$$\mathrm{sd}_1=\mathrm{corr2}(p, k_1), \ \mathrm{sd}_2=\mathrm{corr2}(p, k_2) \tag{7.17}$$

Step3：提取出水印信息。

7.4.3　实验与分析

本章采用 512×512 像素大小的图像 Lena 作为实验的原始载体图像，采用 64×64 像素大小的“张玺铭”图像作为原始水印图像。原始载体图像和原始水印图像如图 7.2(a)、(b)所示。

图 7.3(a)和(b)分别为用本章算法嵌入水印信息后所得到的含水印图像以及根据本章算法所提取出的水印图像。

(a) 原始载体图像

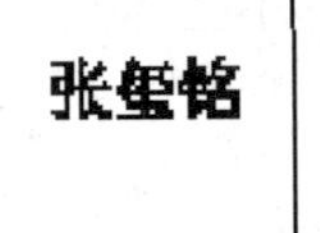

(b) 原始水印图像

图 7.2　原始载体图像和原始水印图像

(a) 含水印图像

(b) 提取的水印图像

图 7.3　含水印图像和提取出的水印图像

从图 7.2 和图 7.3 可以看出，视觉上很难区分图 7.2(a)和图 7.3(a)，这从主观评价方面说明本章算法具有很好的透明性。从客观评价上来说，本章算法实验得出的 PSNR 为 32.4621，而文献[58]的 PSNR 仅为 30.6912。

本章算法提取水印图像的能力和文献[52]、[53]在客观条件相同情况下的 NC 值对比结果如表 7.1 所示。

表 7.1　本章算法和文献[58]、文献[53]算法提取水印的 NC 值对比

算法类型	NC
本章算法	0.9877
文献[52]	0.7615
文献[53]	0.9785

从表 7.1 可以看出，本章算法较文献[52]和文献[53]提取的水印信息和原始水印图像更为相似。PSNR 值和 NC 值从客观上很直观地体现了本章算法具有更强的鲁棒性和更高的透明度。

为了能够更好地评判本算法的性能，除去以上的评判标准外，对本章算法和文献[52]与文献[53]的算法在客观条件相同的情况下分别进行了其他攻击的对比测试。

1. 椒盐攻击

椒盐攻击是最常见的噪声攻击之一，对椒盐噪声攻击的有效抵抗能力是衡量图像水印算法鲁棒性强弱一个非常重要的判定指标。经过椒盐攻击(噪声密度分别为 0.01、0.03、0.06、0.2)，本章算法提取出的水印图像如表 7.2 所示。

表 7.2　椒盐噪声攻击实验结果

噪声密度	攻击后含水印载体图像	提取出的水印	PSNR	NC
0.01			25.1004	0.9720
0.03			20.3704	0.9367
0.06			17.3893	0.8829
0.2			12.1754	0.7861

从表 7.2 中的数据可以看出，在椒盐噪声密度分别为 0.01、0.03 和 0.06 的情况下，使用本章算法依然可以提取出比较完整的水印图像，而文献[52]的算法却最多只能抵抗噪声密度为 0.01 时的椒盐噪声。并且本章算法在噪声密度为 0.2 时虽无法提取出水印图像，但此时的 NC 值可达到 0.7861，而文献[52]在噪声密度为 0.01 时的 NC 值仅为 0.6529。可以看出本章算法对椒盐噪声攻击具有更好的抵抗能力。

2. 裁切攻击

能否最大程度地抵抗裁切攻击也是衡量图像水印算法鲁棒性强弱的一个重要指标。本章算法和文献[52]及文献[53]算法进行了对比，对比结果如表 7.3 所示。

表 7.3 本章算法和文献[52]、[53]算法抵抗裁切攻击对比结果

给定参数	本章算法	文献[52]算法	文献[53]算法
裁切 1/4 后的原图像			
提取出的水印图像			无法提取出水印图像
PSNR	11.6138	11.9392	——
NC	0.9831	0.6008	——

从表 7.3 中的数据可以很直观地看出，当裁切达到 1/4 时，虽然本章算法的 PSNR 值较文献[52]来说偏低，但经过本章算法处理后的图像获得的视觉效果较文献[52]要好。同时本章算法提取出的水印图像和原始水印图像的 NC 值可达到 0.9831，而使用文献[52]的算法却只能达到 0.6008，而且文献[53]从任意方向上裁切后都不能成功提取出水印。因此，本章算法比文献[52]和文献[53]的算法具有更好的抵抗裁切攻击的能力。

3. JPEG 压缩攻击

本章算法和文献[53]在其他客观条件相同的情况下，NC 值随 JPEG 压缩比变换的曲线分别如图 7.4 和图 7.5 所示。从图中可以直观地看出，在 JPEG 压缩比为 75 时，使用本章算法提取出的水印图像和原始水印图像的 NC 值可以高达 0.9669，而文献[53]却只能达到 0.7719。且随着压缩比的增加，使用本章算法提取出的水印图像的 NC 值始终可以达到 0.96 以上，而文献[53]在压缩比为 95 时才可以达到 0.9679。因此本章算法较文献[53]具有更好的抵抗 JPEG 有损压缩攻击的能力。

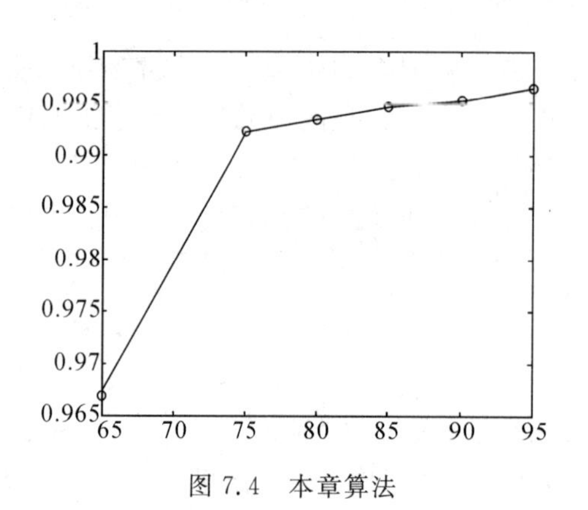

图 7.4　本章算法

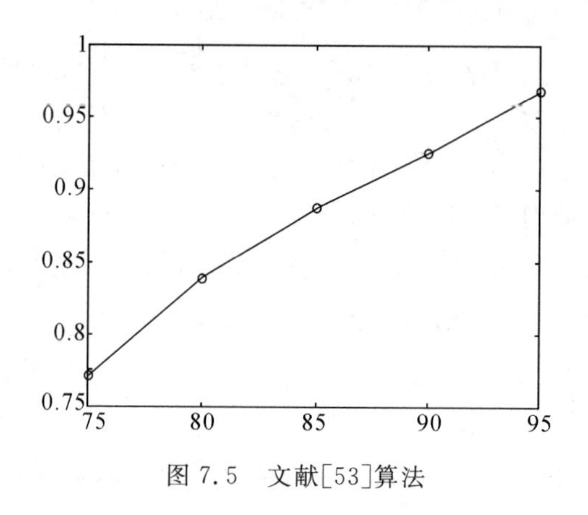

图 7.5　文献[53]算法

7.5　基于 RPCA 的图像数字水印算法

为了能够更好地实践图像“先分层再嵌入”的思想，提高水印算法的鲁棒性，研究学者们结合了其他许多学科的特性，这些特性在一定程度上都达到了提高水印算法鲁棒性和透明性优化平衡的目的。

目前针对图像水印技术使用最广泛的分解处理即是小波变换。其中，曹福德提出了一种基于小波变换的图像水印算法。该算法对常见的攻击具有一定的鲁棒性，但却无法很好地抵抗 1/4、1/2 这种大幅度的剪切攻击。戴涛提出了一种图像自适应盲水印算法。该算法的实现结合了噪声可见性函数(Noise Visibility Function，NVF)小波变换技术、图像块能量和纹理特征信息的特点。从数值实验结果可以很清楚地看出，该算法能够较好地抵抗一定范围内的裁切攻击，但对常见噪声攻击的鲁棒性并不强。张玺铭提出了一种基于 DWT 的图像水印算法，该算法首先对原始载体图像做小波变换处理，同时对需要嵌入的水印进行置乱处理操作；其次选定变换后的小波系数，用以嵌入置乱后的水印信息，完成嵌入操作同时得到含水印的图像。实验结果说明，该算法操作简单易实现，但对较大密度噪声攻击的抵抗能力不强。

主成分分析(Principal Component Analysis，PCA)是一种多用于特征提取和数据压缩的多变量统计分析技术，该技术被十分广泛地应用于模式识别、通信理论、图像处理和统计数据分析等各个技术领域。随着神经网络技术的引入和发展，结合单层线性神经网络，创立了很多的主成分提取算法。这些算法克服了传统方法的缺点，使得批处理统计方法无需提前了解学习样本，同时降低了更新计算的复杂度，在一定程度上极大地提高了 PCA 的使用范围和价值。然而，该方法依然存在与原始统计方法一样的缺陷：

(1) 当训练样本集中含有“劣点”样本时，即存在与大部分样本分布差异较大的少量样本时，训练结果会出现较大的误差，严重的会直接导致根本不收敛的情况。

(2) 当输入的样本不服从高斯分布时，基于一般的线性算法只考虑二阶统计特性，只能使提取的各主成分互不相关，而达不到相互独立的需求。水印算法在抵抗噪声攻击和裁切攻击方面的抵抗能力仍然需要进一步加强和提高。

RPCA 主要是引入适当的非线性处理操作来达到提高算法鲁棒性的目的。它通过寻求子空间的线性模型来完成数据的降维处理，基于此，本章提出了另一种基于 RPCA“先分层再嵌入"思想的数字水印算法。该算法使用 RPCA 的特性，首先将原始载体图像分成平滑部分和纹理部分，然后将水印信息嵌入到进行过 DCT 变换的高频纹理部分中，最后合并这两部分得到含水印图像。该算法十分有效地增强了对椒盐噪声攻击以及部分裁切攻击的抵抗能力，取得了较理想的效果。

7.5.1　水印嵌入算法

图 7.6 展示了使用本章算法先分层然后嵌入水印信息的过程。具体的嵌入步骤如下：

Step1：首先，结合 RPCA 算法，分别提取出原始载体图像 F 的纹理部分 P_t 和低频部分 P_c。

Step2：对分离后的高频纹理 P_t 部分进行 $m\times n(m=n=8)$ 的 DCT 变换，并利用密钥产生伪机序列 k_1、k_2，从而记录水印信息的像素值(1 或者 0)，选取变换后的中频系数组成中频系数矩阵，设原始图像 F 经过 DCT 变换后的矩阵为 $\mathbf{A}$，则其中频系数可表示为 $\mathbf{A}'[i, 8-i+1](i=1, 2, \cdots, N)$。

Step3：将水印信息和秘钥信息分别嵌入到变换后中频系数矩阵 $\mathbf{A}'[i, 8-i+1](i=1, 2, \cdots, N)$ 的相应位置中。像素点的计算方法如下，其中 σ 为水印信息的嵌入强度。

$$\begin{cases}\mathbf{A}[i, j]=\mathbf{A}[i, j]\times\sigma\times k_1, \text{该点处的像素值为 } 0\\ \mathbf{A}[i, j]=\mathbf{A}[i, j]\times\sigma\times k_2, \text{该点处的像素值为 } 1\end{cases}\tag{7.18}$$

Step4：合并平滑层 P_c 和纹理层 P_t，完成水印的嵌入操作，同时得到包含水印信息的载体图像 F'。

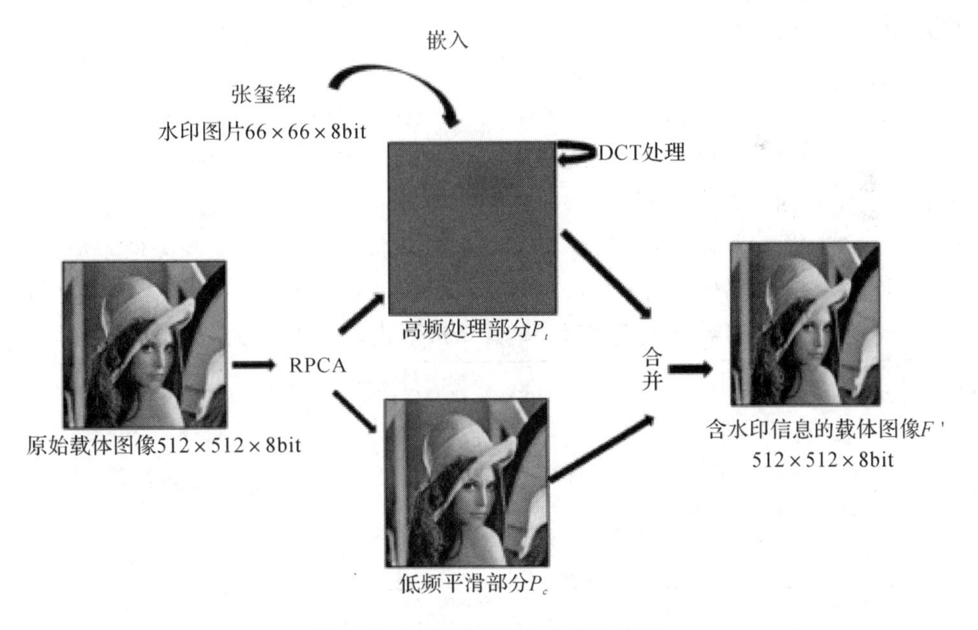

图 7.6　图像分层嵌入水印思路图

7.5.2　水印提取算法

水印信息的提取操作是嵌入过程的逆操作，其具体的执行步骤如下所述。

Step1：对包含有水印信息的载体图像 F' 做 DCT 变换处理，F' 经过 DCT 变换后的矩阵

设为 $\boldsymbol{B}[i, j]$，则其中频系数应记为 $\boldsymbol{B}'[i, 8-i+1](i=1, 2, \cdots, N)$。

Step2：对 $\boldsymbol{B}[i, j]$做如下操作，并根据式(7.19)计算各个像素点的值：

$$\boldsymbol{W}=\begin{cases}\mathrm{sd}_1>\mathrm{sd}_2\text{，取出的像素值为 1} \\ \mathrm{sd}_2>\mathrm{sd}_1\text{，取出的像素值为 0}\end{cases} \tag{7.19}$$

其中

$$\mathrm{sd}_1=\mathrm{corr2}(p, k_1), \ \mathrm{sd}_2=\mathrm{corr2}(p, k_2) \tag{7.20}$$

Step3：完成水印信息的提取。

7.5.3 实验与分析

本章实验使用的原始载体图像为 512×512 像素大小的 Lena，水印图片的大小则为 64×64像素大小的“张玺铭”图像，具体如图 7.7 所示。

图 7.8 为用本章算法嵌入后的含水印的图像和提取出的水印图像，分别如图 7.8(a)和(b)所示。

(a)原始载体图像

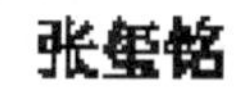

(b)原始水印图像

图 7.7 原始载体图像和原始水印图像

(a)含水印图像

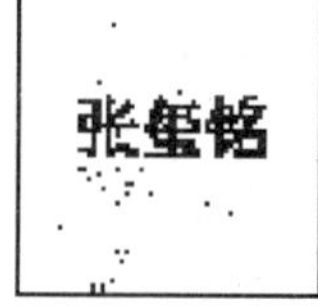

(b)提取的水印图像

图 7.8 含水印的图像和提取出的水印图像

从图 7.7(a)和图 7.8(a)可以看出，两图在视觉上极为相似，这说明本章算法透明性很强，这是对本章算法从主观上的评价。从客观上来说，本章算法嵌入和提取水印图像的能力和文献[52]在客观条件相同情况下的对比结果如表 7.4 和表 7.5 所示。

表 7.4 本章算法和文献[58]算法提取出的水印信息结果对比

算法类型	PSNR	NC
本章算法	31.4890	0.9970
文献[52]	30.6912	0.7615

从表 7.4 可以看出，用本章算法实验得出的 PSNR 和 NC 值分别为 31.4890，0.9970，而文献[52]的仅为 30.6912 和 0.7615。

从表 7.5 可以看出，通过本章算法提取出的水印图像，比文献[52]提取的水印图像在主观视觉上更接近于原始载体图像。PSNR 值和 NC 值从客观上很好地说明了本章算法的鲁棒性更强。

表 7.5　本章算法和文献[52]算法提取出的水印信息结果对比

原始水印图像	本章算法提出的水印	文献[58]提出的水印
 张堃铭	 张堃铭	 张堃铭

为了能够更好地评判本算法的性能，除去以上的评判标准外，我们还对本章算法和文献[52]的算法分别进行了其他攻击测试。

1. 椒盐噪声攻击

椒盐噪声攻击是在图像上加入黑白杂点，达到使图像模糊，增加图像处理难度的目的。对椒盐噪声攻击抵抗能力的强弱，也是评判图像水印算法性能优劣的重要指标之一。本章算法经过椒盐噪声攻击(噪声密度分别为 0.01、0.03、0.05)，分别提取出的水印图像如表 7.6 所示。

表 7.6　裁切攻击实验结果

噪声密度	攻击后图像	提取出的水印	PSNR	NC
0.01		 张堃铭	24.4008	0.9469
0.03		 张堃铭	20.3230	0.8880
0.05		 张堃铭	18.2125	0.8569

从表 7.6 中数据可看出，当椒盐噪声密度分别为 0.01、0.03 和 0.05 时，本章算法能够成功地提取出水印图像，而文献[52]能抵抗的椒盐噪声密度最多为 0.01。这说明本章算法比文献[52]具有更强的抵抗椒盐噪声攻击的能力。

2. 裁切攻击

大面的裁切攻击和磨损攻击是目前常见的几何攻击之一，能否有效抵抗该类攻击也是衡量水印算法鲁棒性和透明性的客观标准之一。基于此，本章算法和文献[52]算法进行了对比，对比结果如表 7.7 所示。

表 7.7　本章算法和文献[52]算法抵抗裁切攻击对比结果

定参数	本章算法	文献[58]算法
裁切 1/4 后的原图像		
提取出的水印图像		
PSNR	12.1358	11.9392
NC	0.9802	0.6008

从表 7.7 可以看出，当裁切达到 1/4 时，本章算法的 PSNR 值为 12.1358，而文献[52]的是 11.9392，且本章算法比文献[52]的视觉效果更好。而且用本章算法提取出的水印图像和原始水印图像的 NC 值可以达到 0.9802，而文献[52]的只能达到 0.6008。因此，本章算法在抵抗一定范围的裁切攻击方面较文献[52]具有更强的抵抗能力。

本章小结

本章是基于稀疏表达的强鲁棒性和高透明性的图像数字水印算法，结合稀疏表达这一新兴的信号表示方法，本章提出基于 MCA 的图像盲水印算法和一种 RPCA 的图像盲水印算法。数值实验结果说明，这两个算法不仅能获得较高的视觉质量，而且对抵抗椒盐噪声攻击、裁切攻击和 JPEG 压缩攻击都具有很强的鲁棒性。本章的部分相关工作已发表于《Telecommunication Computing Electronics and Control》(EI 源刊)。

目前的很多数字水印算法都只是在以降低其他方面的鲁棒性为代价，来提高某一方面或者某几方面的性能。这使得当下很多水印算法的性能并不能被全面提高。因此，还应该研究出能够同时保证多方面鲁棒性的水印算法，从总体上提高算法的鲁棒性，使其达到真正的强鲁棒性和高透明性。

参考文献及扩展阅读资料

[1] Hong-an Li, Zhanli Li, Zhuoming Du, Qi Wang. Digital Image Watermarking Algorithm Using the Intermediate Frequency[J]. TELKOMNIKA Telecommunication Computing Electronics and Control, 2016, 14(4): 1424 - 1431.

[2] Hao Shuai, Ma Xu, Fu Zhouxing, Wang Qingliang, Li Hong-an. Landing cooperative target robust detection via low rank and sparse matrix decomposition[C]. 2016 IEEE International Symposium on Computer, Consumer and Control, IS3C 2016, July 4 - 6, 2016, Xi'an, China, August 16, 2016: 172 - 175.

[3] 李洪安，刘晓霞，朱玲芳，等. 基于分存的多幅图像信息隐藏方案[J]. 计算机应用研究，2009，26(6)：2170 - 2172.

[4] Yongxin Zhang, Hong-an Li, Zhihua Zhao. Multi-focus Image Fusion with Cartoon-Texture Image Decomposition [J]. International Journal of Signal Processing, Image Processing and Pattern Recognition, 2015, 8(1): 213 - 224.

[5] Lei Zhang, Baosheng Kang, Hong-an Li. Edge Detection using Morphological Component Analysis [J]. Journal of Computational Information Systems, 2014, 10(15): 6535 - 6542.

[6] 王琪. 基于 DCT 的图像数字水印算法研究[D]. 西安：西北大学，2016.

[7] 马建湖，何甲兴. 基于小波变换的零水印算法[J]. 中国图像图形学报，2007，12(4):581 - 585.

[8] Shi Liu, Bryan M, et al. Robustness of Double Random Phase Encoding spread-space spread-spectrum watermarking technique [J]. Signal Processing, 2015: 345 - 361.

[9] Dhar P K, Shimamura T. Blind SVD-based audio watermarking using entropy and log-polar transformation[J]. Journal of Information Security & Applications, 2014, 20: 74 - 83.

[10] 李名. 信息熵视角下的密文图像信息隐藏研究[D]. 重庆大学，2015，5：1 - 3.

[11] Jacques Penders, Ayan Chosh. Human robot interaction in the absence of visual and aural feedback [J]. Procedia Computer Science, 2015(71): 185 - 195.

[12] Klaas Bornbeke, Wout Duthoo, et al. Pupil size directly modulates the feedforward response in human primary visual cortex independently of attention[J]. NeuroImage, 2016(127): 67 - 73.

[13] Claire H. C. Chang, Christophe Pallier, et al. Adaptation of the human visual system to the statistics of letters and line configurations[J]. NeuroImage, 2015(120): 428 - 440.

[14] 杨慧敏. 基于数字水印技术视频安全追踪系统的设计与实现[J]. 广播与电视技术，2015，6(42)：132 - 135.

[15] 李艳. 基于抗打印扫描水印算法的文档泄密追踪系统的设计与实现[D]. 北京邮电大学，2013：38 - 41.

[16] Sherah Kurnia, Reyner J. Karnali, et al. A qualitative study of business-to-business electronic commerce adoption within the Indonesian grocery industry: A multi-theory perspective. Information & Management, 2015(52): 518 - 536.

[17] Alexandra Krewinkel, Sebastian Sunkler, et al. Concept for automated computer-aided identification and evaluation of potentially non-compliant food products traded via electronic commerce[J]. Food Control, 2016(61): 204 - 212.

[18] 来有为，王开前. 中国跨境电子商务发展形态、障碍性因素及其下一步改革[J]. 2014(5)：68 - 74.

[19] 伯晓晨，沈文林，常文森. 一种新的盲图像水印检测算法[J]. 计算机学报，2001，24(12)：1279 - 1286.

[20] Thai T H, Retraint F, Cogranne R. Statistical detection of data hidden in least significant bits of clipped images[J]. Signal Processing, 2014, 98(5): 263 - 274.

[21] BENDER W, GRUHL D, MORIMOTO N . Techniques for Data Hiding[J]. CA, 1995, 2 420(2):40 - 44.

[22] LEE C H, LEE Y K. An adaptive digital image watermarking technique for copyright protection [J]. IEEE Trans on Consumer Electronics, 1999, 45(4): 1005 - 1015.

[23] 陈锐，杨海钢，王飞，等. 基于粗粒度可重构阵列结构的多标准离散余弦变换设计[J]. 电子与信息学报，2015，37(1)：206 - 213.

[24] Kaur H, Kumar M, Sharma A K, et al. Performance analysis of discrete wavelet transform based OFDM over fading environments for mobile WiMax[J]. Optik-International Journal for Light and Electron Optics, 2015.

[25] Wang M, Wang F, Wei S, et al. A pipelined area-efficient and high-speed reconfigurable processor for floating-point FFT/IFFT and DCT/IDCT computations[J]. Microelectronics Journal, 2016, 47: 19 - 30.

[26] KUNDER D, HATZINAKOS D. A robust digital image watermarking method using wavelet-based fusion [J]. CA, 1997, (1): 544 - 547.

[27] BARNI M, BARTOLINI F, CAPELLINI V, et al. A DWT-based technique for spatio-frequency marking of digital signatures[J]. CA, 1999, 3 657: 25 - 27.

[28] LEWIS A S, KNOWLES G. Image compression using the 2-D wavelet transform[J]. IEEE Trans Image Processing, 1992(1): 243 - 250.

[29] 徐生然，杨群生，等. 数字水印技术的研究现状及发展前景[J]. 肇庆学院学报，2007，5(28)：20 - 21.

[30] Ahmed S, Raman S P, Fishman E K. Three-dimensional MDCT angiography for the assessment of arteriovenous grafts and fistulas in hemodialysis access. [J]. Diagnostic & Interventional Imaging, 2016.

[31] Barat M, Soyer P, Eveno C, et al. The presence of cardiophrenic angle lymph nodes is not an indicator of peritoneal carcinomatosis from colorectal cancer on MDCT: Results of a case-control study. [J]. European Journal of Surgical Oncology the Journal of the European Society of Surgical Oncology & the British Association of Surgical Oncology, 2015.

[32] Li H, Wang Y, Li P, et al. A New Recursive Decomposition Algorithm to Calculate IMDCT ☆[J]. Aasri Procedia, 2013, 5(3): 177 - 182.

[33] Li H, Li P, Wang Y. An efficient hardware accelerator architecture for implementing fast IMDCT computation[J]. Signal Processing, 2010, 90(8): 2540 - 2545.

[34] 朱本威，万武南，陈运. 基于 LSB 的 QR 码数字水印算法研究[J]. 成都信息工程学院学报，2012，27(6)：542 - 546.

[35] 祝平平. 离散余弦变换快速算法的研究[D]. 华中科技大学，2008.

[36] Allouba H. L-Kuramoto-Sivashinsky SPDEs in one-to-three dimensions: L-KS kernel, sharp Hö lder regularity, and Swift-Hohenberg law equivalence[J]. Journal of Differential Equations, 2015, 259 (11): 6851 - 6884.

[37] Sł abkowska K, ł. Syrocki, Szymańska E, et al. Modeling of the K and L x-ray line structures for molybdenum ions in warm dense Z-pinch plasma[J]. High Energy Density Physics, 2015, 14: 44 - 46.

[38] Shahul S. Efficient Optimization Design of Quadrature Mirror Filter[C]// National Conference-

NACTECIT'09. 2009.

[39] Wang Q, Zhou X, Zeng J, et al. Water swelling properties of the electron beam irradiated PVA-g-AAc hydrogels[J]. Nuclear Inst & Methods in Physics Research B, 2016, 368: 90 - 95.

[40] Schwarz S, Hanaor A, Yankelevsky D Z. Experimental Response of Reinforced Concrete Frames With AAC Masonry Infill Walls to In-plane Cyclic Loading[J]. Structures, 2015, 3: 306 - 319.

[41] Kumar S, Vijay R, Jain R C, et al. A Fast Adaptive Cosine Transform Image Coding Technique[J]. Iete Journal of Research, 2015, 43(4): 295 - 301.

[42] Chen L W, Jou Y D, Chen F K, et al. Design of linear-phase two-channel quadrature mirror filter banks using neural minor component analysis[C] Consumer Electronics-Taiwan (ICCE-TW), 2015 IEEE International Conference on. IEEE, 2015.

[43] 张琳琳，王建军. 稀疏特征自适应的彩色图像隐写[J]. 计算机辅助设计与图形学学报，2014，26(7)：1109 - 1115.

[44] Jerome Bobin, Jean-Luc Starck, et al. Morphological Component Analysis: An Adaptive Thresholding Strategy [J]. IEEE Transactions on Image Processing, 2007, 11(16): 2675.

[45] Dezhong Peng, Zhang Yi, et al. A stable MCA learning algorithm[J]. Computers and Mathematics with Applications, 2008, 56: 847 - 860.

[46] 黄晓生，一种基于 PCP 的块稀疏 RPCA 运动目标检测算法[J]. 华东交通大学学报，2013，30(7)：30 - 31.

[47] Jin X, Zhang Y, Li L, et al. Robust PCA-Based Abnormal Traffic Flow Pattern Isolation and Loop Detector Fault Detection [J]. Tsinghua Science & Technology, 2008, 13(6): 829 - 835.

[48] Bouwmans T, Zahzah E H. Robust PCA via Principal Component Pursuit: A review for a comparative evaluation in video survillance [J]. Computer Vision & Image Understanding, 2014, 122(4): 22 - 34.

[49] Yang D, Yang X, Liao G, et al. Strong Clutter Suppression via RPCA in Multichannel SAR/GMTI System[J]. IEEE Geoscience & Remote Sensing Letters, 2015, 12(11): 1 - 5.

[50] Zhao X, Ye B. Singular value decomposition packet and its application to extraction of weak fault feature[J]. Mechanical Systems & Signal Processing, 2016, 70: 73 - 86.

[51] Syed Ali Khayam. The Discrete Cosine Transform (DCT): Theory and Application [J]. Information Theory and Coding, 2003, 10(5): 4 - 7.

[52] 张玺铭. 基于小波变换的图像数字水印技术的研究[J]. 科技视界，2014(18)：112 - 114.

[53] 王吉林. 一种基于离散小波变换的数字水印算法[J]. 盐城工学院学报(自然科学版)，2010，23(2)：37 - 38.

[54] Gopalan K, Shi Q. Audio Steganography Using Bit Modification-A Tradeoff on Perceptibility and Data Robustness for Large Payload Audio Embedding. [C]// Computer Communications and Networks (ICCCN), 2010 Proceedings of 19th International Conference on. 2010: 1 - 6.

[55] 曹福德. 基于变换域的图像数字水印算法研究[D]. 山东大学，2009.

[56] 戴涛. 基于小波变换的数字图像水印算法研究[D]. 浙江大学，2007.

[57] 任卷芳. 基于独立分量分析和噪声可见性函数的信息隐藏方法研究[D]. 东北师范大学，2011.

[58] Ozer Z C, Firat M Z, Bektas H A. Confirmatory and exploratory factor analysis of the caregiver quality of life index-cancer with Turkish samples[J]. Quality of Life Research, 2009, 18(7): 913 - 921.

第8章　基于图像分解的多聚焦图像融合算法

多聚焦图像融合利用融合规则选取各源图像的聚焦区域，在避免引入外部噪声的同时，将其组合成一幅所有场景目标都清晰的图像。本章利用基于ROF模型的Split Bregman源图像分解方法，实现卡通纹理分解多聚焦图像融合算法。检测卡通成分和纹理成分中的聚焦区域，并将这些聚焦区域合并得到融合的卡通成分和纹理成分，最后将融合后的卡通成分和纹理成分进行合并，实现基于图像分解的多聚焦图像融合，提升了融合算法的性能，抑制了融合方法对源图像潜在信息完整性的影响。

8.1　引　言

随着电子技术、计算机技术和大规模集成电路技术的快速发展，传感器技术不断提高，并被广泛应用于军事和民用领域。多个传感器协同工作大大增加了采集到的信息种类和数量，导致传统的单一传感器信息处理方法难以适用大数据处理。多传感器信息融合正是针对单一传感器的信息处理问题发展起来的一种新的信息处理方法。该方法利用系统中多个传感器在空间和时间上的冗余互补进行多方面、多层次、多级别的综合处理，以获取更为丰富、精确和可靠的有效信息。

多传感器图像融合(简称图像融合)是信息融合范畴内以图像信息为研究对象的研究领域，它是传感器、图像处理、信号处理、计算机和人工智能等多学科融合的交叉研究领域。其基本原理是把来自不同类型传感器或来自同一传感器在不同时间或不同方式下所获取的某个场景的多幅图像进行配准，采用某种算法对其进行融合，得到一幅新的关于此场景的更为丰富、精确和可靠的图像，克服了单一传感器图像在分辨率、几何以及光谱等方面的差异性和局限性，能更好地对事件或物理现象进行识别、理解和定位。1979年，Daily等人首先把雷达图像和Landsat. MSS图像的复合图像应用于地质解释，其处理过程可以看作是最简单的图像融合。20世纪80年代初，图像融合技术被应用于遥感多光谱图像的分析与处理；20世纪80年代末，图像融合技术开始被应用于可见光图像、红外图像等一般图像处理。20世纪90年代以后，图像融合技术广泛应用于遥感图像处理、可见光图像处理、红外图像处理以及医学图像处理。但是在应用过程中，由于聚焦范围有限，光学传感器成像系统无法对场景中的所有物体都清晰成像。当物体位于成像系统的焦点上时，它在像平面上的成像是清晰的，而同一场景内，其他位置上的物体在像平面上的成像是模糊的。虽然光学镜头成像技术的快速发展提高了成像系统的分辨率，却无法消除聚焦范围局限性对整体成像效果的影响，使得同一场景内的所有物体难以同时在像平面上清晰成像，不利于图像的准确分析和理解。另外，分析相当数量的相似图像既浪费时间又浪费精力，也会造成存储空间上的浪费。如何能够得到一幅同一场景中所有物体都清晰的图像，使其更加全面、真实地反映场景信息对于图像的准确分析和理解，具有重要意义。

多聚焦图像融合作为多源图像融合的一个重要分支，是解决成像系统聚焦范围局限性问题的有效方法。该方法主要用于同一光学传感器在相同成像条件下获取的聚焦目标不同的多幅图像的融合处理，对经过配准的某场景的不同物体的多幅聚焦图像，采用某种融合算法分别提取这些多聚焦图像的清晰区域，将其合成为一幅该场景中所有物体都清晰的融合图像。多聚焦图像融合技术使不同成像距离上的物体能够清晰地呈现在一幅图像中，为特征提取、目标识别与追踪等奠定了良好的基础，从而有效地提高了图像信息的利用率和系统的可靠性，扩展了时空范围，降低了不确定性。在遥感技术、医疗成像、军事作战以及安全监控等领域有着广泛的应用价值。

8.2　研究现状与进展

传统的多聚焦图像融合方法中，空间域融合方法从源图像中采用区域对应的方式选择构建融合图像的子块，如果聚焦区域内外的像素被划分到同一子块，容易产生“块效应”，从而导致融合图像质量下降。针对空域融合方法的不足，研究者们提出了变换域的融合方法，将多聚焦源图像投影到相应的变换基上，用变换基来表示源图像的边缘和聚焦特性。源图像经过某种变换后，变换系数同变换基一一对应，这种对应关系对于检测图像的显著信息具有重要意义。通过变换系数表示的源图像信息来选择变换系数，并对选择的变换系数进行逆变换构建融合图像。多聚焦图像融合算法的关键是如何有效和完整地描述源图像。传统基于多尺度分解的多聚焦融合方法中，总是将整幅多聚焦源图像作为单个整体进行处理，影响了融合图像对源图像潜在信息描述的完整性，进而影响融合图像质量。另外，传统的多聚焦图像融合算法大多是在无噪假设条件和源图像无破损条件下设计的。但是，在多聚焦图像成像、接收和处理过程中，由于受到电磁波、成像系统自身抖动或调焦处理等问题的干扰，噪声污染或划痕破损使得多聚焦图像部分区域变得模糊，图像质量下降，影响了图像分析的有效性。

目前，在图像分析的许多问题中，常用一幅图像 f 描述一个真实场景。由于图像 f 可能包含纹理或噪声，纹理是由小尺度上细节多次重复振荡形成的，而噪声是由零均值噪声随机振荡形成的。为从图像 f 中提取有利于图像分析的信息，许多模型试图寻找另外一幅图像 u 来逼近图像 f，图像 u 称为图像 f 的稀疏卡通图或稀疏简化图。图像 f 和图像 u 的关系可用如下模型描述：

$$f=u+v \tag{8.1}$$

其中，u 为图像 f 的卡通成分，v 为图像 f 的纹理或噪声成分。图像分解可将图像分解为卡通成分和纹理成分，卡通成分用于描述源图像中光照或显著区域的分片光滑部分，纹理成分用于描述被纹理封闭区域的纹理信息，通过卡通纹理成分分解实现对源图像内容更加完整的描述。

在基于范数的图像分解方法中，MS 模型(Mumford Shah，MS)最早是由 Mumford D. 等人在 1985 年提出的图像分解应用模型，用于图像分割取得了不错的效果。但该模型是非凸的，求解复杂，计算量很大。Rudin L. 等人在 1992 年利用 BV 半范作为正则项，对 MS 模型进行简化，提出了基于 TV 极小化能量泛函恢复模型 ROF 模型，可以保持边界的不连

续性，但会导致图像出现阶梯分块的现象。2001 年，Meyer Y. 在 ROF 模型的基础上，建立了纹理图像振荡函数理论。2002 年，Vese L. A. 等人将 Meyer Y. 的振荡函数建模理论和 ROF 模型相结合，并通过 G 范数和 H^{-1} 的 L^p 逼近，提出了 VO 模型，但在数值实现时，运算速度较慢。为克服 VO 模型的不足，提高计算效率，2003 年，Osher S. 等人对 VO 模型进行了拓展，提出了基于 TV 极小化和 H^{-1} 范数的 Osher-Sole-Vese 图像分解模型，简称 OSV 模型。但该模型收敛较慢，程序复杂。Aujol J. F. 等人将对偶范数引入图像分解模型，取得了不错的分解效果。Chana T. F. 等人在 OSV 模型的基础上，提出了 CEP－H^{-1} 图像分解模型。然而，这些方法依然比较复杂，影响了推广应用。2008 年，Goldstein T. 等人将 Wang Y. L. 等人提出的 Split 算法和 Osher S. 等人提出的 Bregman 算法相结合，提出了 Split Bregman 算法。该算法时间复杂度低，容易实施且准确高效，已被广泛应用于图像分割和图像恢复等领域。

为进一步改善融合图像视觉效果，提高融合图像对源图像潜在信息描述的完整性，本章提出了一种基于图像分解的多聚焦图像多成分融合算法。通过对多聚焦源图像分别进行图像分解，得到多聚焦源图像的卡通成分和纹理成分，并对多聚焦源图像的卡通成分和纹理成分分别进行融合，合并融合后的卡通成分和纹理成分得到融合图像。本章的融合规则是基于图像的卡通成分和纹理成分的聚焦特性设计的，不直接依赖于源图像的聚焦特性。对不同的多聚焦图像仿真实验表明，本章提出的算法相比于传统融合算法能更好地从源图像转移边缘纹理等细节信息，得到更高质量的融合图像。

8.3 理论基础

8.3.1 图像分解基本模型

图像分解模型通过对纹理尺度的控制，将图像分解为卡通成分和纹理成分，分别对卡通成分和纹理成分进行处理，有利于噪声的抑制和图像几何特征的提取，为后续的图像处理奠定了良好的基础。由于图像分解技术能够较好地提取图像的结构和纹理等重要细节信息，已被广泛应用于图像分割、图像去噪和图像修复等领域。图像卡通纹理分解是图像分析领域的一个研究热点，它将图像分解为形态学卡通成分 u 和纹理成分 v。分别对应源图像的结构信息和源图像的纹理信息或振荡信息。为了更好地提取图像中的卡通和纹理成分，研究者们提出了很多图像分解模型。

1. ROF 模型

ROF 模型是针对 Mumford D. 等人的 Mumford-Shah 模型提出的，Mumford-Shah 模型又简称为 MS 模型。MS 模型是一个基于能量最小化的图像分解模型，利用有界变差函数分解黑白静态图像，如式(8.2)所示：

$$E_{\mathrm{MS}}(u, C)=\iint_{R\backslash C}(\|\nabla u\|_2+\lambda(u-f)\mathrm{d}x\mathrm{d}y+\mu\mathrm{Len}(C)) \tag{8.2}$$

其中，u 为输入图像 f 的卡通成分，C 为卡通成分 u 中区域 R 的轮廓，λ 和 μ 为两个正的权值参数。通过最小化式(8.2)来寻找获取卡通成分 u。式中第二项描述了轮廓 C 的长度，用以消除过长的边界，使得边界更加光滑。MS 模型利用图像中目标对象边缘曲线的特点，用分片光滑函数表示强度变化较小的同质区域，而用短的光滑曲线并集表示强度剧烈变化的区域边界。MS 模型包括了通知连通区域以及对象边缘的能量。MS 模型正是通过在(u, C)允许的空间上把 $E_{MS}(u, C)$最小化使源图像分割成同质的连通区域，得到源图像 f 的卡通成分 u。MS 模型已被广泛用于图像去噪和边缘检测。但 MS 模型是建立在 C^1类函数空间上的，有很大的局限性，另外，该模型计算复杂，其实际应用很难实现。

1992 年，Rudin L. 等人利用 BV 半范作为正则项，对 MS 模型进行简化，并提出了基于 TV 极小化能量泛函恢复模型 Rudin-Osher-Fatemi 模型，简称 ROF 模型，即通常所说的经典 TV 模型，如式(8.3)所示。

$$E_{ROF}(u) = \iint_R (\| \nabla u \|) \mathrm{d}x\mathrm{d}y + \lambda \iint_R (u - f)^2 \mathrm{d}x\mathrm{d}y \tag{8.3}$$

其中，u 为输入图像 f 的卡通成分，R 表示图像所在的空间，$\lambda>0$。式(8.3)中第一项为全变差项，用于去除噪声的同时保持图像边界。第二项为数据项。第一项表示卡通成分 u 在 R 中的总变分。ROF 模型用有界变分 BV 表示卡通成分 u 所属的函数空间，如式(8.4)所示。

$$\mathrm{BV}(R) = \{u \in L^1(R): \iint_R \| \nabla u \| \mathrm{d}x\mathrm{d}y < \infty\} \tag{8.4}$$

该空间在保留分段光滑的同质区域和边界的同时，对噪声和纹理加以惩罚。另外，BV 的功能函数曲线长度都是有限的，可以描述 BV 函数空间中的不同图像的基本形状，对这些形状直接进行二值化或形态学处理即可获得图像的边缘信息。ROF 模型在对图像光滑区域进行扩散的同时能很好地保持图像的边缘信息，能够较好地保持边界的不连续性。因此，在图像处理领域得到广泛研究和应用。

MS 模型和 ROF 模型都是通过最小化相应的能量泛函来对图像进行准确分解的，由于 ROF 模型中的泛函为严格的凸函数，该模型存在唯一的最小值，比 MS 模型更容易求解，但 ROF 模型分解得到的卡通成分会出现阶梯分块现象。另外，ROF 模型利用 BV 半范作为正则项，该范式具有恢复图像边缘的能力，但对于纹理没有明确的定义，无法有效地将卡通成分和纹理成分相分离。ROF 模型中的调节参数 λ 直接影响着分解的效果，λ 越大，卡通成分图像越模糊，λ 越小，纹理成分图像越模糊。然而，Meyer Y. 通过实验发现当 λ 足够小时，ROF 模型可能会移除部分纹理细节信息，造成图像信息丢失。为克服 ROF 模型在保持图像对比度和纹理信息方面的不足，Meyer Y. 在 ROF 的基础上引入了空间函数，用其他更适合保持图像纹理特征的范数来替代 ROF 模型中的 L_2 范数，取得了不错的分解效果。

2. VO 模型

2001 年，Meyer Y. 在 ROF 模型的基础上提出了 TV 最小化的振荡函数建模理论。Meyer Y. 的理论认为一幅图像由两部分组成，即 $f=u+v$。u 代表图像中具有分段光滑特点的结构信息，又称卡通成分。v 代表图像中具有震动(Oscillating)特征的纹理信息，又称纹理成分。为了对图像中的纹理部分进行描述，Meyer Y. 对 ROF 中的逼近项范数进行了修改，用 G 范数代替了 ROF 模型中的 L^2 范数，由于具有高振荡特征的函数的 G 范数并不大，通过能量泛函极小值的方法可以很好地描述图像中的振荡部分，尤其是纹理部分。

2002 年，Vese L. A. 等人将 ROF 模型和 Meyer Y. 的理论模型相结合，用基于偏微分方程(Partial Differential Equations，PDE)的迭代数值算法来估计原始图像的卡通成分 u 和纹理成分 v，并用振荡函数模型(如式(8.5)所示)来刻画原始图像的纹理成分。

$$v=\text{div}(\boldsymbol{g})=\partial_x g_1+\partial_y g_2 \tag{8.5}$$

其中，向量 $\boldsymbol{g}$ 用来捕获图像水平和垂直方向上的变差。纹理成分 v 可能表现出比较大的振荡。该模型分别通过 G 范数和 H^{-1} 的 L_p 逼近，用卡通成分 u 和纹理成分 v 构建 Meyer Y. 的理论模型的逼近模型，即图像的三成分（$f=u+v+w$）分解模型，简称 VO 模型，如式(8.6)所示。

$$E_{\text{VO}}(u,\ \boldsymbol{g})=\iint_R \|\nabla u\| \mathrm{d}x\mathrm{d}y+\lambda\iint_R |f-(u+\text{div}(\boldsymbol{g}))|^2 \mathrm{d}x\mathrm{d}y+\mu\|\boldsymbol{g}\|_{L_p} \tag{8.6}$$

其中，$\lambda>0$，$\mu>0$，$w=f-u-v$ 为原始图像所含有的噪声，$p\to\infty$。

VO 模型能够较好地从原始图像中提取出纹理和结构信息，为后期的图像处理奠定了良好的基础。但由于采用了迭代数值算法，VO 模型在数值实现时运行比较耗时。

3. OSV 模型

为克服 VO 模型的不足，提高计算效率，2003 年，Osher S. 等人在 $H^1(R)$ 空间上对纹理和噪声部分 v 进行描述，提出了基于 TV 极小化和 H^{-1} 范数的 Osher-Sole-Vese 图像分解模型，简称 OSV 模型，如式(8.7)所示。

$$E_{\text{OSV}}(u)=\int_R |\nabla u| \mathrm{d}x\mathrm{d}y+\lambda\int_R |\nabla(\Delta^{-1}(f-u))^2| \mathrm{d}x\mathrm{d}y \tag{8.7}$$

该模型求解得到的欧拉方程为

$$\begin{cases} u=f-\lambda\Delta\cdot\left(\dfrac{\nabla u}{|\nabla u|}\right),\ \text{in}R \\ \dfrac{\partial u}{\partial \boldsymbol{n}}=0,\quad \dfrac{\partial\left(\nabla\cdot\left(\dfrac{\nabla u}{|\nabla u|}\right)\right)}{\partial \boldsymbol{n}}=0,\ \text{on}R \end{cases} \tag{8.8}$$

该方程为四阶方程，计算复杂，收敛较慢，程序复杂。

8.3.2 Split Bregman 算法

2008 年，Goldstein T. 等人将 Split 算法和 Bregman 迭代算法相结合，提出了基于 ROF 模型的 Split Bregman 算法。该算法易于实现，准确高效，在图像分割和图像恢复等领域已被广泛应用。

1. Bregman 迭代算法

2005 年 Osher S. 等人使用 Bregman 距离来求解凸泛函的极值，Bregman 距离最早源自俄国科学家 Bregman 在泛函方面的工作。在给出 Bregman 距离之前，首先给出次微分的定义，其具体定义如式(8.9)所示。

$$\partial E(u)=\{p\in\chi^*\ |E(v)\geqslant E(u)+(p,\ u-v)\ \forall v\in\chi\} \tag{8.9}$$

其中，$\chi\to R$，E 为任意凸泛函，$\partial E(u)$ 表示 u 处的次微分，$(\cdot,\cdot)$ 表示求 p 和 $u-v$ 的内积。

Bregman 距离的具体定义如式(8.10)所示。

$$D_E^p(u,\ v)=E(u)-E(v)-(p,\ u-v),\ p\in\partial J(v) \tag{8.10}$$

其中，$p(v)=E(v)$，$\partial E(v)$ 表示凸泛函 E 在点 v 处的次微分，$(\cdot,\cdot)$ 为求内积。

由式(8.9)可知，Bregman 距离为非负，对于连续的可微泛函，在任一点存在唯一的次微分。此时对泛函上的任意两点 u 和 v，其 Bregman 距离为它们的一阶 Taylor 展开估计式取值的差，其 Bregman 距离是唯一的。值得注意的是，Bregman 距离具有不对称性，即 $D(u, v)\neq D(v, u)$，同时也不满足三角不等式，并不等同于通常度量下的距离。

Osher S. 等人最早提出基于 Bregman 迭代的图像复原方法，该方法根据设计的迭代格式生成一个解的序列，并利用前一步迭代的解的信息来修正后一步的迭代格式。其具体定义为：已知求极值问题，如式(8.11)所示。

$$\begin{gathered}\min_u E(u)\\ \text{s.t.}\ \ H(u)=0\end{gathered} \tag{8.11}$$

其中，$E(\cdot)$和 $H(\cdot)$为两个凸的能量泛函，通过二次惩罚项可将式(8.11)转化为无约束问题，如式(8.12)所示。

$$\min_u\{E(u)+\lambda\|H(u)\|_2\} \tag{8.12}$$

其中，λ 为惩罚因子，当 λ 较小时，惩罚函数并不能使得等式约束获得较好满足。当 $\lambda\to\infty$ 时，传统的惩罚函数在大的 λ 值计算上有困难，故采用 Bregman 来逐步进行逼近：

$$\begin{aligned}u^{k+1}&=\min_u\{D_E^p(u, u^k)+\lambda\|H(u)\|_2\}\\ &=\min_u\{E(u)-(p^k, u-u^k)+\lambda\|H(u)\|_2\}\end{aligned} \tag{8.13}$$

假设 H 是可微的，存在最优点 u^{k+1}满足 $0\in\partial(D_E^p(u, u^k)+\lambda H(u))$，$\partial$表示次微分。结合式(8.13)可得：

$$\begin{aligned}0&=\nabla(E(u)-[p^k, u-u^k]+\lambda\|H(u)\|_2)|_{u=u^{k+1}}\\ &=p^{k+1}-p^k+2\lambda(\nabla^{\mathrm{T}}H)H(u^{k+1})\\ &\Rightarrow p^{k+1}=p^k-2\lambda(\nabla^{\mathrm{T}}H)H(u^{k+1})\end{aligned} \tag{8.14}$$

交替使用式(8.13)和式(8.14)即为 Bregman 迭代，可表示为

$$\begin{cases}u^{k+1}=\min\limits_u\{E(u)+\lambda\|H(u)-f^k\|_2\}\\ f^{k+1}=f^k-H(u^{k+1})\end{cases} \tag{8.15}$$

Bregman 迭代使约束项固定不变，让目标函数变动。Bregman 迭代算法的主要优点是在相当弱的条件下仍然可以保证迭代的收敛性，对 L_1 正则化项的优化问题，处理速度非常快；通过固定惩罚参数 λ，并对其取合适的固定值，可以大幅提高子优化问题的收敛速度。同时，也避免了传统方法中 λ 趋于无穷大时造成的数值不稳定。

2. Split Bregman 算法

图像处理中的 ROF 模型去噪、去模糊以及基追踪问题又称为 L_1 正则化问题，如式(8.16)所示。

$$\arg\min_u|\phi(u)|+\|Ku-f\|_2 \tag{8.16}$$

其中，$\phi(u)$和 $\|Ku-f\|_2$为凸泛函，$\phi(\cdot)$可微，f 为原始图像，u 为图像处理后得到的图像成分。在式(8.11)中引入一个新的变量 d，令 $d=\phi(u)$，通过分裂方法将式(8.16)中的 L_1 正则化问题转化为等价的约束问题，如式(8.17)所示。

$$\begin{gathered}\arg\min_{u, d}\|d\|+H(u)\\ \text{s.t.}\ \ d=\phi(u)\end{gathered} \tag{8.17}$$

在式(8.17)中引入一个 L_2惩罚项，将式(8.17)中的约束问题转化为无约束问题，如式(8.18)所示。

$$\arg\min_{u,d} \| d \| + H(u) + \frac{\lambda}{2} \| d - \phi(u) \|_2 \tag{8.18}$$

其中，λ 为正的权值参数，$\frac{\lambda}{2} \| d - \phi(u) \|_2$ 即为惩罚项 L_2。令 $E(u, d) = \| d \| + H(u)$，则式(8.18)可转化为式(8.19)，可以用 Bregrman 迭代求解。

$$\arg\min_{u,d} E(u, d) + \frac{\lambda}{2} \| d - \phi(u) \|_2 \tag{8.19}$$

定义式(8.19)的 Bregrman 距离，如式(8.20)所示。

$$D_E^p(u, d, u^k, d^k) = E(u, d) - (p_u^k, u - u^k) + (p_d^k, d - d^k) \tag{8.20}$$

其中，p_u和 p_d为 $E(u, d)$次梯度。

对式(8.20)的 Bregrman 迭代求解如下：

$$\begin{aligned}(u^{k+1}, d^{k+1}) &= \arg\min_{u,d} D_E^p(u, d, u^k, d^k) + \frac{\lambda}{2} \| d - \phi(u) \|_2 \\ &= \arg\min_{u,d} E(u, d) - (p_u^k, u - u^k) + (p_d^k, d - d^k) + \frac{\lambda}{2} \| d - \phi(u) \|_2\end{aligned} \tag{8.21}$$

$$p_u^{k+1} = p_u^k - \frac{1}{\lambda} (\nabla \phi(u^{k+1}))^{\mathrm{T}} (\phi(u^{k+1}) - d^{k+1}) \tag{8.22}$$

$$p_d^{k+1} = p_d^k - \frac{1}{\lambda} (d^{k+1} - \phi(u^{k+1})) \tag{8.23}$$

式(8.21)、(8.22)和(8.23)可等价为简化的式(8.24)。

$$\begin{cases}(u^{k+1}, d^{k+1}) = \arg\min_{u,d} \| d \| + H(u) + \frac{\lambda}{2} \| d - \phi(u) - b^k \|_2 \\ b^{k+1} = b^k + \phi(u^{k+1}) - d^{k+1}\end{cases} \tag{8.24}$$

Split Bregman 算法通过引入其他变量 d，用分裂方法将单个变量 u 的泛函求极值问题分解为两个变量 u 和 d 的泛函求极值问题。利用交替优化方法，分别先后固定变量 u 和 d，并求解与固定变量相对应的能量泛函，具体包括以下三个步骤：

Step1：根据 $H(u)$的不同特性选择不同的求解算法，用较少的迭代次数取得好的结果，如式(8.25)所示：

$$u^{k+1} = \arg\min_{u,d} H(u) + \frac{\lambda}{2} \| d^k - \phi(u) - b^k \|_2 \tag{8.25}$$

Step2：通过求导可得最优解，如式(8.26)所示：

$$d^{k+1} = \arg\min_{u,d} \| d \| + \frac{\lambda}{2} \| d - \phi(u) - b^k \|_2 \tag{8.26}$$

Step3：直接进行计算。

Split Bregman 算法的不动点都是原问题的最优解，Split Bregman 算法的起始条件参数设置为：$u^0 = f$，$d_1^0 = d_2^0 = b_1^0 = b_2^0$，迭代限制条件为：$\max(|u^{k+1} - u^k|) > \varepsilon$。

Split Bregman 算法是一种解决 L_1规则化问题的方法，该算法用交替迭代的方法将复杂的单变量求极值问题转化为两个变量的求极值问题。该方法不需要规则化和线性不等式条件的限制，且准确高效，在图像去噪、图像分割和图像恢复等方面应用广泛。

本章将基于 ROF 模型的 Split Bregman 算法用于多聚焦图像的分解，将多聚焦源图像分解为卡通成分和纹理成分，如图 8.1 所示。通过源图像的纹理成分的细节特征来提高聚焦区域特性判定的准确性，进而提高融合图像质量。

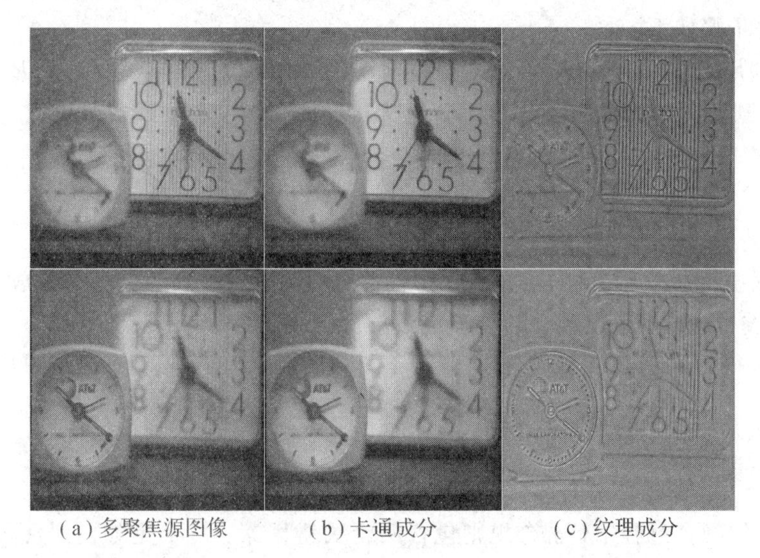

(a) 多聚焦源图像　　(b) 卡通成分　　(c) 纹理成分

图 8.1　Split Bregman 对多聚焦图像“Clock”的分解结果

8.4　基于图像分解的多聚焦图像融合算法

本节在图像卡通纹理分解域内提出一种基于图像分解的多聚焦图像多成分融合算法，利用 Split Bregman 算法将多聚焦源图像分解为卡通成分和纹理成分。根据图像卡通成分和纹理成分各像素的梯度特征，分别对卡通成分和纹理成分的聚焦区域特性进行判定，实现对聚焦区域的准确定位。根据相应的融合规则将卡通成分和纹理成分分别进行融合，将融合后的卡通成分和纹理成分合并得到融合图像，从而保证了融合图像细节信息的完整性，提高了融合图像质量。

8.4.1　算法原理

基于卡通纹理分解的多聚焦图像融合算法如图 8.2 所示。其中，U_A 和 U_B 分别为源图像 I_A 和 I_B 经图像分解后的卡通成分，V_A 和 V_B 分别为源图像 I_A 和 I_B 图像分解后的纹理成分，U 为融合后的卡通成分，V 为融合后的纹理成分。

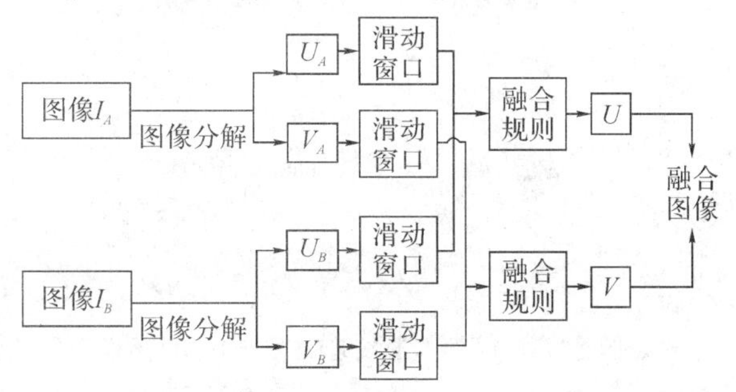

图 8.2　基于卡通纹理分解的多聚焦图像融合算法

融合算法对源图像进行图像分解，将源图像分解为卡通成分和纹理成分，分别将卡通成分和纹理成分融合，并将融合后的卡通成分和纹理成分合并得到融合图像。

融合算法步骤如下：

Step1：利用 Split Bregman 算法对经过配准的源图像 I_A 和 I_B(I_A，$I_B \in \boldsymbol{R}^{m\times n}$)进行图像分解，分别得到源图像的卡通成分 U_A、U_B(U_A，$U_B \in \boldsymbol{R}^{m\times n}$)和纹理成分 V_A、V_B(V_A，$V_B \in \boldsymbol{R}^{m\times n}$)，如式(8.27)所示：

$$\begin{cases} I_A = U_A + V_A \\ I_B = U_B + V_B \end{cases} \tag{8.27}$$

Step2：根据融合规则，对卡通成分 U_A、U_B 进行融合，得到融合的卡通成分 U。对纹理成分 V_A、V_B 进行融合，得到融合的纹理成分 V。

Step3：将得到的融合图像的卡通成分 U 和纹理成分 V 进行合并得到最后的融合图像 F。

8.4.2 融合规则

在本章图像融合过程中，融合规则包含两个关键因素：一个是如何对源图像的卡通成分和纹理成分的聚焦特性进行判定；另一个是如何将卡通成分和纹理成分中的聚焦像素或区域进行提取并合并到融合的卡通和纹理成分中。融合规则性能的好坏将直接影响融合图像的质量。

图 8.3 列出了源图像“Clock”、源图像的卡通成分和纹理成分以及其对应的 3D 图的对应关系。可以看出，源图像的卡通成分和纹理成分的 3D 图中显著突起部分与卡通成分与纹理成分中的显著区域是相对应的，同时卡通成分与纹理成分中的显著区域与源图像中的聚焦区域相对应。因此，本章利用卡通成分和纹理成分的梯度特征来检测其对应的聚焦特性。

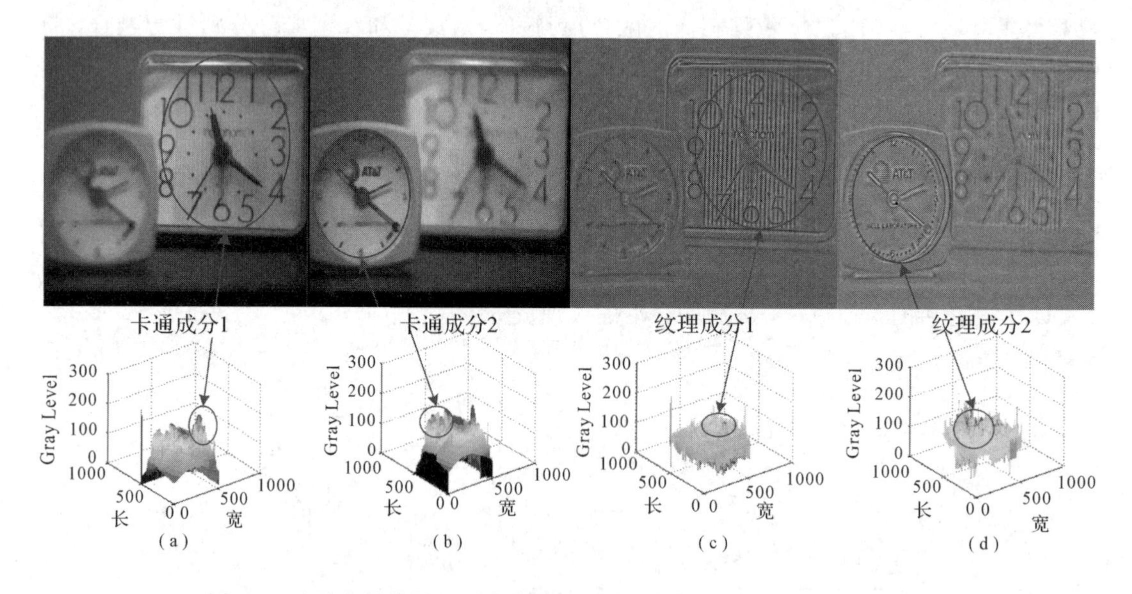

图 8.3　多聚焦图像“Clock”的卡通纹理成分与其 3D 图像间的对应关系

为了更加准确地检测卡通成分和纹理成分各像素的聚焦特性，除了考虑该像素本身灰度外，还需要考虑该像素周围邻域内像素的状态，这样有利于对卡通成分和纹理成分中复杂的边缘和纹理细节进行检测。本节通过滑动窗口计算卡通成分和纹理成分中每个像素邻域内的EOG来判断该像素是否属于聚焦区域，滑动邻域窗口如图8.4所示。

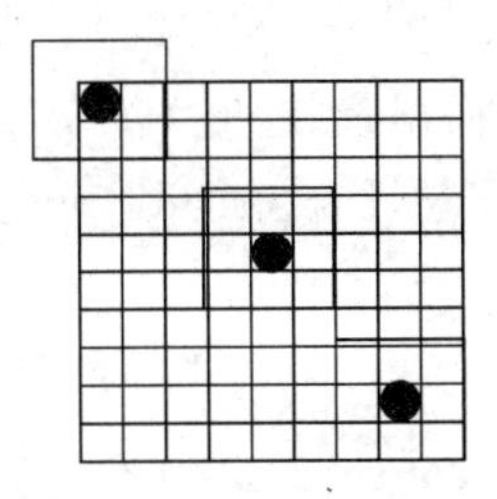

图8.4　滑动邻域窗口的移动

通常用一个形状远小于图像尺寸的像素区域来表示邻域，一般为3×3或5×5的正方形或近似的圆或椭圆形状的多边形，如图8.4中的黑色方框所示。图中黑点代表当前处理像素，位于邻域的中心，又称为中心像素，像素的边缘实际上为一个像素集。当中心像素从图像矩阵中一个元素移动到另外一个元素时，其邻域窗口(黑色方框)也随之移动。窗口内像素的梯度特征随着中心像素的移动而变化，从而可以灵活地检测卡通成分和纹理成分中的像素聚焦特性。

假设滑动窗口大小设置为$M\times N$，$M=2K+1$，$N=2L+1$，K和L均为正整数，则EOG的计算如式(8.28)所示。

$$\begin{cases}\mathrm{EOG}(i,j)=\sum\limits_{m=-(M-1)/2}^{(M-1)/2}\sum\limits_{n=-(N-1)/2}^{(N-1)/2}(I_{i+m}^2+I_{j+n}^2)\\ I_{i+m}=I(i+m+1,j)-I(i+m,j)\\ I_{j+n}=I(i,j+n+1)-I(i,j+n)\end{cases}\tag{8.28}$$

其中，$I(i,j)$表示卡通和纹理成分中(i,j)位置像素的值，窗口大小为7×7。

令$\mathrm{EOG}_{(i,j)}^{U_A}$和$\mathrm{EOG}_{(i,j)}^{U_B}$分别表示卡通成分$U_A$和$U_B$中$(i,j)$位置像素邻域窗口区域的EOG。令$\mathrm{EOG}_{(i,j)}^{V_A}$和$\mathrm{EOG}_{(i,j)}^{V_B}$分别表示纹理成分$V_A$和$V_B$中$(i,j)$位置像素邻域窗口区域的EOG。本章通过比较卡通成分和纹理成分中各像素邻域窗口区域的EOG大小来确定各像素是否属于聚焦区域，并用两个决策矩阵$\boldsymbol{H}^U$和$\boldsymbol{H}^V$来记录各像素邻域窗口区域的EOG大小比较结果。具体的选择比较规则如式(8.29)和式(8.30)所示。

$$H^U(i,j)=\begin{cases}1,\ \mathrm{EOG}_{(i,j)}^{U_A}\geqslant\mathrm{EOG}_{(i,j)}^{U_B}\\ 0,\ \text{otherwise}\end{cases}\tag{8.29}$$

$$H^V(i,j)=\begin{cases}1,\ \mathrm{EOG}_{(i,j)}^{V_A}\geqslant\mathrm{EOG}_{(i,j)}^{V_B}\\ 0,\ \text{otherwise}\end{cases}\tag{8.30}$$

其中，H^U和H^V同源图像大小相同。当卡通成分U_A中的(i,j)位置像素属于聚焦区域时，$H^U(i,j)$的值为1。当卡通成分U_B中的(i,j)位置像素属于聚焦区域时，$H^U(i,j)$的值为0。同样，当纹理成分V_A中的(i,j)位置像素属于聚焦区域时，$H^V(i,j)$的值为1。当纹理成分V_B中的(i,j)位置像素属于聚焦区域时，$H^V(i,j)$的值为0。

但是在决策矩阵$\boldsymbol{H}^U$和$\boldsymbol{H}^V$所对应的二值图像中，各区域间存在着细小的突起、截断、狭窄的粘连和孔洞。而仅仅依靠EOG作为稀疏矩阵局部区域的显著特征评价标准，并不能保证完全提取出所有的源图像聚焦区域。利用结构元素Z对决策矩阵$\boldsymbol{H}^U$和$\boldsymbol{H}^V$进行形态学的腐蚀膨胀操作来改善对聚焦区域像素的判定效果。腐蚀操作 $\boldsymbol{H}^U \circ \boldsymbol{Z}$ 和 $\boldsymbol{H}^V \circ \boldsymbol{Z}$ 可去除决策矩阵中间区域的毛刺和狭窄的粘连，膨胀操作 $\boldsymbol{H}^U \cdot \boldsymbol{Z}$ 和 $\boldsymbol{H}^V \cdot \boldsymbol{Z}$ 可去除截断和小洞，为准确去除小洞，对于去除洞的大小，设定了专门的阈值，对小于阈值的洞进行膨胀操作。在形态学处理后的决策矩阵 $\boldsymbol{H}$ 基础上，根据式(8.31)和式(8.32)将卡通成分 U_A、U_B 和纹理成分 V_A、V_B 中聚焦区域的像素 (i, j) 进行合并得到最后的融合卡通成分 U 和融合纹理成分 V。

$$U(i, j)=\begin{cases}U_A(i, j), & H^U(i, j)=1\\ U_B(i, j), & H^U(i, j)=0\end{cases} \tag{8.31}$$

$$V(i, j)=\begin{cases}V_A(i, j), & H^V(i, j)=1\\ V_B(i, j), & H^V(i, j)=0\end{cases} \tag{8.32}$$

8.4.3 实验与分析

本章采用由 Eduardo F. 开发的工具箱来仿真基于 LAP 的融合方法，用 Split Bregman 工具箱来仿真本章所提出的算法。分别列出了多聚焦图像“Disk”、“Lab”、“Rose”和“Book”在不同融合方法下获得的融合图像以及“Lab”和“Rose”的融合图像与源图像间的差异图像，并用表格列出了不同融合方法在融合以上多聚焦图像时的性能。图 8.5(a)～(f)、图 8.6(a)～(f)、图 8.7(a)～(f)和图 8.8(a)～(f)分别列出了不同融合方法对上述多聚焦图像的融合结果。图 8.9(a)～(f)和图 8.10(a)～(f)分别列出了不同融合方法对多聚焦源图像“Lab”和“Rose”的融合图像与源图像间的差异图像。

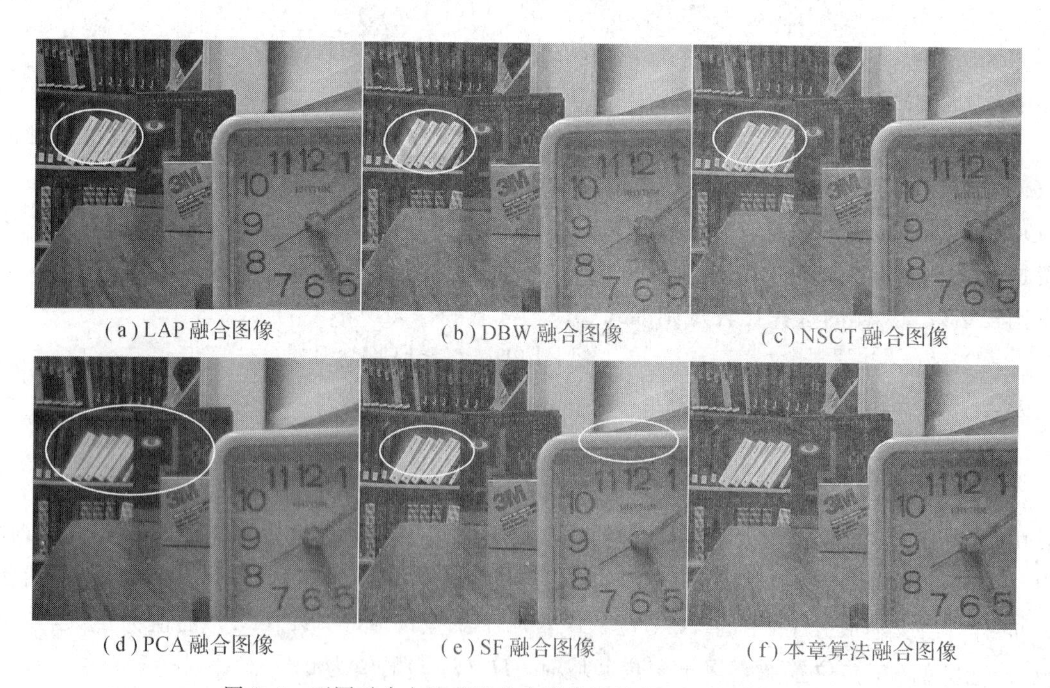

(a) LAP 融合图像　(b) DBW 融合图像　(c) NSCT 融合图像

(d) PCA 融合图像　(e) SF 融合图像　(f) 本章算法融合图像

图 8.5　不同融合方法获得的多聚焦图像“Disk”的融合图像

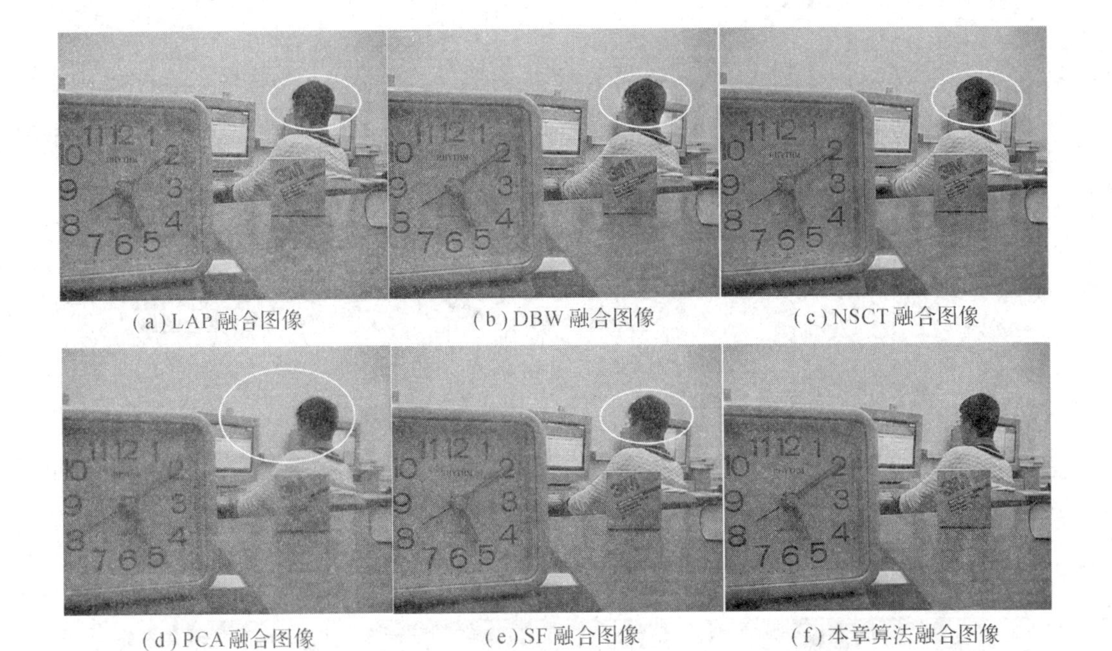

图 8.6 不同融合方法获得的多聚焦源图像"Lab"的融合图像

图 8.7 不同融合方法获得的多聚焦图像"Rose"融合图像

(a) LAP 融合图像　(b) DBW 融合图像　(c) NSCT 融合图像

(d) PCA 融合图像　(e) SF 融合图像　(f) 本章算法融合图像

图 8.8　不同融合方法获得的多聚焦图像“Book”的融合图像

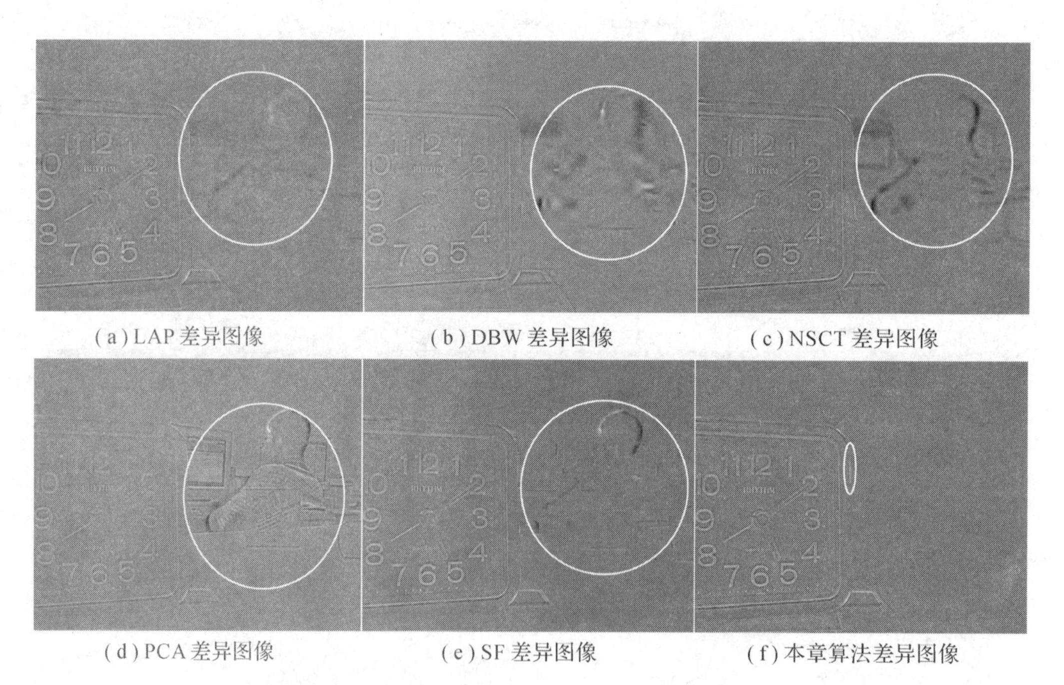

(a) LAP 差异图像　(b) DBW 差异图像　(c) NSCT 差异图像

(d) PCA 差异图像　(e) SF 差异图像　(f) 本章算法差异图像

图 8.9　不同融合方法对多聚焦图像“Lab”的融合图像与源图像间的差异图像

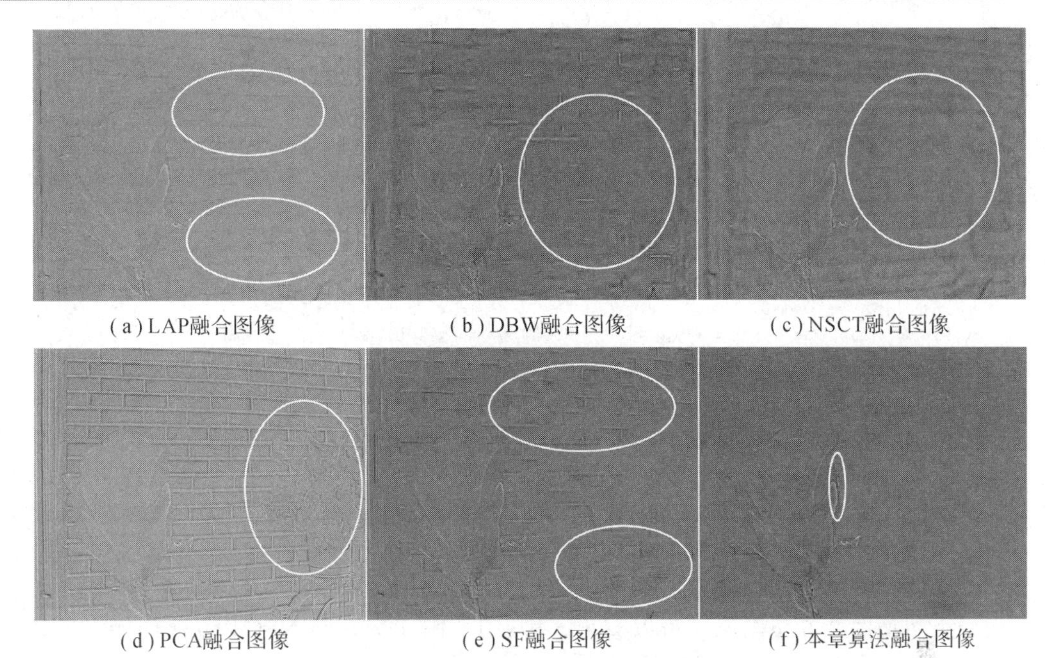

图 8.10　不同融合方法对多聚焦图像"Rose"的融合图像与源图像间的差异图像

表 8.1、表 8.2 和表 8.3 分别列出了不同融合方法在融合多聚焦图像"Disk"，"Lab"，"Rose"、"Book"、"Clock"和"Pepsi"时的性能指标值。另外，表 8.1、表 8.2 和表 8.3 还列出了各融合算法的运行时间(以秒为单位)。

表 8.1　不同算法在融合多聚焦图像"Disk"和"Lab"时的性能比较

Method	Disk			Lab		
	MI	$Q^{AB/F}$	Run-time(s)	MI	$Q^{AB/F}$	Run-time(s)
LAP	6.14	0.69	0.91	7.10	0.71	0.91
DWT	5.36	0.64	0.64	6.47	0.69	0.59
NSCT	5.88	0.67	463.19	6.95	0.71	468.51
PCA	6.02	0.53	0.32	7.12	0.59	0.08
SF	7.00	0.68	1.01	7.94	0.72	1.03
本章算法	7.25	0.72	21.08	8.20	0.75	17.09

表 8.2　不同算法在融合多聚焦图像"Rose"和"Book"时的性能比较

Method	Rose			Book		
	MI	$Q^{AB/F}$	Run-time(s)	MI	$Q^{AB/F}$	Run-time(s)
LAP	5.51	0.69	0.71	7.28	0.71	0.88
DWT	4.78	0.67	0.45	6.82	0.69	0.52
NSCT	5.19	0.70	294.16	7.33	0.72	459.06
PCA	5.45	0.71	0.07	7.73	0.63	0.02
SF	6.78	0.72	0.66	8.41	0.70	1.04
本章算法	7.20	0.73	15.4	8.60	0.73	20.91

表 8.3　不同算法在融合多聚焦图像"Clock"和"Pepsi"时的性能比较

Method	Clock			Pepsi		
	MI	$Q^{AB/F}$	Run-time(s)	MI	$Q^{AB/F}$	Run-time(s)
LAP	6.93	0.69	0.85	6.89	0.77	0.81
DWT	5.86	0.63	0.47	6.22	0.72	0.57
NSCT	6.53	0.66	205.34	6.89	0.76	193.53
PCA	6.99	0.58	0.08	6.92	0.65	0.08
SF	7.67	0.68	0.90	7.34	0.78	0.88
本章算法	7.77	0.72	18.52	7.62	0.79	18.01

1. 实验结果主观评价

由融合图像图 8.5 至图 8.8 可以看出，基于 LAP、DWT 和 NSCT 方法的融合图像分别出现不同程度的模糊。例如，图 8.5(a)～(c)中的书架白色图书书脊的边缘部分，图 8.6(a)～(c)中右边学生头部的上侧和右侧边缘部分，图 8.7(a)～(c)中的玫瑰花上部区域以及图 8.8(a)～(c)中左边图书的上侧边缘部分都出现不同程度的模糊。基于 PCA 的融合方法所得融合图像的对比度最差。例如，图 8.5(d)中的左边书架部分区域，图 8.6(d)中右边学生和显示器区域部分，图 8.7(d)中玫瑰花和墙体区域部分以及图 8.8(d)中左侧图书封面的文字部分区域对比度比较差。基于 SF 的融合方法所得融合图像有明显的块效应。例如，图 8.5(e)中书架中白色图书书脊的边缘部分，图 8.6(e)中右边学生头部的右侧边缘区域，图 8.7(e)中的左侧门框中部区域以及图 8.8(e)中左侧图书封面的文字部分均有明显的块效应。本章算法所得融合图像都能清晰地显示多聚焦图像中聚焦区域目标细节，其对比度优于其他方法所得融合图像的对比度。

由图 8.9(a)～(c)和图 8.10(a)～(f)可以看出，基于 LAP、DWT 和 NSCT 的融合方法所得到的融合图像的差异图像出现部分扭曲。例如，图 8.9(a)～(c)的中右侧学生和显示器区域部分以及图 8.10(a)～(c)的中间墙体部分均出现部分扭曲，特别是基于 DWT 的融合图像差异图扭曲最为严重。基于 PCA 的融合方法由于其加权操作降低了融合图像对比度，其对应的差异图像 8.9(d)和 8.10(d)中均可以清晰看到各物体的浮雕背景。基于 SF 的融合方法所得融合图像的差异图像有明显块状残留。例如，图 8.9(e)的中右侧学生和显示器区域部分及图 8.10(e)的中间墙体部分均出现部分块状残留。本章算法的差异图像中 8.9(f)清晰地显示了左侧钟表中的数字以及钟表的轮廓，其右侧边缘区域部分光滑平整。但图 8.9(f)中左侧钟表的右边缘部分由些许残留。8.10(f)右侧区域部分光滑平整，除玫瑰花的右边缘有少量残留外，其余部分清晰显示了玫瑰花的纹理和边缘细节。

2. 实验结果客观评价

从表 8.1、表 8.2 和表 8.3 中的互信息 MI 的值可看出，本章算法所得融合图像的 MI 明显高于其他融合方法所得融合图像的 MI 值。基于 LAP、DWT 和 NSCT 的融合方法所得融合图像的 MI 值明显小于基于 SF 的融合方法所得融合图像的 MI 值。

从表 8.1、表 8.2 和表 8.3 中各融合方法所得融合图像的边缘保持度 $Q^{AB/F}$ 的值可以看出，基于 PCA 的融合方法所得融合图像由于采用加权操作削弱了融合图像的边缘保持度，其对应的 $Q^{AB/F}$ 值较小。基于 SF 的融合方法所得融合图像的边缘保持度优于基于 LAP、DWT 和 NSCT 的融合方法所得融合图像的 $Q^{AB/F}$ 值。由于本章算法将源图像的卡通成分和纹理成分分别进行融合，有利于提取源图像中的潜在信息和保持源图像中细节信息的完整性，其融合图像质量优于其他融合方法所得融合图像质量。因此，本章算法从源图像中转移聚焦区域目标细节信息的能力要优于其他融合方法。

从表 8.1、表 8.2 和表 8.3 中各融合方法的运行时间来看，基于 PCA 的融合方法融合速度最快，其运行时间最短。基于 NSCT 的融合方法耗费时间最长，其运行时间大约是本章算法运行时间的 20 倍。本章算法运行时间比基于 NSCT 外的其他融合方法的运行时间都长。一方面，使用 Split Bregman 算法将源图像分解为多个成分，需要消耗一定的运行时间。另一方面，使用滑动窗口分别计算卡通成分和纹理成分中每个像素邻域窗口的 EOG，也需要耗费一定的运行时间。因此，本章算法的运行时间较长，但随着硬件技术的发展以及并行计算方法的使用，该问题可以得到很好的解决。

本章小结

为提高融合算法对多聚焦图像潜在信息提取和描述的完整性，鉴于图像分解中 Split Bregman 算法速度快、效率高的优势，尝试将其引入到多聚焦图像融合算法中，提出了基于图像分解的多聚焦图像多成分融合算法。该方法基于 Split Bregman 算法，将多聚焦图像分解为卡通成分和纹理成分，利用滑动窗口分别计算卡通成分和纹理成分中每个像素邻域窗口的梯度能量，根据单个像素邻域窗口梯度能量的大小来判定该像素是否属于聚焦区域，并根据相应的融合规则，将卡通纹理成分中聚焦区域的像素进行合并，分别得到融合的卡通成分和纹理成分。将融合后的卡通成分和纹理成分合并，得到融合图像。一方面，将源图像分解为多个成分分别进行融合，在抑制噪声的同时，有利于捕捉源图像的潜在信息，保证了融合图像信息的完整性；另一方面，利用滑动窗口梯度能量对源图像的卡通成分和纹理成分的聚焦特性进行判定，可将像素邻域内的聚焦特性反映在滑动窗口中的梯度能量值上，便于对多种复杂图像聚焦特性的判定，易于捕捉图像边缘和纹理细节特征，有利于提高融合图像质量。通过对多组多聚焦图像进行实验验证，结果表明该方法可有效地保留图像边缘和纹理信息。因此，该融合算法的性能优于传统融合方法，是有效的，可行的。本章的部分相关工作已发表于《International Journal of Signal Processing, Image Processing and Pattern Recognition》(EI 源刊)。

参考文献及扩展阅读资料

[1] Yongxin Zhang, Hong-an Li and Zhihua Zhao. Multi-focus Image Fusion with Cartoon Texture Image Decomposition[J]. International Journal of Signal Processing, Image Processing and Pattern Recognition, 2015, 8(1): 213-224.

[2] Hong-an Li, Zhanli Li, and Zhuoming Du. A Reconstruction Method of Compressed Sensing 3D

Medical Models based on the Weighted 0-norm [J]. Computational and Mathematical Methods in Medicine, vol. 2017, 7(2): 614 - 620.

[3] Hong-an Li, Zhanli Li, Zhuoming Du, Qi Wang. Digital Image Watermarking Algorithm Using the Intermediate Frequency [J]. TELKOMNIKA Telecommunication Computing Electronics and Control, 2016, 14(4): 1424 - 1431.

[4] Hao Shuai, Ma Xu, Fu Zhouxing, Wang Qingliang, Li Hongan. Landing cooperative target robust detection via low rank and sparse matrix decomposition [C]. 2016 IEEE International Symposium on Computer, Consumer and Control, IS3C 2016, July 4 - 6, 2016, Xi'an, China, August 16, 2016: 172 - 175.

[5] Zijuan Zhang, Baosheng Kang, Hong-an Li. Improved seam carving for content-aware image retargeting[C]. Microelectronics and Electronics (Prime Asia), 2013 IEEE Asia Pacific Conference on Postgraduate Research in. IEEE, 2013: 254 - 257.

[6] Hong-an Li, Zhanli Li, Jie Zhang, et al. Image Edge Detection based on Complex Ridgelet Transform [J]. Journal of Information & Computational Science, 2015, 12(1): 31 - 39.

[7] Fangling SHI, Baosheng KANG, Hong-an Li, Yu ZHU. A New Method for Detecting JEPG Doubly Compression Images by Using Estimated Primary Quantization Step [C]. 2012 International Conference on Systems and Informatics (ICSAI 2012): 1810 - 1814.

[8] Zijuan Zhang, Baosheng Kang, Hong-an Li. Image retargeting based on multi-operator[C]. 2013 IEEE International Conference on Computational Intelligence and Computing Research, IEEE ICCIC 2013, Article number: 6724214.

[9] 张永新. 多聚焦图像像素级融合算法研究[D]. 西安: 西北大学, 2014.

[10] Mitchell H. B.. Data fusion: concepts and ideas [M]. Springer Berlin Heidelberg, 2012.

[11] Cui, Minshan. Genetic Algorithms Based Feature Selection and Decision Fusion for Robust Remote Sensing Image Analysis [M]. Proquest, UMI Dissertation Publishing, BiblioBazaar, 2012.

[12] Ahmed Abdelgawad, Magdy Bayoumi. Resource-aware data fusion algorithms for wireless sensor networks [M]. Springer US, 2012.

[13] Erkanli, Sertan. Fusion of visual and thermal images using genetic algorithms [D]. PhD Thesis, Old Dominion University, 2011.

[14] Xu M.. Image registration and image fusion: Algorithms and performance bounds [D]. PhD Thesis, Syracuse University, 2011.

[15] Wan T., Zhu C., Qin Z.. Multifocus Image Fusion Based on Robust Principal Component Analysis [J]. Pattern Recognition Letters, 2013, 34 (9): 1001 - 1008.

[16] Isha Mehra, Naveen K.. Nishchal. Image fusion using wavelet transform and its application to asymmetric cryptosystem and hiding [J]. Optics Express, 2014, 22(5): 5474 - 5482.

[17] Hong R., Wang C., Ge Y., et al. Salience preserving multi-focus image fusion [C]. Multimedia and Expo, 2007 IEEE International Conference on. IEEE, 2007: 1663 - 1666.

[18] Smith M. I., Heather J. P.. A review of image fusion technology in 2005 [C]. Defense and Security. International Society for Optics and Photonics, 2005: 29 - 45.

[19] Ardeshir Goshtasby A., Nikolov S.. Image fusion: advances in the state of the art [J]. Information Fusion, 2007, 8(2): 114 - 118.

[20] 11Anjali Malviya, S. G. Bhirud.. Image Fusion of Digital Images [J]. International Journal of Recent Trends in Engineering, 2009, 2(3): 146 - 148.

[21] Bai X., Zhou F., Xue B.. Edge preserved image fusion based on multiscale toggle contrast operator

[J]. Image and Vision Computing, 2011, 29(12): 829 - 839.

[22] Ketan Kotwal, Subhasis Chaudhuri. A novel approach? to? quantitative evaluation of hyperspectral image fusion techniques [J]. Information Fusion, 2013, 14(1): 5 - 18.

[23] Bhatnagar G., Jonathan Wu Q. M., Liu Z.. Human visual system inspired multi-modal medical image fusion framework [J]. Expert? Systems? with Applications, 2013, 40(5): 1708 - 1720.

[24] Xu Z.. Medical image fusionusingmulti-level local extrema [J]. InformationFusion, 2014, 19: 38 - 48.

[25] Zhao Y., Zhao Q., Hao A.. Multimodal medical image fusion using improved multi-channel PCNN [J]. Bio-medical materials and engineering, 2014, 24(1): 221 - 228.

[26] Stathaki T.. Image Fusion: Algorithms and Applications[M]. Academic Press, 2008.

[27] Bai X., Zhou F., Xue B.. Fusion of infrared and visual images through region extraction by using multi scale center-surround top-hat transform [J]. Optics Express, 2011, 19(9): 8444 - 8457.

[28] Alex Pappachen James, Belur V. Dasarath. Medical image fusion: A survey of the state of the art [J]. Information Fusion, 2014, 19: 4 - 19.

[29] Jiang Y., Wang M.. Image fusion with morphological component analysis [J]. Informat. Fusion, 2014, 18: 107 - 118.

[30] Li M., Dong Y., Li J.. Overview of Pixel Level Image Fusion Algorithm [J]. Applied Mechanics and Materials, 2014, 519 - 520: 590 - 593.

[31] Vese L. A., Osher S. J.. Modeling textures with total variation minimization and oscillating patterns in image processing [J]. Journal of Scientific Computing, 2003, 19(1 - 3): 553 - 572.

[32] 李峰，曾晓辉，陈盛霞，等. 基于算子的图像分解 [J]. 中国图像图形学报，2013，16(001)：86 - 92.

[33] Vese L. A., Osher S. J.. Image Denoising and Decomposition with Total Variation Minimization and Oscillatory Functions: Special Issue on Mathematics and Image Analysis [J]. Journal of Mathematical Imaging and Vision, 2004, 20(1 - 2): 7 - 18.

[34] Athavale P., Tadmor E.. Integro-Differential Equations Based on (BV, L^1) Image Decomposition [J]. SIAM Journal on Imaging Sciences, 2011, 4(1): 300 - 312.

[35] Fadili M. J, Starck J. L., Bobin J., et al. Image decomposition and separation using sparse representations: an overview [J]. Proceedings of the IEEE, 2010, 98(6): 983 - 994.

[36] Mumford D., Shah J.. Optimal Approximations by Piecewise Smooth Functions and Associated Variational Problems [J]. Communications on Pure and Applied Mathematics, 1989, 42(5): 577 - 685.

[37] 冯志林，尹建伟，陈刚. Mumford-Shah模型在图像分割中的研究[J]. 中国图像图形学报，2004，9(2)：151 - 158.

[38] Rudin L., Osher S., Fatemi E.. Nonlinear Total Variation based Noise Removal Algorithms [D]. Phys. D: Nonlinear Phenom. 1992, 60 (1 - 4): 259 - 268.

[39] Meyer Y.. Oscillating Patterns in Image Processing and Nonlinear Evolution Equations [R]. University Lecture Series. AMS, 22, 2001.

[40] Osher S., Sole A., VeseL.. Image Decomposition and Restoration Using Total Variation Minimization and the H-1 Norm [J]. J. Sci. Comput., 2003, 1(3): 349 - 370.

[41] Aujol J. F., Chambolle A.. Dual Norms and Image Decomposition Models [J]. International Journal of Computer Vision 2005, 63(l): 85 - 104.

[42] Chana T. F, Esedoglua S., Park F. E.. Image decomposition combining staircase reduction and

texture extraction [J]. Journal of Visual Communication and Image Representation, 2007, 18(6): 464-486.

[43] Goldstein T., Osher S.. The Split Bregman Method for L1-Regularized Problems [J]. SIAM Journal on Imaging Sciences, 2009, 2(2): 323-343.

[44] Wang Y. L., Yang J. F., Yin W. T., et al. A New Alternating Minimization Algorithm for Total Variation Image Reconstruction [J]. SIAM Journal on Imaging Sciences, 2008, 1(3): 248-272.

[45] Osher S., Burger M., Goldfarb D., et al. An Iterative Regularization Method for Total Variation-Based Image Restoration [J]. Multiscale Modeling and Simulation, 2005, 4(2): 460-489.

[46] Bae E., Yuan J., Tai X. C.. Simultaneous convex optimization of regions and region parameters in image segmentation models [M]. Innovations for Shape Analysis. Springer Berlin Heidelberg, 2013: 421-438.

[47] Sathe C. P., Hingway S. P., Suresh S. S.. Image Restoration using Inpainting [J]. International Journal, 2014, 2(1): 288-292.

[48] Liu X., Huang L.. A new nonlocal total variation regularization algorithm for image denoising [J]. Mathematics and Computers in Simulation, 2014, 97: 224-233.

[49] Boyd S. P, Vandenberghe L.. Convex optimization [M]. Cambridge university press, 2004.

[50] Zou J., Fu Y.. Split Bregman algorithms for sparse group Lasso with application to MRI reconstruction [J]. Multidimensional Systems and Signal Processing, 2014: 1-16.

[51] 樊启斌，焦雨领. 变分正则化图像复原模型与算法综述 [J]. 数学进展，2012，41(5)：531-546.

[52] Bai X., Zhou F., Xue B.. Image enhancement using multiscale image features extracted by top-hat transform [J]. Optics & Laser Technology, 2012, 44:328-336.

[53] Image fusion toolbox: http://www.imagefusion.org/.

[54] Split Bregman toolbox: http://tag7.web.rice.edu/Split_Bregman_files/.

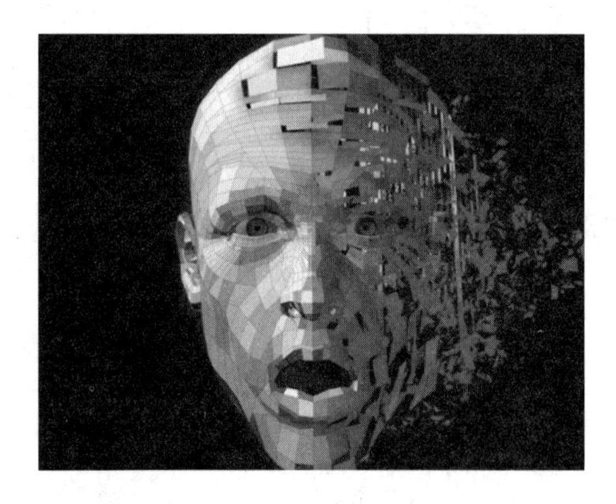

第 9 章　基于稀疏表达的人脸身份识别系统

本章介绍一个基于稀疏表达的人脸身份识别系统，内容包括整个系统的开发过程，即稀疏表达人脸识别的相关理论、系统设计与分析、核心算法流程以及此系统的使用说明，附录部分是此系统的调试运行好的全部源代码，可供读者参考。把理论方法应用于系统开发有助于更加深层次地理解信号稀疏化理论与方法。

9.1　引　　言

每个人都拥有自己独特的生理特征，这些特征包括指纹、虹膜等，因此利用生物独有特征进行身份确认的技术便应运而生。人脸特征是一种内在属性，拥有其独特性，是作为身份识别认证的一种良好根据。经过对人脸识别算法的研究与学习，基于稀疏表示人脸识别算法，利用 MATLAB 开发环境开发出一个人脸身份识别系统。

人脸识别技术主要分为人脸训练和人脸检测过程，其中人脸训练是将已有的照片应用某种算法进行压缩，存储在数据库中供人脸检测使用，其中人脸检测是将采集的即时人脸使用相同的算法对照片进行无损压缩并与人脸训练过程的压缩照片进行对比的过程。此技术不仅涉及生物特征识别领域而且涉及人工智能领域。

人脸识别技术对于应用者来说或许是一项简单、成熟的技术，但是为达到建立一套系统的、识别准确的、操作简单的人脸识别技术，人们从 20 世纪 50 年代一直在进行研究，虽然迄今为止不断有突破性的成果出现，但是到目前为止这些算法也并不完美，仍然受到现实条件的制约和影响。

近些年来，由于科技的发展，技术越来越先进，黑客技术也同时大大提高，原始的密码识别也越来越显得无能为力，基于这样的背景下，身份识别逐渐变得多元化。在这些多元化的身份识别中人脸识别凭借本身的简单、易行、可靠性高的特点脱颖而出，并受到越来越多人的重视。

在现实生活中，人脸识别也慢慢出现并改变着人们的生活。例如，在人们的周边：通过人脸的用户登录、公司的门禁系统、刷卡系统、个人家庭的防盗门等等，很多都应用了人脸识别技术，可以说，现在的世界，人脸识别越来越普及。目前支付宝尝试开启人脸支付功能，代表着人脸识别又向前迈进了一大步。

9.1.1　研究现状

在如今的世界上，很多国家都有基于人脸识别身份认证的研究，例如美国、英国、法国、日本等国家。当前的主流研究方法有以下几个：

1. 模板匹配方法

模板匹配类方法主要存在两种主流方法，即固定模板方法和变形模板方法。固定模板方法是首先设计一个或多个固定的参考模板，然后当待识别的对象存在时，直接用待识别对象与参考模板进行计算，获取某种度量，通过这些度量来判断是否是正确的人脸。变形模板方法是根据设计好的模板，选取合适的能量公式，然后将初始形状实施变形，直到达到能量极小，通过这种方式也可以取得较好的人脸识别效果。

2. 示例学习方法

示例学习是指从某一个概念的正、反例子中通过集合归纳产生出在满足所有正例时并且在同时不满足所有反例时的规则。

3. 神经网络方法

神经网络方法从根本上讲是一种基于样本的学习方法。当神经网络被应用于人脸检测识别时取得了很大的进展。

20 世纪 80 年代以来，国内关于人脸识别认证的研究取得了不小的进展，其研究方向主要有三个：基于几何特征的人脸正面自动识别方法，基于代数特征的人脸正面识别方法，基于连接机制的人脸识别方法。

国内人脸识别的研究经过一段时间的积累，有很多的公司都参与其中：2015 年 1 月，腾讯主导的微众银行首笔贷款发放高调地使用了人脸识别技术；3 月，马云又极为高调地在国际市场上展览了其公司蚂蚁金服与 Face＋＋合作研发的 SmiletoPay 扫脸技术。国内人脸识别技术的应用正在慢慢地趋近于普及，因为人脸识别所具有的优势是其他生物特征识别所不具有的。

目前，国内人脸识别市场种类繁多，其主流占有公司是汉王科技的人脸识别系统，该系统应用于门禁、考勤等业务。作为中国科学院下属的一个公司，汉王的人脸识别技术是利用双摄像头，采集到人脸的信息，合成 3D 立体人脸图像，随后进行特征提取等相应的人脸识别工作。

当前国内主要人脸识别认证软件及其企业见表 9.1。

表 9.1　国内人脸识别认证软件及其企业

公司名称	生物特征	产品/软件时间
云从科技人脸识别	人脸识别环境	2016 年
旷视科技人脸识别	Face＋＋	2011 年
中科奥森人脸识别	人脸识别云	2016 年

9.1.2　存在的难点

人脸识别认证技术拥有广阔的应用前景，虽然在识别率方面，与指纹、视网膜等已经成熟的应用方面存有一定的差距。就目前而言，影响人脸识别误差率的主要原因有：

（1）人脸图像获取时的不确定性，会对图像造成较大的影响(如光的方向和光照强度)。

（2）人脸的多样性以及外来性的误差（如胡须、围巾、眼镜、发饰）。

（3）人脸的塑造变形的不确定性（如表情、遮挡等）。

人脸识别具有很强的知识综合性。因为在人脸识别的过程中面临上述的多种复杂问题，所以在实际的人脸检测识别过程中，当面临这些复杂的影响因素时，尤其当这些影响因素叠加到一起时，人脸图像情况就会变得尤为复杂。对于目前的几何特征人脸识别方法，其存在的问题主要是没能形成一个统一的大家都认同的特征提取标准，这就是因为现实的条件过于复杂化。在获取到人脸图像的时候，由于人脸图像获取时存在的各种干扰，图像的获取并不会出现完美、理想的情况。这时我们需要通过一定的方法提取出人脸图像中的主要特征。尽管人脸图像获取存在一定的影响，但特征的提取仍然是一个重要的必要的研究。

基于代数特征的人脸识别方法是一种结合 3D 人脸信息的特征点提取技术。就目前而言，基于几何代数的特征方法仍然是实际人脸识别应用领域中使用较多的方法之一，其主要原因是由于代数特征矢量（及人脸图像）方法对角度、表情、遮挡等不确定性误差影响因素具有不错的稳定性。但是这种人脸识别方法对于由于各种光线、光照等因素所引起的光照误差的处理效果并不理想。

总的来说，人脸识别算法的目的就是尽可能地降低环境误差因素与个体误差因素所造成的误差影响，但是找到这样一种可以不受任何各类误差影响的人脸识别算法是基本不可能的，无论是早期的算法，还是改进后的算法，都无法避免受到各种各样的误差影响。对于这样的情况，我们能做的是在以后，逐渐地改善人脸的识别方法，使之越来越精确，越来越不受干扰。

9.2　基于稀疏表达的人脸识别的相关理论

9.2.1　人脸的稀疏表达

人脸识别的一个基本问题是如何利用已知的样本将新的测试样本进行归类。将 i 个人脸类中的 n_i 个训练样本作为列向量，排列成一个人脸信息矩阵 $\boldsymbol{A}_i=[v_{i,1}, v_{i,2}, \cdots, v_{i,n_i}]\in\boldsymbol{R}^{m\times n_i}$。

也就是将一幅 $w\times h$ 的灰度图像人脸作为列向量 $\boldsymbol{v}\in\boldsymbol{R}^m$（$m=wh$），由这些列向量构成过完备字典（训练字典）。

1. 测试样本作为训练样本的稀疏线性组合

人脸特征子空间是指一个特殊的低维子空间，其中包括光照信息和人脸描述信息。由于每个对象类的训练样本足够大，$\boldsymbol{A}_i=[v_{i,1}, v_{i,2}, \cdots, v_{i,n_i}]\in\boldsymbol{R}^{m\times n_i}$，因此在本类训练样本内计算线性表示系数用来表示此训练样本（此处可以理解为同一人的照片训练库）：

$$y=a_{i,1}v_{i,1}+a_{i,2}v_{i,2}+\cdots+a_{i,n_i}v_{i,n_i} \tag{9.1}$$

由于测试样本所属类 i 是未知的，所以定义一个新的矩阵 $\boldsymbol{A}$，其列由 k 个类别的训练样本构成：

$$\boldsymbol{A}=[A_1, A_2, \cdots, A_k]=[v_{1,1}, v_{1,2}, \cdots, v_k, n_k] \tag{9.2}$$

这时测试样本 $\boldsymbol{y}$ 可以由所有的训练样本来重写：

$$\boldsymbol{y}=\boldsymbol{A}x_0\in\boldsymbol{R}^{\mathrm{m}} \tag{9.3}$$

其中，$\boldsymbol{x}_0=[0, \cdots, 0, a_{i,1}, a_{i,2}, \cdots, a_{i,n_i}, 0, \cdots, 0]\in\boldsymbol{R}^n$是一个系数向量，只有第 i 类的值为非 0，此时 $\boldsymbol{x}_0$ 中包含测试样本 $\boldsymbol{y}$ 的信息，它可以通过式(9.3)取得。这时用全部训练样本求解 $\boldsymbol{x}$ 与 NN 和 NS(NN 是指每次只用一个类单个样本，NS 代表用一类样本)有很大不同。此时如果利用 NS 全局表示得到的分类器，要好于局部方法，因为全局表示方法相较于局部表示方法能更好地对训练样本的对象进行识别，并且还能排除掉不在训练样本中的样本，减小误差度。显然如果 $m>n$，方程 $\boldsymbol{y}=\boldsymbol{A}\boldsymbol{x}$ 有唯一解 $\boldsymbol{x}_0$。但在人脸识别过程中，经过降维后训练样本构成的方程组是欠定的，其解并不唯一。此时，可以用最小 l_2 范数解决：

$$(l_2): \hat{\boldsymbol{x}}_2=\arg\min\|\boldsymbol{x}\|_2 \quad \text{s. t. } \boldsymbol{A}\boldsymbol{x}=\boldsymbol{y} \tag{9.4}$$

这个问题很容易求解，但是 $\boldsymbol{x}_2$ 中并没有特别丰富的信息用于识别测试样本 $\boldsymbol{y}$，通常我们所获得的 x_2 是稠密的，是不稀疏的，较大的非零元素分布在很多类的训练样本上，这样所获取到的信息是无法使用的。此时为了解决这类问题，可用一种简单的方法：一个有效的测试样本 $\boldsymbol{y}$ 只用该类中的训练样本表示。如果类数 k 达到一定程度，这个表示就会是稀疏的。

2. 最小化稀疏解

因为通过 $\boldsymbol{A}\boldsymbol{x}=\boldsymbol{y}$ 得到的 $\boldsymbol{x}_0$ 越稀疏，就越容易确定测试样本 $\boldsymbol{y}$ 的种类。因此为了找到 $\boldsymbol{y}=\boldsymbol{A}\boldsymbol{x}$ 的最稀疏解，就要求解下面问题的最优解：

$$(l_1): \hat{\boldsymbol{x}}_0=\arg\min\|\boldsymbol{x}\|_1 \quad \text{s. t. } \boldsymbol{A}\boldsymbol{x}=\boldsymbol{y} \tag{9.5}$$

l_0 范数优化问题是 NP 难题，需要利用其他的方法替代解决。当解 $\boldsymbol{x}_0$ 足够稀疏时，与解最小 l_1 范数是等价的，故可转化为最小 l_1 范数问题：

$$(l_1): \boldsymbol{x}_1=\arg\min\|\boldsymbol{x}\|_1 \quad \text{s. t. } \boldsymbol{A}\boldsymbol{x}=\boldsymbol{y} \tag{9.6}$$

到目前为止，我们都是假设式(9.3)所处环境是理想化的、完美的，这样得到的结果也会是精确的。但实际数据是有噪声(光照、遮挡等)影响的，如果用训练样本的叠加，则难以精确地表示测试样本。此时我们可以通过改写式(9.3)模型来处理小噪音的问题：

$$\boldsymbol{y}=\boldsymbol{A}\boldsymbol{x}_0+\boldsymbol{z} \tag{9.7}$$

在这个式子当中，$\boldsymbol{z}\in\boldsymbol{R}^m$ 是噪音项，取值范围 $\|\boldsymbol{z}\|_2<\varepsilon$。稀疏解 $\boldsymbol{x}_0$ 仍可大致通过求解下面的稳定最小 l_1 范数得到重构：

$$\boldsymbol{x}_1=\arg\min\|\boldsymbol{x}\|_1 \quad \text{s. t. } \|\boldsymbol{A}\boldsymbol{x}-\boldsymbol{y}\|_2\leqslant\varepsilon \tag{9.8}$$

这个凸最优问题可以通过二阶规划方法有效解决。$\boldsymbol{A}$ 是随机矩阵时式(9.8)可以基本重构稀疏解，对于常数 ρ 和 ζ，如果 $\|\boldsymbol{x}_0\|_0<\rho m$，$\|\boldsymbol{z}\|_2<\varepsilon$，则所求解 $\boldsymbol{x}_1$ 极大可能满足：

$$\|\hat{\boldsymbol{x}}-\boldsymbol{x}_0\|_2\leqslant\zeta\varepsilon \tag{9.9}$$

9.2.2 基于稀疏表达的人脸分类

给定一个来自训练集中的新测试样本 $\boldsymbol{y}$，首先通过计算其稀疏表示 $\hat{\boldsymbol{x}}_1$。在处于理想情况下时，假设 $\hat{\boldsymbol{x}}_1$ 中的非零项全部来自于单个对象类 i 的 $\boldsymbol{A}$ 的列向量，并且我们可以容易地将测试样本 $\boldsymbol{y}$ 分配给该类。然而噪音和建模的误差可能导致多个与对象类相关联的小非零项。此时，基于全局性稀疏表示方法，可以设计许多有可能性的分类器来处理这个问题。例如，我们可以简单地将训练样本 $\boldsymbol{y}$ 分配给 $\hat{\boldsymbol{x}}_1$ 中单个最大值的对象类。但是，这种分配并不利于利用与面部识别中的图像相关联的子空间结构。为了充分利用这种线性结构，我们基于与每个对象的所有训练样本相关联的系数来对 $\boldsymbol{y}$ 进行分类。

对于每一类 i，$\delta_i:\boldsymbol{R}^n\rightarrow\boldsymbol{R}^n$ 是选择与第 i 类与之具有相关联的系数的特征函数，对于 $\boldsymbol{x}\in\boldsymbol{R}^n$，向量 $\delta_i(\boldsymbol{x})\in\boldsymbol{R}^n$ 中的非零元素为 x 中只与第 i 类人脸类相关的元素。此时只取出第 i 个人脸类人脸的元素，这样我们就可以将测试样本的数学估计值写为 $\boldsymbol{y}_i=\boldsymbol{A}\delta_i(\boldsymbol{x}_i)$，然后计算所有的 $\boldsymbol{y}_i$ 与 $\boldsymbol{y}$ 之间的差，最后将 $\boldsymbol{y}$ 赋予使残差值为最小的类：

$$\min_i r_i(\boldsymbol{y})=\|\boldsymbol{y}-\boldsymbol{A}\delta_i(\boldsymbol{x}_i)\|_2 \tag{9.10}$$

稀疏表示的分类算法如下：

k 个类的训练样本矩阵 $\boldsymbol{A}=[\boldsymbol{A}_1,\boldsymbol{A}_2,\cdots,\boldsymbol{A}_k]\in\boldsymbol{R}^{m\times n}$，测试样本 $\boldsymbol{y}\in\boldsymbol{R}^m$，将 $\boldsymbol{A}$ 中所有列向量归一化到单位 l_2 长度。

求解最小 l_1 范数问题：

$$\begin{gathered}\boldsymbol{x}_1=\arg\min\|\boldsymbol{x}\|_1\\ \text{s.t.}\quad \boldsymbol{A}\boldsymbol{x}=\boldsymbol{y}\end{gathered} \tag{9.11}$$

此时对于样本类 $i=1,2,\cdots,k$ 计算残差：

$$r_i(y)=\|\boldsymbol{y}-\boldsymbol{A}\delta_i(\boldsymbol{x}_1)\|_2 \tag{9.12}$$

得到 $\text{identity}(\boldsymbol{y})=\arg\min_i r_i(\boldsymbol{y})$。

9.2.3 稀疏表达有效性验证

在对测试样本进行分类之前，首先必须判断它是否是数据集中一个类的有效样本。当识别系统处于现实世界的复杂情况下时，检测和拒绝无效的测试样本或“离群值”的能力是至关重要的。一个人脸识别系统，需要分辨出一个不在数据库中的人脸图像，或一个并不是人脸的图像。

稀疏集中的指数(Sparsity Concentration Index，SCI)：

$$\text{SCI}(\boldsymbol{x})\frac{k\cdot\max_i\|\delta_i(\boldsymbol{x})\|_1/\|\boldsymbol{x}\|_1-1}{k-1}\in[0,1] \tag{9.13}$$

对于一个解决方法，如果 $\text{SCI}(\hat{\boldsymbol{x}})=1$，则测试图像由单个对象图像表示(表示是人脸库中的某一张图像)；如果 $\text{SCI}(\hat{\boldsymbol{x}})=0$，则表示稀疏系数均匀地分布在所有人脸类，此时需要做出一个判断，即选择一个 $\tau\in(0,1)$，如果解决方案 $\text{SCI}(\hat{\boldsymbol{x}})>\tau$ 则认为有效，而如果 $\text{SCI}(\hat{\boldsymbol{x}})<\tau$ 则认为无效。

9.2.4 稀疏表达人脸识别的特征提取

1. 特征提取

将传统的 NN 和 NS 简单分类法结合起来使用的时候，特征变换的选择对算法的成功

与否是至关重要的。这就导致了越来越复杂的特征提取方法。

特征提取有一个明显的好处就是减少了数据维度和运算成本。对于原始的面部图像，对应的线性系统 $\boldsymbol{y}=\boldsymbol{Ax}$ 运算量非常之大。

虽然稀疏表示人脸识别方法是一个基于可以扩展的人脸识别算法，但是如此大的运算量还是超出了常规计算机的能力。

既然大部分的特征变换都只涉及线性操作，那么从图像空间到特征空间的投影就可以表述成一个矩阵 $\boldsymbol{R}\in\boldsymbol{R}^{d\times m}$，其中 $d\ll m$，$\tilde{\boldsymbol{y}}=\boldsymbol{Ry}=\boldsymbol{RAx}_0\in\boldsymbol{R}^d$。

事实上，特征空间的维数 d 是远远小于 n 的。在这种情况下，线性方程组 $\tilde{\boldsymbol{y}}=\boldsymbol{RAx}\in\boldsymbol{R}^d$ 在 $\boldsymbol{x}\in\boldsymbol{R}^n$ 未知的情况下是待定的。但是，既然希望获得的解 $\boldsymbol{x}_0$ 是稀疏的，那么可以通过最小 l_1 范数来重构它：

$$\hat{\boldsymbol{x}}_1=\arg\min\|\boldsymbol{x}\|_1$$
$$\text{s.t.}\ \|\boldsymbol{RAx}-\tilde{\boldsymbol{y}}\|_2\leqslant\varepsilon$$

其中 ε 代表的是误差限度。因此稀疏表示分类(Sparse Representation based Classification, SRC)方法中的训练图像矩阵现在变成了低维的特征矩阵 $\boldsymbol{RA}\in\boldsymbol{R}^{d\times n}$，测试图像 $\boldsymbol{y}$ 用它的特征值取代。

2. 稀疏表示分类器对遮挡的鲁棒性

在许多实际人脸识别场景中，由于误差的干扰，测试图像 $\boldsymbol{y}$ 含有遮挡等问题，这种情况下，线性模型式(9.3)可以改写为

$$\boldsymbol{y}=\boldsymbol{y}_0+\boldsymbol{e}_0=\boldsymbol{Ax}_0+\boldsymbol{e}_0 \tag{9.14}$$

其中 $\boldsymbol{e}_0\in\boldsymbol{R}^m$ 是误差向量。由于遮挡和噪声通常只存在于图像的一小部分上，因此可以认为 $\boldsymbol{e}_0$ 中只有一小部分的元素是非零的，设其比例为 ρ，这个比例对应的是测试样本中被污染的那一部分。这些非零元素所存在的位置是不确定的，且数值大小具有随机性，并且通常情况下是不可忽略的。但是即便这部分的元素遭受到严重的破坏，我们依旧可以用其他元素的信息来进行分类。把式(9.14)重写为

$$\boldsymbol{y}=[\boldsymbol{A},\ \boldsymbol{I}]\begin{bmatrix}\boldsymbol{x}_0\\\boldsymbol{e}_0\end{bmatrix}=\boldsymbol{Bw}_0 \tag{9.15}$$

其中 $\boldsymbol{B}=[\boldsymbol{A},\ \boldsymbol{I}]\in\boldsymbol{R}^{m\times(n+m)}$，则方程 $\boldsymbol{y}=\boldsymbol{Bw}_0$。稀疏表示向量 $\boldsymbol{w}_0=[\boldsymbol{x}_0^{\mathrm{T}},\ \boldsymbol{e}_0^{\mathrm{T}}]^{\mathrm{T}}$ 最多有 $n_i+\rho m$ 个非零元素。我们希望重构的 $\boldsymbol{y}=\boldsymbol{Bw}$ 的最稀疏解 $\boldsymbol{w}$ 即为 $\boldsymbol{w}_0$。通常来说，如果遮挡占据少于 $\frac{m-n_i}{2}$ 个像素，即可满足 $\boldsymbol{w}=\boldsymbol{w}_0$。

一般地，我们也可以认为污染噪声 $\boldsymbol{e}_0$ 在某个正交基 $\boldsymbol{A}_e\in\boldsymbol{R}^{m\times(n+m)}$，如傅里叶基或者小波基，此时只需把式(9.15)变为：

$$\boldsymbol{y}=[\boldsymbol{A}_e,\ \boldsymbol{I}]\begin{bmatrix}\boldsymbol{x}_0\\\boldsymbol{e}_0\end{bmatrix}=\boldsymbol{Bw}_0 \tag{9.16}$$

这样就可以对求出的 $\boldsymbol{w}_0$ 使用更稀疏的表示。同样地，通过求解下面扩展的最小 l_1 范数可以重构稀疏解 $\boldsymbol{w}_0$：

$$\hat{\boldsymbol{x}}_1=\arg\min\|\boldsymbol{x}\|_1$$
$$\text{s.t.}\quad \boldsymbol{Bw}=\boldsymbol{y} \tag{9.17}$$

9.3　基于稀疏表达的人脸识别系统的设计与实现

本节通过编程实现一个基于 SRC 算法的人脸身份识别系统。下面介绍系统的核心算法实现，以及整个系统的实现。

人脸身份识别系统应具有两大主要功能：

(1) 通过已有人脸图像或摄像头获取待识别人脸图像，将待识别人脸与人脸库里的人脸进行识别匹配，获取匹配结果，这是整个系统的核心。一切其余模块都是给这一部分提供服务的。其他的模块会将人脸图像处理成该模块需要的形式。

(2) 人脸库人员信息的添加与删除。人脸库的信息不会是固定的，那样的系统将会没有意义。在本系统中人脸库将以现有图像和摄像头获取的形式进行添加与删除。

性能要求：需要在较短的时间范围内识别人脸，反馈用户。

安全要求：人脸库人员信息的添加与删除并不是任何人都可以操作的，需要一定的权限；人脸库的识别需要有一定的识别率；识别出的人脸信息不能随意更改。

系统模块如图 9.1 所示。

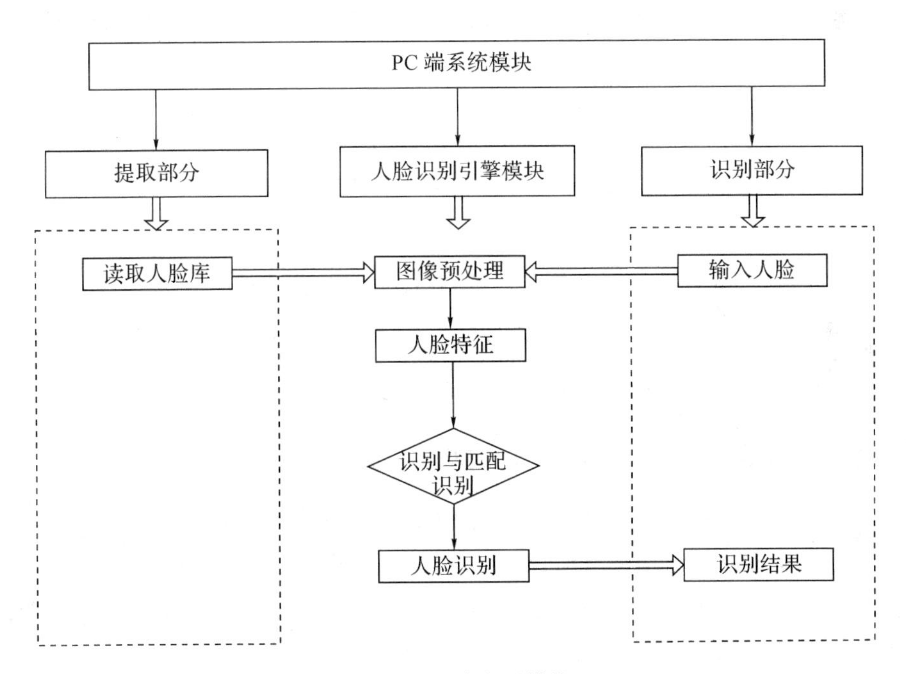

图 9.1　系统主要模块

从人脸库中获取人脸信息，从外部获取待识别人脸并进行图像处理，获取人脸特征后进行识别匹配，向外部输出识别结果。

9.3.1　稀疏表达人脸识别核心算法流程

基于稀疏表示的人脸识别核心算法流程框架如图 9.2 所示。

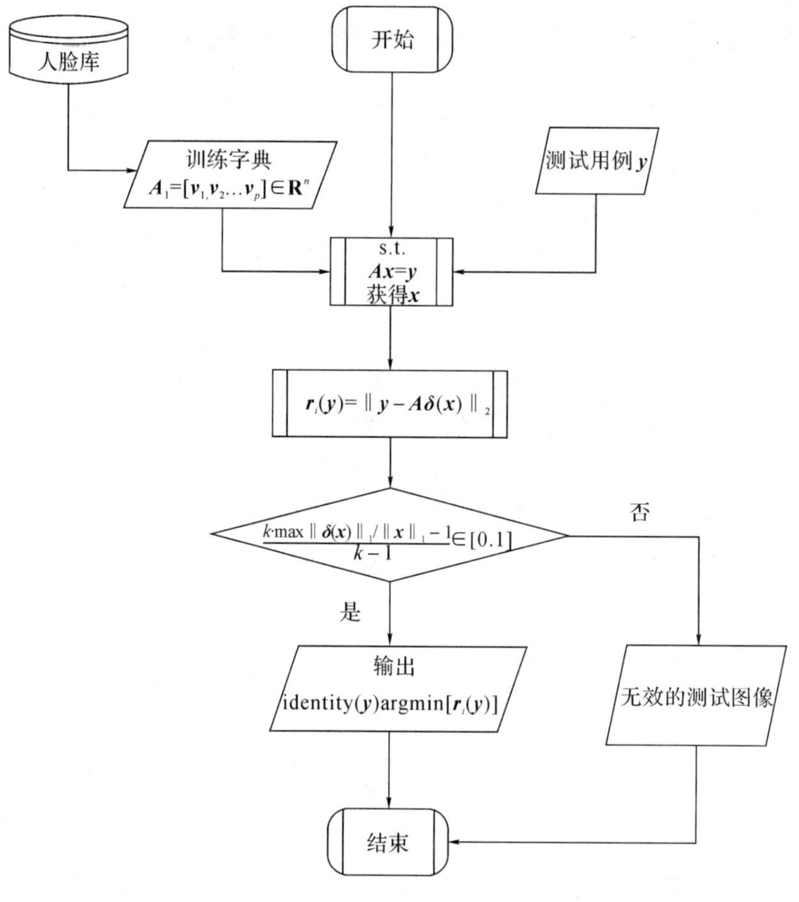

图 9.2 SRC 人脸识别算法流程图

从人脸库获取人脸信息，生成训练字典 $\boldsymbol{A}$，获取测试用例 $\boldsymbol{y}$，利用 $\boldsymbol{Ax}=\boldsymbol{y}$ 得到 $\boldsymbol{x}$，计算最小残差 $\boldsymbol{r}$；再计算 SCI，判断匹配是否有效；最后结束本次计算。

9.3.2 基于稀疏表达的人脸识别核心算法的实现

本系统是基于 SRC 算法的人脸识别，将 SRC 算法分为以下几个部分：

(1) 训练样本 $\boldsymbol{y}$ 的获取。规定图片为 bmp 格式，位深度为 8，规格为 100×100。

(2) 人脸库训练字典 $\boldsymbol{x}$ 的生成。规定图片为 bmp 格式，位深度为 8，规格为 100×100，每个人脸库类中有 10 个样本。

(3) 由于假设环境为理想环境，所以对于 $\boldsymbol{y}$ 不做处理。

(4) 解 l_1 范式最小化问题：

$$\hat{\boldsymbol{x}}_1=\arg\min\|\boldsymbol{x}\|_1$$
$$\text{s.t.}\quad \boldsymbol{Ax}=\boldsymbol{y}$$

获得关系向量 $\boldsymbol{x}$。

(5) 对 $\boldsymbol{x}$ 求最小残差，获取人脸类 i。

(6) 计算 SCI，判断匹配是否有效。

由于其中需要求解 l_1 范式，在 MATLAB 的开发环境中使用了外部库 cvx。

提取人脸库中人脸类，经过压缩存储生成 96×k(训练样本类的个数)的矩阵，再生成训练字典 **A**。实现如下：

1. 生成训练字典

首先将 100×100 的人脸图像压缩成 12×8 的矩阵，再将 12×8 的矩阵变为列向量以此处理完整个人脸库。这样假设有 10 个人脸类，共有 100 张人脸图像，1 到 10 为第 1 个人脸类，以此类推，共有 100 张图像，生成一个 96×100 的矩阵，这个矩阵就是我们的训练字典。

2. 获取待测试图像 *y*

将待匹配的人脸图像压缩成 12×8 的矩阵，再将矩阵变换为一个 96×1 的列向量，这便是人脸图像 ***y***。

3. 人脸匹配运算

这时训练字典 **A** 已经获得，待测试人脸 ***y*** 也已经获得。首先计算 ***Ax***=***y***，获得相关性向量 ***x***，提取 ***x*** 中每个人脸类的数据，分别做残差 r 计算，找出最小残差 r，这个 r 对应的人脸类便是最为相近的人脸类。这时计算 SCI，判断此次识别是否有效，有效则说明匹配成功，无效则待测试人脸不存在于人脸库中。

训练字典生成的核心代码如下：

```
p1 = mfilename('fullpath');
[pathstr]=fileparts(p1);
cd(pathstr);
Q = sprintf('%s\\train', pathstr);
D = dir(Q);
[m, n]=size(D);
m=m-2;
for j=1:m
  for i=1:10
    A_all(:, i+j*10-10)=get_face_all(get_picture(j, i));
  end
end
end
picture=imread(path);
%====处理成低维的情况=======直接压缩
a=12;
b=8;
temp=imresize(picture, [a b], 'nearest');
%===在这里把 12×8 矩阵变成了列向量
y=temp(:);
```

获取待匹配图像的程序代码如下：

```
global y y_double picture
```

```
[FileName, PathName] = uigetfile({'*.bmp; *.jpg'});
picture=imread([PathName, FileName]);
axes(handles.axes1);
imshow(picture);
mysize=size(picture);
if numel(mysize)>2
picture=rgb2gray(picture); %将彩色图像转换为灰度图像
 else
     picture = picture;
end
a=12;b=8;
temp=imresize(picture, [a b], 'nearest');
y=temp(:);
y_double=double(y);
```

稀疏表示人脸匹配的核心代码如下：

```
a_double = A_double;
for i =1:Totalface_class * 10
    aaa=a_double(:, i);
    bbb=norm(aaa, 1);
    for j = 1: (12 * 8)
        a_double(j, i)=a_double(j, i) /bbb;
    end
end
%A_double = a_double;
cvx_begin
    variable x(Totalface_class * 10);
    minimize(norm(x, 1));
    subject to
      A_double * x == y_double;
cvx_end
%=========show the image got from minimization L1 - norm========
ri=zeros(Totalface_class, 1);
sum1 = zeros(Totalface_class, 1);
%生成一个 15×1 的列向量
for i=1:Totalface_class
    %生成一个 150×1 的列向量
    xi=zeros(Totalface_class * 10, 1);
    for j=1:10
      %将 x 中 Totalface_class 个脸的列向量分别取出放入 xi 中
      xi(10 * i+j-10)=x(10 * i-10+j);
end
sum1(i) = norm(xi, 1);
```

```
yi=A_double * xi;
%返回范数(二范数 ri 就是矩阵 yi-y_double 的 2 范数，也就是 yi-y_double 的转置矩阵乘以
yi-y_double 特征根最大值的开根号)
ri(i)=norm(yi-y_double, 2);
```

9.4　系统使用说明

9.4.1　软件概述

每个人都拥有自己独特的生理特征，这些特征包括指纹、虹膜等，因此利用生物独有特征进行身份确认的技术便应运而生。人脸特征是一种内在属性，拥有其独特性，是作为身份识别认证的一种良好根据。本系统经过对人脸识别算法的研究与学习，基于稀疏表示人脸识别算法，利用 MATLAB 开发环境开发出一个人脸身份识别系统。

稀疏表示人脸识别算法是在保证人脸库人脸信息对齐的情况下，利用人脸库中的所有人脸类中的人脸信息，构成训练字典。将测试样本由训练字典表示，获得系数向量。通过系数向量分别提取单个人脸类的系数向量，然后分别进行最小残差计算，根据其计算结果获取匹配人脸类。

系统中采用压缩存储的方式生成训练字典，降低了运算量，具有运算速度快、识别快的优点。采用 SRC 人脸识别方法，该算法对遮挡型误差有较好的识别率，且实现较为简单，拥有较高的识别率。人脸识别算法有着广泛应用前景，而且对于不同的行业，它的应用价值各不相同。

9.4.2　运行环境

开发环境：计算机一台，CPU：Intel(R) Xeon(R) CPU E5504 @ 2.00GHz(2 处理器)，内存：16.00GB，分辨率：1440×900，软件：MATLAB 2011b。

运行环境：计算机一台，CPU：Intel(R) Xeon(R) CPU E5504 @ 2.00GHz(2 处理器)，内存：16.00GB，分辨率：1440×900，操作系统：Windows 7。

软件环境：开发操作系统：Windows 7，系统类型：32 位。

9.4.3　软件的功能

人脸身份识别系统具有两大主要功能：

(1) 通过已有人脸图像或摄像头获取待识别人脸图像，将待识别人脸与人脸库里的人脸进行识别匹配，获取匹配结果。

(2) 人脸库人员信息的添加与删除。

系统具体功能如下：

1. 进入系统

(1) 进入系统，进入主界面。

(2) 点击“开始”，进入应用界面。

2. 人脸识别

(1) 点击“训练字典”，生成训练字典。

(2) 点击“选择图片”，选择待识别的人脸。

(3) 单击“打开”按钮，会发现待识别人脸出现在主界面上。

(4) 单击“识别”按钮，识别成功后将出现此人信息。

(5) 通过摄像头进行识别。

(6) 点击摄像头，获取人脸截图按钮。

3. 增加人脸数据库

(1) 点击“通过摄像头增加人脸”。

(2) 拍摄 10 张当前相片。

(3) 输入此人身份信息。

(4) 添加成功。

(5) 通过已有照片增加人脸数据库。

(6) 输入信息，增加完成。

4. 删除人脸数据库

(1) 点击“删除人脸数据库”。

(2) 选择要删除的人脸库文件夹。

5. 退出

(1) 退出系统，返回主界面。

(2) 单击“退出”。

9.4.4 软件的使用

1. 进入系统

(1) 进入系统，进入主界面，如图 9.3 所示。

图 9.3 开始界面

(2) 点击“开始”，进入应用界面，如图 9.4 所示。

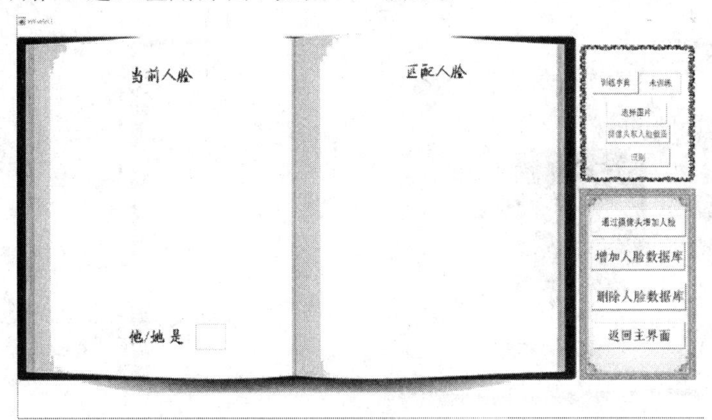

图 9.4　应用界面

2. 人脸识别

(1) 点击“训练字典”，生成训练字典，如图 9.5 所示。

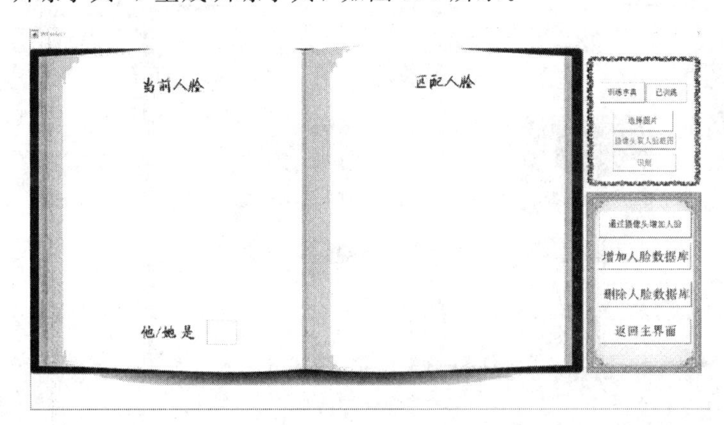

图 9.5　生成训练字典

(2) 点击“选择图片”，选择待识别的人脸，如图 9.6 所示。

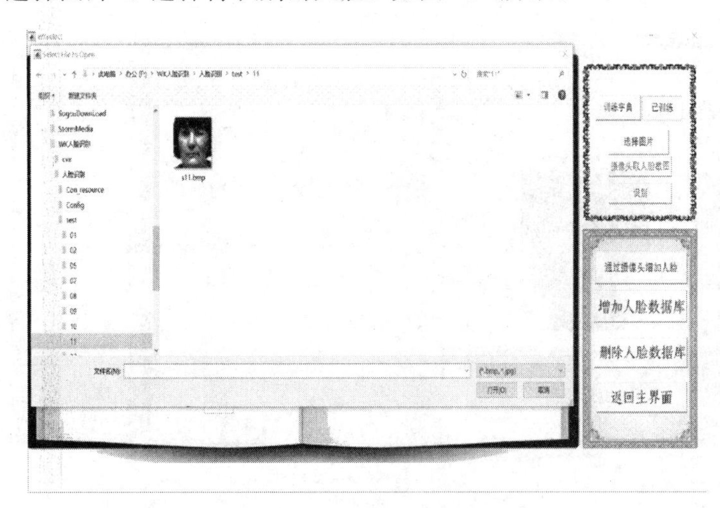

图 9.6　选择待识别的人脸

(3) 单击“打开”按钮，会发现待识别人脸出现在主界面上，如图 9.7 所示。

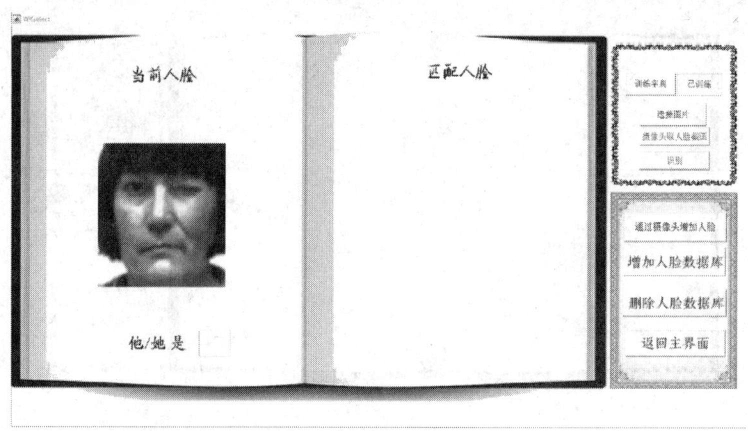

图 9.7　待识别人脸

(4) 单击“识别”按钮，识别成功后将出现此人信息，如图 9.8 所示。

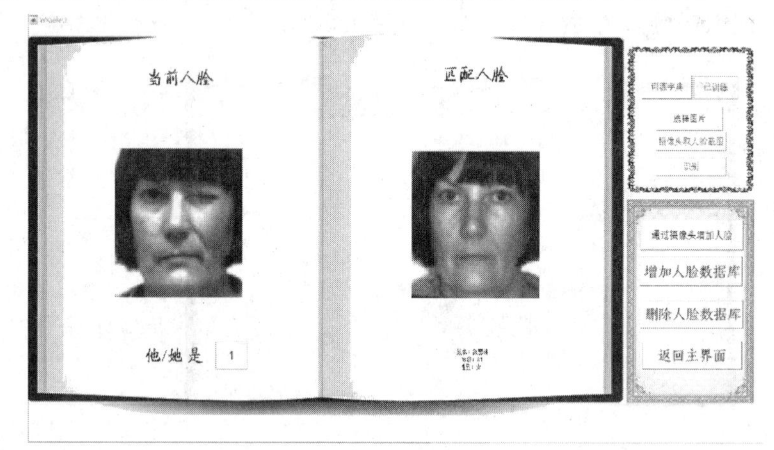

图 9.8　识别成功

(5) 如果人物识别后发现此人不存在于数据库中，显示如图 9.9 所示。

图 9.9　人物识别后发现此人不存在于数据库中

(6) 通过摄像头进行识别，如图 9.10 所示。

· 点击摄像头获取人脸截图按钮；

· 点击“选择图像”。

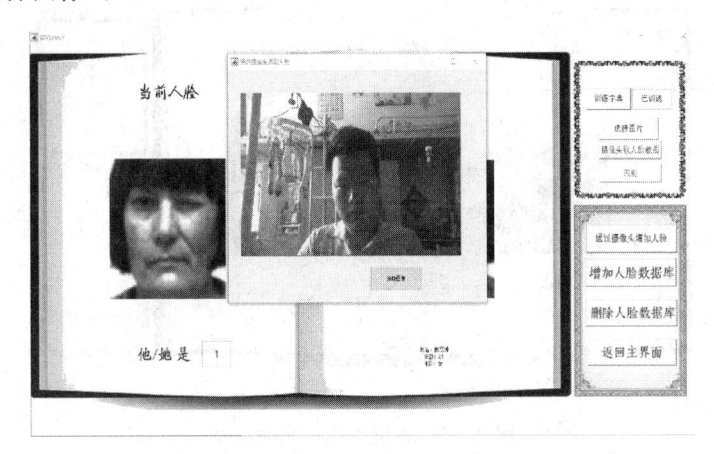

图 9.10　用摄像头选取人脸

(7) 图像出现在当前人脸显示区，如图 9.11 所示。

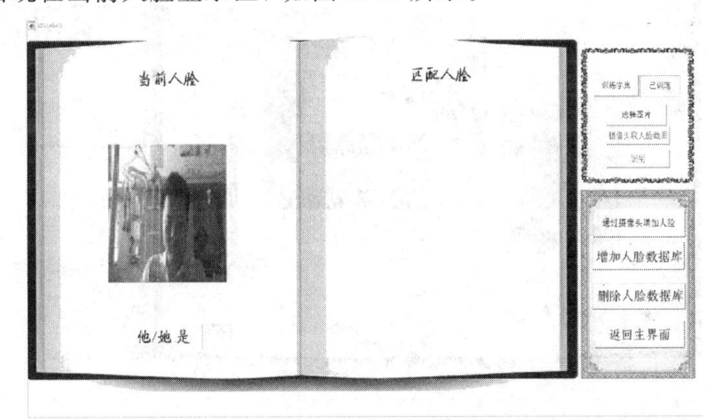

图 9.11　摄像头选取的人脸

(8) 点击“识别”，将显示匹配人脸图像，如图 9.12 所示。

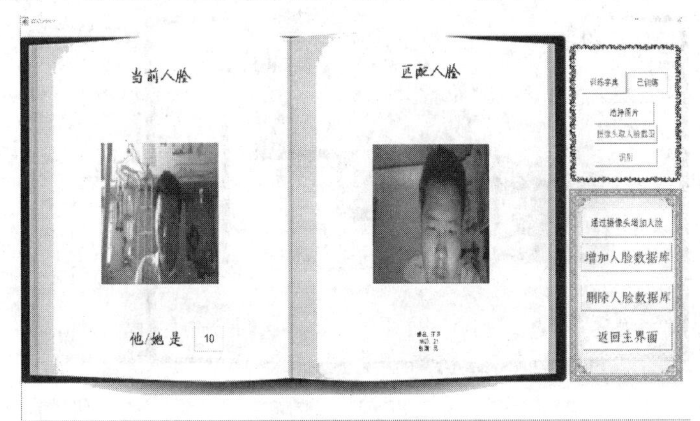

图 9.12　识别成功

3. 增加人脸数据库

(1) 点击“通过摄像头增加人脸”，如图 9.13 所示。

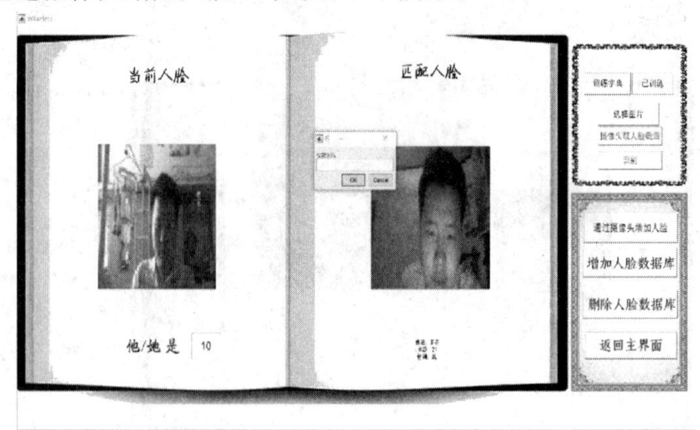

图 9.13　通过摄像头增加人脸

(2) 拍摄 10 张当前相片，如图 9.14 所示。

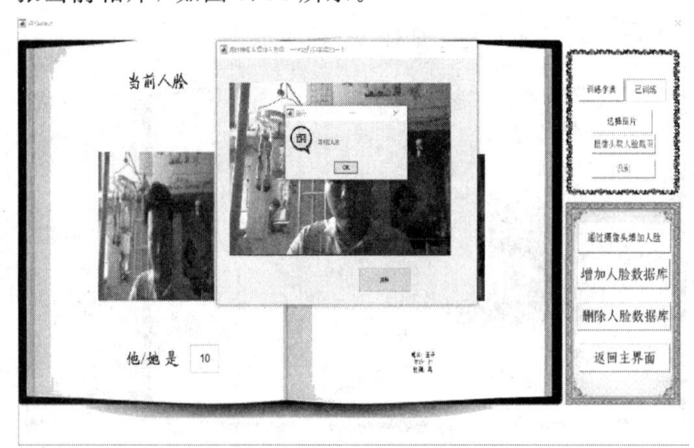

图 9.14　拍摄 10 张当前相片

(3) 输入此人身份信息，如图 9.15 所示。

图 9.15　输入身份信息

(4) 添加成功，如图 9.16 所示。

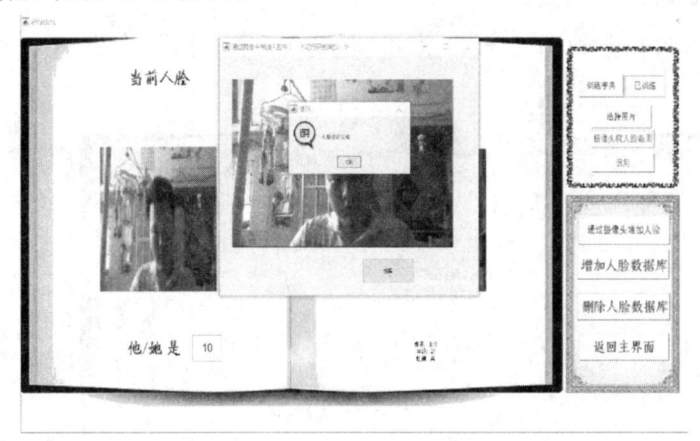

图 9.16　添加成功

(5) 通过已有照片增加人脸数据库，如图 9.17 所示。

点击“增加人脸数据库”按钮，选取 10 张同一人脸照片。

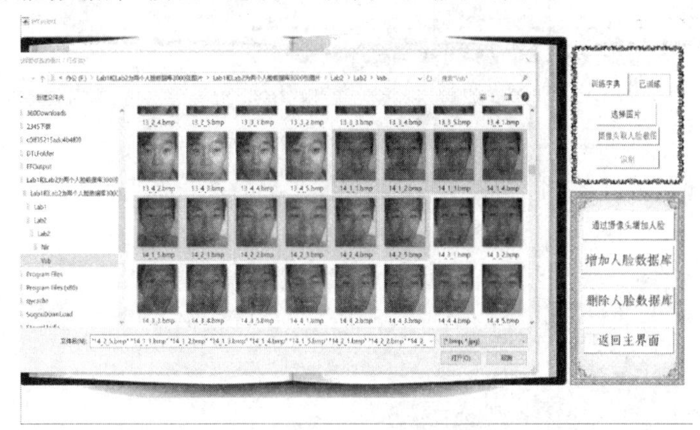

图 9.17　增加人脸数据库

(6) 输入信息，增加完成，如图 9.18 所示。

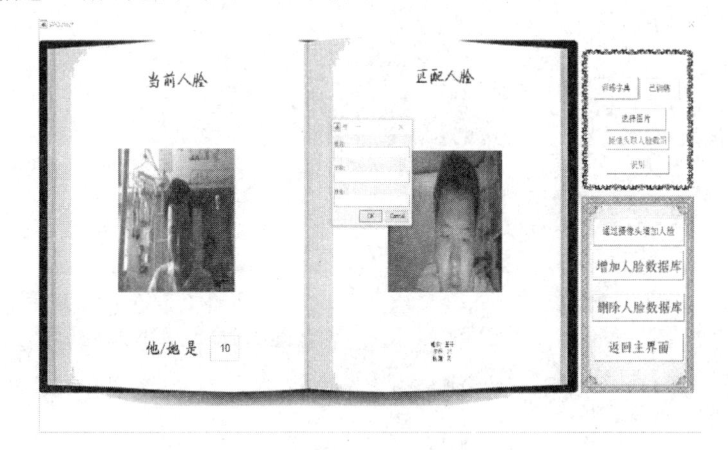

图 9.18　输入信息

4. 人脸库的删除

(1) 选择要删除的人脸库文件夹，点击“删除人脸数据库”，如图 9.19 所示。

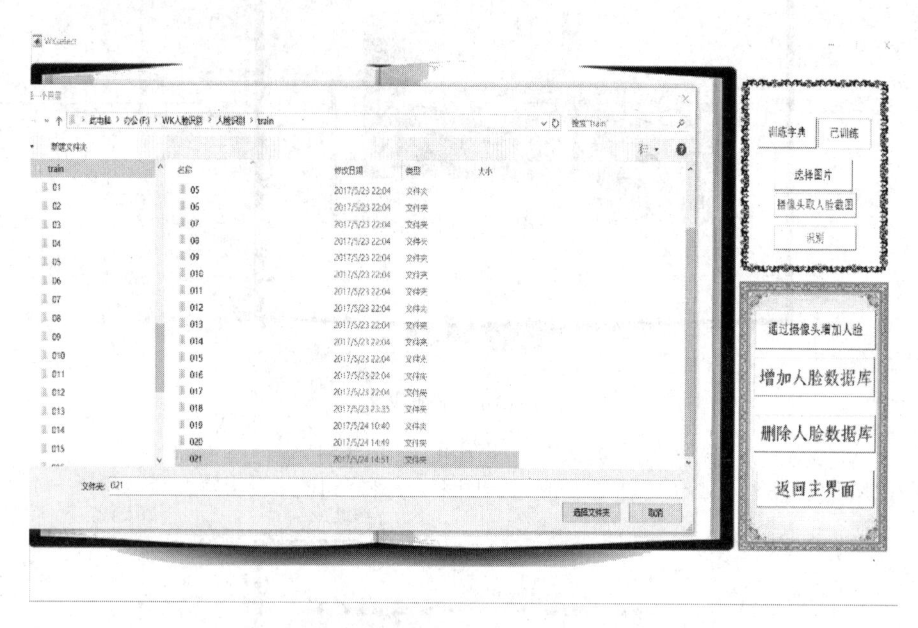

图 9.19 删除人脸数据库

(2) 删除完成，如图 9.20 所示。

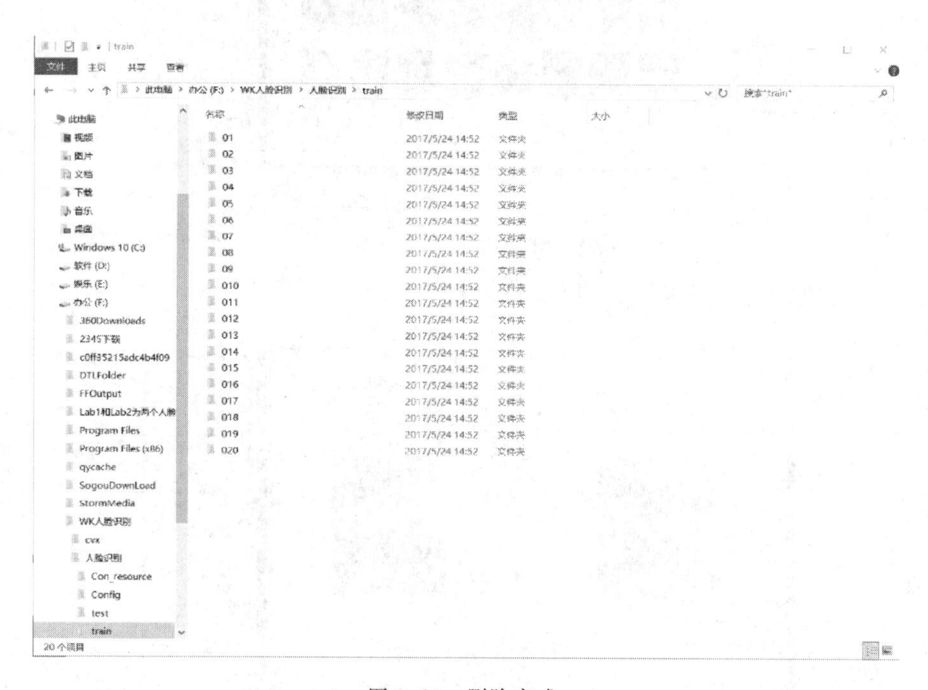

图 9.20 删除完成

5. 退出

(1) 退出系统，返回主界面，如图 9.21 所示。

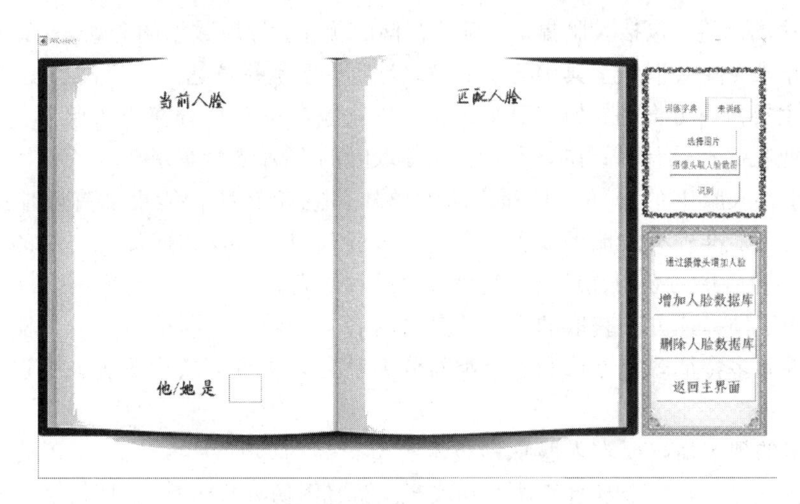

图 9.21　返回主界面

（2）单击“退出”，如图 9.22 所示。

图 9.22　退出界面

本 章 小 结

人脸识别技术无论是在研究价值上还是使用价值上都拥有广阔的发展前景。本系统主要完成了以下几点工作：

（1）使用已有人脸库或通过摄像头获取的人脸库进行图像处理，压缩存储，生成训练字典。

（2）利用生成的训练字典与待匹配图像进行计算，获得相关向量，通过相关向量计算残差，进行人脸识别。

（3）为开发一个完整的人脸识别系统，加入人脸库的添加与删除功能，并加入通过摄像头动态识别过程，以加强程序的完整性。

在面对现实中的复杂情况时，还是存在许多尚待攻克的困难。以后的研究是基于 SRC

人脸识别算法的改进，包括人脸提取、压缩存储的优化、垃圾数据的分离等；研究如何获得更好的训练字典，降低训练字典中元素的垃圾数据，使本系统达到一个高识别率。

今后的主要研究方向是：如何更加准确、快速地定位并且分离出人脸部分；压缩图像时有效特征变化的补偿计算；在对人脸特征提取时的准确描述等方面。

(1) 由于将人脸中的局部信息和人脸的整体信息相互结合能更加有效地描述人脸信息，此时如何更加准确有效地提取和组合局部人脸信息，以及如何提取人脸的整体特征并使其与局部人脸信息两者相互结合，值得人们深入研究。

(2) 利用不同描述方法获取的人脸信息具有各自的特点，利用不同分类器所产生的结果也不同。因此多特征融合方法和多分类器分类融合方法将会成为改进人脸识别性能的有效方法。

(3) 很多的现实情况要求人脸识别技术有着很高的即时性、准确性，因此人脸识别算法要求识别速度快、匹配准确且算法容易实现。随着图像处理、模式识别、人工智能以及生物心理学等学科的研究，人脸识别技术也将迎来更大的发展空间。在一些信息安全程度要求较高的应用中，单一的人脸识别认证可能是不够的，这时需要研究将人脸识别与传统识别技术相互融合的技术方法，来降低识别过程中因为噪音信息所造成的误差影响，提高人脸识别的安全性，这也可能是未来生物特征识别技术的发展方向。

参考文献及扩展阅读资料

[1] docin 豆丁网 http://www.docin.com/p-53744393.html? docfrom=rrela，2017.

[2] 梁路宏，艾海舟，何克忠. 基于多模板匹配的单人脸检测[J]. 中国图像图形学报，1999，4(10)：825-830.

[3] 王伟，吴玲达，松杨，等. 基于示例学习的图像人脸检测技术[J]. 计算机应用研究，2002，19(3)：39-41.

[4] 金忠，胡钟山，杨静宇. 基于 BP 神经网络的人脸识别方法[J]. 计算机研究与发展，1999(3)：274-277.

[5] 周激流，张晔. 人脸识别理论研究进展[J]. 计算机辅助设计与图形学学报，1999，11(2)：180-184.

[6] 山世光. 人脸识别中若干关键问题的研究[D]. 中国科学院研究生院(计算技术研究所)，2004.

[7] 安高云. 复杂条件下人脸识别中若干关键问题的研究[D]. 北京交通大学，2008.

[8] 胡正平，李静. 基于低秩子空间恢复的联合稀疏表示人脸识别算法[J]. 电子学报，2013，41(5)：987-991.

[9] Wright J，Ganesh A，Zhou Z，et al. Demo：Robust face recognition via sparse representation[C]// IEEE International Conference on Automatic Face & Gesture Recognition. IEEE，2009：1-2.

[10] 龙法宁，杨夏妮. 一种快速的基于稀疏表示的人脸识别算法[J]. 图学学报，2014，35(6)：889-892.

[11] 平强，庄连生，俞能海. 姿态鲁棒的分块稀疏表示人脸识别算法[J]. 中国科学技术大学学报，2011，41(11)：975-981.

[12] 杨荣根，任明武，杨静宇. 基于稀疏表示的人脸识别方法[J]. 计算机科学，2010，37(9)：267-269.

[13] 郑轶，蔡体健. 稀疏表示的人脸识别及其优化算法[J]. 华东交通大学学报，2012，29(1)：10-14.

[14] 曾军英，甘俊英，翟懿奎. Gabor 字典及 l_0 范数快速稀疏表示的人脸识别算法[J]. 信号处理，2013，29(2)：256-261.

[15] 胡正平，赵淑欢，李静．基于块稀疏递推残差分析的稀疏表示遮挡鲁棒识别算法研究[J]．模式识别与人工智能，2014，27(1)：70－76．

[16] 姜辉明．基于稀疏表示的人脸识别方法研究[D]．华东交通大学，2013．

[17] 阚亮．基于稀疏表示的人脸识别算法研究[D]．哈尔滨工程大学，2015．

[18] 蔡体健，樊晓平，刘遵雄．基于稀疏表示的高噪声人脸识别及算法优化[J]．计算机应用，2012，32(8)：2313－2315．

[19] 张慕凡．基于稀疏表示的人脸识别的应用研究[D]．南京邮电大学，2014．

[20] 李祥宝．人脸识别发展分析[J]．计算技术与自动化，2006，25(4)．

[21] 苏光大．智能互联时代对人脸识别发展的一些思考[J]．中国安防，2016(6)：15－20．

[22] Hong-an Li，Zhanli Li，and Zhuoming Du. A Reconstruction Method of Compressed Sensing 3D Medical Models based on the Weighted l_0-norm [J]. Computational and Mathematical Methods in Medicine，vol. 2017，7(2)：614－620.

[23] Hong-an Li，Yongxin Zhang，Zhanli Li，and Huilin Li. A Multiscale Constraints Method Localization of 3D Facial Feature Points[J]. Computational and Mathematical Methods in Medicine，vol. 2015，Article ID 178102，6 pages，2015.

[24] Hong-an Li，Zhanli Li，Jie Zhang，et al. Image Edge Detection based on Complex Ridgelet Transform[J]. Journal of Information & Computational Science，2015，12(1)：31－39.

[25] Hong-an Li，Lei Zhang，Baosheng Kang. A New Control Curve Method for Image Deformation[J]. TELKOMNIKA Telecommunication Computing Electronics and Control，2014，12(1)：135－142.

[26] 马天，李洪安，马本源，等．三维虚拟维护训练系统关键技术研究[J]．图学学报，2016，37(1)：97－101．

[27] Zijuan Zhang，Baosheng Kang，Hong-an Li. Improved seam carving for content-aware image retargeting[C]. Microelectronics and Electronics (Prime Asia)，2013 IEEE Asia Pacific Conference on Postgraduate Research in. IEEE，2013：254－257.

[28] Li Zhanli，Li Huilin，Li Hong-an. Watershed Segmentation Method of 3D Triangular Mesh Based on the Cubic B-Spline [C]. 2016 Eighth International Conference on Measuring Technology and Mechatronics Automation，ICMTMA 2016，2016：910-914.

[29] Fangling Shi，Baosheng Kang，Hong-an Li，Yu Zhu. A New Method for Detecting JEPG DoublyCompression Images by Using Estimated PrimaryQuantization Step[C]. 2012 International Conference on Systems and Informatics (ICSAI 2012)：1810－1814.

[30] Zhanli Li，Xiao-yan Du，Hong-an Li. The Marking Method of 3D Tooth Model Based on Seed-Growing and Surface Clipping[C]. 2015 8th International Symposium on Computational Intelligence and Design，ISCID 2015，2015，1：383-387.

[31] Zhanli Li，Fang-yang，Hong-an Li. Improved moving object detection and tracking method [C]. 1st International Workshop on Pttern Recognition，May 11-13 2016，Tokyo Japan.

[32] Zijuan Zhang，Baosheng Kang，Hong-an Li. Image retargeting based on multi-operator[C]. 2013 IEEE International Conference on Computational Intelligence and Computing Research，IEEE ICCIC 2013，Article number：6724214.

[33] 李洪安．数字人脸变形软件V1.0[CP]．计算机软件著作权，中华人民共和国国家版权局，2017年6月27日，登记号：2017SR312944．

[34] 李洪安．图像中人脸定位软件V1.0[CP]．计算机软件著作权，中华人民共和国国家版权局，2017年6月27日，登记号：2017SR312961．

[35] 李洪安．数字图像修复软件V1.0[CP]．计算机软件著作权，中华人民共和国国家版权局，2016年8月23日，登记号：2016SR229915．

附录 基于稀疏化表达的人脸身份识别系统的源代码

代码如下：

```
function varargout = WKselect(varargin)
% WKSELECT MATLAB code for WKselect.fig
%    WKSELECT, by itself, creates a new WKSELECT or raises the existing
%     singleton*.
%
%     H = WKSELECT returns the handle to a new WKSELECT or the handle to
%     the existing singleton*.
%
%     WKSELECT('CALLBACK', hObject, eventData, handles, ...) calls the local
%     function named CALLBACK in WKSELECT.M with the given input arguments.
%
%     WKSELECT('Property', 'Value', ...) creates a new WKSELECT or raises the
%    existing singleton*. Starting from the left, property value pairs are
%    applied to the GUI before WKselect_OpeningFcn gets called. An
%    unrecognized property name or invalid value makes property application
%    stop. All inputs are passed to WKselect_OpeningFcn via varargin.
%
%     *See GUI Options on GUIDE's Tools menu. Choose "GUI allows only one
%    instance to run (singleton)".
%
% Edit the above text to modify the response to help WKselect
% Last Modified 26-May-2017 21:15:55

% Begin initialization code
gui_Singleton = 1;
gui_State = struct('gui_Name', mfilename, ...
                   'gui_Singleton', gui_Singleton, ...
                   'gui_OpeningFcn', @WKselect_OpeningFcn, ...
                   'gui_OutputFcn', @WKselect_OutputFcn, ...
                   'gui_LayoutFcn', [] , ...
                   'gui_Callback', []);
if nargin && ischar(varargin{1})
    gui_State.gui_Callback = str2func(varargin{1});
```

```
end

if nargout
    [varargout{1:nargout}] = gui_mainfcn(gui_State, varargin{:});
else
    gui_mainfcn(gui_State, varargin{:});
end
% End initialization code

% … Executes just before WKselect is made visible.
function WKselect_OpeningFcn(hObject, eventdata, handles, varargin)
% This function has no output args, see OutputFcn.
% hObject handle to figure
% eventdata reserved-to be defined in a future version of MATLAB
% handles structure with handles and user data (see GUIDATA)
% varargin command line arguments to WKselect (see VARARGIN)

% Choose default command line output for WKselect
handles.output = hObject;

% Update handles structure
guidata(hObject, handles);
set(handles.tag, 'string', '未训练');

% UIWAIT makes WKselect wait for user response (see UIRESUME)
% uiwait(handles.figure1);
path = mfilename('fullpath');
[pathstr]=fileparts(path);

    ha=axes('units', 'normalized', 'position', [0 0 1 1]);
    uistack(ha, 'down')
    II=imread(sprintf('%s\\Con_resource\\background3.jpg', pathstr));
    image(II)
    colormap gray
    set(ha, 'handlevisibility', 'off', 'visible', 'off');

picturepath=sprintf('%s\\Con_resource\\当前人脸.jpg', pathstr);
picture=imread(picturepath);
axes(handles.title1);
imshow(picture);

picturepath=sprintf('%s\\Con_resource\\匹配人脸.jpg', pathstr);
picture=imread(picturepath);
axes(handles.title2);
imshow(picture);
```

```
picturepath=sprintf('%s\\Con_resource\\他，她是.jpg', pathstr);
picture=imread(picturepath);
axes(handles.title3);
imshow(picture);

picturepath=sprintf('%s\\Con_resource\增加人脸数据库3.jpg', pathstr);
picture=imread(picturepath);
set(handles.addFaceDatebase, 'cdata', picture);

picturepath=sprintf('%s\\Con_resource\\删除人脸数据库2.jpg', pathstr);
picture=imread(picturepath);
set(handles.deleteface, 'cdata', picture);

picturepath=sprintf('%s\\Con_resource\\返回主界面.jpg', pathstr);
picture=imread(picturepath);
set(handles.goback, 'cdata', picture);

% ... Outputs from this function are returned to the command line.
function varargout = WKselect_OutputFcn(hObject, eventdata, handles)
% varargout cell array for returning output args (see VARARGOUT);
% hObject handle to figure
% eventdata reserved-to be defined in a future version of MATLAB
% handles structure with handles and user data (see GUIDATA)

% Get default command line output from handles structure
varargout{1} = handles.output;

% ... Executes on mouse press over axes background.
function axes1_ButtonDownFcn(hObject, eventdata, handles)
% hObject handle to axes1 (see GCBO)
% eventdata reserved-to be defined in a future version of MATLAB
% handles structure with handles and user data (see GUIDATA)

% ... Executes on button press in train.
function train_Callback(hObject, eventdata, handles)
% hObject handle to train (see GCBO)
% eventdata reserved-to be defined in a future version of MATLAB
% handles structure with handles and user data (see GUIDATA)
global A B A_double B_double Totalface_class K
[Totalface_class , A, K]=train_xl();
B=train_all;
A_double=double(A);
B_double=double(B);
set(handles.tag, 'string', '已训练');
function tag_Callback(hObject, eventdata, handles)
% hObject handle to tag (see GCBO)
```

```
% eventdata reserved-to be defined in a future version of MATLAB
% handles structure with handles and user data (see GUIDATA)

% Hints: get(hObject, 'String') returns contents of tag as text
% str2double(get(hObject, 'String')) returns contents of tag as a double

% --- Executes during object creation, after setting all properties.
function tag_CreateFcn(hObject, eventdata, handles)
% hObject handle to tag (see GCBO)
% eventdata reserved-to be defined in a future version of MATLAB
% handles empty-handles not created until after all CreateFcns called

% Hint: edit controls usually have a white background on Windows.
%   See ISPC and COMPUTER.
if ispc && isequal(get(hObject, 'BackgroundColor'), get(0, 'defaultUicontrolBackgroundColor'))
    set(hObject, 'BackgroundColor', 'white');
end

% --- Executes on button press in select.
function select_Callback(hObject, eventdata, handles)
% hObject handle to select (see GCBO)
% eventdata reserved-to be defined in a future version of MATLAB
% handles structure with handles and user data (see GUIDATA)
global y y_double picture
[FileName, PathName] = uigetfile({'*.bmp;*.jpg'});
picture=imread([PathName, FileName]);

axes(handles.axes1);
imshow(picture);

mysize=size(picture);
if numel(mysize)>2
picture=rgb2gray(picture); %将彩色图像转换为灰度图像
else
    picture = picture;

end
a=12;b=8;
temp=imresize(picture, [a b], 'nearest');
y=temp(:);
y_double=double(y);

% --- Executes on button press in matching.
function matching_Callback(hObject, eventdata, handles)
% hObject handle to matching (see GCBO)
% eventdata reserved-to be defined in a future version of MATLAB
```

```
% handles structure with handles and user data (see GUIDATA)
global A B A_double B_double y y_double identity Totalface_class K
% l-1 minimization
% A_double 是已经形成的训练字典组成的 92 * 150 的矩阵
% y_double 是待识别对象的 12 * 8 的矩阵压缩成的列向量
a_double = A_double;
for i =1:Totalface_class * 10
    aaa=a_double(:, i);
    bbb=norm(aaa, 1);
    for j = 1: (12 * 8)
      a_double(j, i)=a_double(j, i) /bbb;
    end
end
% A_double = a_double;

cvx_begin
    variable x(Totalface_class * 10);
    minimize(norm(x, 1));
    subject to
      A_double * x == y_double;
cvx_end
%========show the image got from minimization L1-norm=======
ri=zeros(Totalface_class, 1);
sum1 = zeros(Totalface_class, 1);
%生成一个 15 * 1 的列向量
for i=1:Totalface_class
    %生成一个 150 * 1 的列向量
    xi=zeros(Totalface_class * 10, 1);
    for j=1:10
      %将 x 中 Totalface_class 个脸的列向量分别取出放入 xi 中
      xi(10 * i+j-10)=x(10 * i-10+j);
    end

    sum1(i) = norm(xi, 1);

    yi=A_double * xi;
    %返回范数(二范数 ri 就是矩阵 yi-y_double 的 2 范数，就是 yi-y_double 的转置矩阵乘以 yi-y_
    double 特征根最大值的开根号)
    ri(i)=norm(yi-y_double, 2);
end
    max_sum1=max(sum1);
    sum2 = norm(x, 1);
    class (max_sum1);
    M=max_sum1 * K ;
```

```
    L= sum2 ;
    I= K - 1;
    sci = ((M/L)-1)/I;
    if sci<0.06
    h=errordlg('无效的人脸图像','错误');
    ha=get(h,'children');

    hu=findall(allchild(h),'style','pushbutton');
    set(hu,'string','确定');
    ht=findall(ha,'type','text');
    set(ht,'fontsize',10,'fontname','隶书');
    else
% 寻找最小值
[identity,q]=find(ri==min(min(ri)));
% x_identity=zeros(Totalface_class*10,1);

% 这部分是动态生成的人脸，现在屏蔽掉
% for j=1:10
  % x_identity(10*identity+j-10)=x(10*identity+j-10);
% end
% y_identity=B_double*x_identity;
% y_identity=uint8(y_identity);
  % for m=1:100
      % for n=1:100
    % b(m,n)=y_identity(m+100*n-100);
  % end
% end

picture = sprintf('train\\0%d\\Formal.bmp',identity);
if(exist(picture,'file')==2)
    p=imread(picture);
else
    picture = sprintf('train\\0%d\\s (1).bmp',identity);
    p=imread(picture);
end

axes(handles.axes2);
imshow(p);

set(handles.identity,'string',num2str(identity))


Q = sprintf('train\\0%d\\message.txt','identity');
p1 = mfilename('fullpath');
[pathstr]=fileparts(p1);
```

```
cd(pathstr);
fidin=fopen(Q);
strn='';
while ~feof(fidin)                                           % 判断是否为文件末尾
  tline=fgetl(fidin);                                        % 从文件读行
  class(tline);
%   if double(tline(1))>=48&&double(tline(1))<=57           % 判断首字符是否是数值
% fprintf(fidout, '%s\n\n', tline);        % 如果是数字行，把此行数据写入文件 MKMATLAB.txt
% continue                                                   % 如果是非数字行则继续下一次循环
strn = sprintf('%s\n%s', strn, tline);
end
  fclose(fidin);

set(handles.message, 'string', strn);
  end

function identity_Callback(hObject, eventdata, handles)
% hObject handle to identity (see GCBO)
% eventdata reserved-to be defined in a future version of MATLAB
% handles structure with handles and user data (see GUIDATA)

% Hints: get(hObject, 'String') returns contents of identity as text
%   str2double(get(hObject, 'String')) returns contents of identity as a double

% ... Executes during object creation, after setting all properties.
function identity_CreateFcn(hObject, eventdata, handles)
% hObject handle to identity (see GCBO)
% eventdata reserved-to be defined in a future version of MATLAB
% handles empty - handles not created until after all CreateFcns called

% Hint: edit controls usually have a white background on Windows.
%   See ISPC and COMPUTER.
if ispc && isequal(get(hObject, 'BackgroundColor'), get(0, 'defaultUicontrolBackgroundColor'))
    set(hObject, 'BackgroundColor', 'white');
end

% ... Executes on button press in addFaceDatebase.
function addFaceDatebase_Callback(hObject, eventdata, handles)
% hObject handle to addFaceDatebase (see GCBO)
% eventdata reserved-to be defined in a future version of MATLAB
% handles structure with handles and user data (see GUIDATA)
a=inputdlg({'权限密码'}, '权限认证');
T_pw =loadConfig;
a =a{1};
if strcmp(a, T_pw)
```

```
[fname, dirpath] = uigetfile({'*.bmp; *.jpg'}, '请选择要修改的图片(可多选)', 'MultiSelect',
'on');
[a, b] = size(fname);
if b ~= 10
%错误对话框
h=errordlg('请选择10个一组的人脸图像', '错误');
ha=get(h, 'children');

hu=findall(allchild(h), 'style', 'pushbutton');
set(hu, 'string', '确定');
ht=findall(ha, 'type', 'text');
set(ht, 'fontsize', 10, 'fontname', '隶书');

else
p1 = mfilename('fullpath');
[pathstr]=fileparts(p1);
cd(pathstr);

Q = sprintf('%s\\train', pathstr);

D = dir(Q);
[m, n]=size(D);
m=m-2;
%创建文件夹
folder = sprintf('%s\\0%d', Q, m+1);
FileNumber = m+1;
mkdir(folder);

str=strcat(dirpath , fname(:, 1));
picture = imread(str{1});
picturefilename = sprintf('%s\\0%d\\Formal.bmp', Q, m+1);
imwrite(picture, picturefilename, 'bmp');

  for i=1:10
  str=strcat(dirpath , fname(:, i));
  picture = imread(str{1});
  %图像灰度化 ————已经测试———————
  mysize=size(picture);
  if numel(mysize)>2
  picture=rgb2gray(picture); %将彩色图像转换为灰度图像
  else
  picture = picture;
  end
  %转换图像阵列为8位无符号整型.
  picture = im2uint8(picture) ;
```

```
    %将分辨率改为100*100
    picture = imresize(picture, [100, 100]);
    %保存图像

    picturefilename = sprintf('%s\0%d\s (%d). bmp', Q, m+1, i);

    imwrite(picture, picturefilename, 'bmp');

end
a=inputdlg({'姓名:', '年龄:', '性别:'}, '身份信息输入');
name =a(1);
name = name{1};
age = a(2);
age = age{1};
gender = a(3);
gender = gender{1};
folder = sprintf('%s\\0%d\message. txt', Q, m+1);
fidout=fopen(folder, 'w+');
fprintf(fidout, '姓名: %s', name);
fprintf(fidout, '\\n');
fprintf(fidout, '年龄: %s', age);
fprintf(fidout, '\\n');
fprintf(fidout, '性别: %s', gender);
fclose(fidout);

end
else
    h=errordlg('密码错误', '错误');
ha=get(h, 'children');

hu=findall(allchild(h), 'style', 'pushbutton');
set(hu, 'string', '确定');
ht=findall(ha, 'type', 'text');
set(ht, 'fontsize', 10, 'fontname', '隶书');
end
%openfile=[dirpath fname];

% ... Executes on button press in deleteface.
function deleteface_Callback(hObject, eventdata, handles)
% hObject handle to deleteface (see GCBO)
% eventdata reserved-to be defined in a future version of MATLAB
% handles structure with handles and user data (see GUIDATA)

a=inputdlg({'权限密码'}, '权限认证');
T_pw =loadConfig;
a =a{1};
```

```
if strcmp(a, T_pw)
p1 = mfilename('fullpath');
mydir=uigetdir(p1, '选择一个目录');
rmdir(mydir, 's');

[pathstr]=fileparts(p1);
cd(pathstr);
Q = sprintf('%s\train', pathstr);
dirname = dir(Q);
[m, n]=size(dirname);
for ii=3:m
    Dirname= dirname(ii, 1);
    Dirname= Dirname.name;
    Olddirfilepath=sprintf('%s\\%s', Q, Dirname);
    Newdirfilepath=sprintf('%s\\medinen0%d', Q, ii-2);
    movefile(Olddirfilepath, Newdirfilepath);
end
dirname = dir(Q);
[m, n]=size(dirname);
for ii=3:m
    Dirname= dirname(ii, 1);
    Dirname= Dirname.name;
    Olddirfilepath=sprintf('%s\\%s', Q, Dirname);
    Newdirfilepath=sprintf('%s\\0%d', Q, ii-2);
    movefile(Olddirfilepath, Newdirfilepath);
end
else
h=errordlg('密码错误', '错误');
ha=get(h, 'children');

hu=findall(allchild(h), 'style', 'pushbutton');
set(hu, 'string', '确定');
ht=findall(ha, 'type', 'text');
set(ht, 'fontsize', 10, 'fontname', '隶书');
end

% … Executes on button press in goback.
function goback_Callback(hObject, eventdata, handles)
% hObject handle to goback (see GCBO)
% eventdata reserved-to be defined in a future version of MATLAB
% handles structure with handles and user data (see GUIDATA)
close(gcf);
run('s_Interface');
```

```
% … Executes on button press in addfacebyCamera.
function addfacebyCamera_Callback(hObject, eventdata, handles)
% hObject handle to addfacebyCamera (see GCBO)
% eventdata reserved-to be defined in a future version of MATLAB
% handles structure with handles and user data (see GUIDATA)
a=inputdlg({'权限密码'}, '权限认证');
T_pw =loadConfig;
a =a{1};
if strcmp(a, T_pw)
    Camera();
else
    h=errordlg('密码错误', '错误');
ha=get(h, 'children');

hu=findall(allchild(h), 'style', 'pushbutton');
set(hu, 'string', '确定');
ht=findall(ha, 'type', 'text');
set(ht, 'fontsize', 10, 'fontname', '隶书');
end

% … Executes on button press in Cameraselectface.
function Cameraselectface_Callback(hObject, eventdata, handles)
global obj y_double
% hObject handle to Cameraselectface (see GCBO)
% eventdata reserved-to be defined in a future version of MATLAB
% handles structure with handles and user data (see GUIDATA)

    OBJ= videoinput('winvideo');
    obj = OBJ;
% 设置属性
set(OBJ, 'FramesPerTrigger', 1);
set(OBJ, 'TriggerRepeat', Inf);

% 建立界面
hf = figure('Units', 'Normalized', 'Menubar', 'None', ...
    'NumberTitle', 'off', 'Name', '通过摄像头选取人脸');
ha = axes('Parent', hf, 'Units', 'Normalized', ...
    'Position', [.05 .2 .85 .7]);

objRes = get(OBJ, 'VideoResolution');
nBands = get(OBJ, 'NumberOfBands');

axis off %关闭坐标轴

objRes = get(OBJ, 'VideoResolution');
nBands = get(OBJ, 'NumberOfBands');
```

```
hImage = image(zeros(objRes(2), objRes(1), nBands));
preview(OBJ, hImage);

hb2 = uicontrol('Parent', hf, 'Units', 'Normalized', ...
    'Position', [.55 .05 .2 .1], 'String', '选取图像', ...
    'Callback', ['global obj y_double ; ', '[picture, y_double]=Selectface(obj);']);

%%%%%%%%%%%%%%%%%%%%%%%%%%%%%%%%%%% browse
function [ output_args ] = browse( obj )
%UNTITLED Summary of this function goes here
% Detailed explanation goes here
    objRes = get(obj, ''VideoResolution'');
    nBands = get(obj, ''NumberOfBands'');
    hImage = image(zeros(objRes(2), objRes(1), nBands));
    preview(obj, hImage);

end
%%%%%%%%%%%%%%%%%%%%%%%%%%%%%%%%%%%%%%%%%%% Camera
function Camera()
global obj;
% 建立 videoinput 对象

    OBJ= videoinput('winvideo');
% 设置属性
set(OBJ, 'FramesPerTrigger', 1);
set(OBJ, 'TriggerRepeat', Inf);

% 建立界面
hf = figure('Units', 'Normalized', 'Menubar', 'None', ...
    'NumberTitle', 'off', 'Name', '通过摄像头增加人脸库，一次运行只能增加一个');
ha = axes('Parent', hf, 'Units', 'Normalized', ...
    'Position', [.05 .2 .85 .7]);
objRes = get(OBJ, 'VideoResolution');
nBands = get(OBJ, 'NumberOfBands');

axis off %关闭坐标轴

objRes = get(OBJ, 'VideoResolution');
nBands = get(OBJ, 'NumberOfBands');
hImage = image(zeros(objRes(2), objRes(1), nBands));
preview(OBJ, hImage);
obj = OBJ;

hb2 = uicontrol('Parent', hf, 'Units', 'Normalized', ...
    'Position', [.55 .05 .2 .1], 'String', '拍照', ...
    'Callback', ['global obj;', 'Photograph(obj)']);
```

```
%%%%%%%%%%%%%%%%%%%%%%%%%%%%%%%%%%%%%%%%%%%%% get_face_all
function y= get_face_all( path)
%UNTITLED3 Summary of this function goes here
% Detailed explanation goes here
picture=imread(path);
%====不处理成低维的情况=======
temp=picture;
y=temp(:);
end

%%%%%%%%%%%%%%%%%%%%%%%%%%%%%%%%%%%%%%%%%%%%% get_face_pile
function y = get_face_pile( path )
% UNTITLED2 Summary of this function goes here
% Detailed explanation goes here

% path=[s.path, '\train\10\s01.bmp'];

picture=imread(path);
%====处理成低维的情况=======直接压缩
%====这里的压缩值我可以进行一定的处理
a=12;
b=8;
temp=imresize(picture, [a b], 'nearest');
%===在这里把 12*8 矩阵变成了列向量
y=temp(:);
end

%%%%%%%%%%%%%%%%%%%%%%%%%%%%%%%%%%%%%%%%%%%%% get_picture
function y = get_picture( m , n )
%UNTITLED Summary of this function goes here
% Detailed explanation goes here

P = sprintf('s (%d).bmp', n);
Q = sprintf('train\\0%d\\', m);
y = sprintf('%s%s', Q, P);
%y=[Q, P(n, :)];
end

%%%%%%%%%%%%%%%%%%%%%%%%%%%%%%%%%%%%%%%%%%%%% loadConfig
function [ output ] = loadConfig()
% LOADCONFIG Summary of this function goes here
% Detailed explanation goes here
path = mfilename('fullpath');
[pathstr]=fileparts(path);
```

```
try
    xDoc = xmlread(sprintf('%s\\Config\\config.xml', pathstr));
catch
    error('Failed to read XML file %s.', infilename);
end
xRoot=xDoc.getDocumentElement();%获取根节点，即 Dcount
Slides= xRoot.getElementsByTagName('Password');% 获取 Slide 节点集合
Num_Slides=Slides.getLength();
Slide1=Slides.item(0);
%allSchemeListItems = xDoc.getElementsByTagName('Password');
Slide1Content=char(Slide1.getTextContent());
output=Slide1Content;
end

%%%%%%%%%%%%%%%%%%%%%%%%%%%%%%% Photograph
function Photograph(obj)
%PHOTOGRAPH Summary of this function goes here
% Detailed explanation goes here
persistent a;
if isempty(a)
    a=1;
else
    a=a+1;
end
if a<=10
persistent cell nnn;
    str=sprintf('第%d 张人脸', a);
    helpdlg(str, '提示');
%imwrite(getsnapshot(obj), 'im.jpg');
picture = getsnapshot(obj);
nnn{a} =picture;
if a == 10
p1 = mfilename('fullpath');
[pathstr]=fileparts(p1);
cd(pathstr);
Q = sprintf('%s\train', pathstr);
D = dir(Q);
[m, n]=size(D);
m=m-2;
%创建文件夹
folder = sprintf('%s\\0%d', Q, m+1);
FileNumber = m+1;
mkdir(folder);
```

```
%正式图像
    picture = nnn{1};
    picture = imresize(picture, [100, 100]);
    picturefilename = sprintf('%s\\0%d\\Formal.bmp', Q, m+1);
    imwrite(picture, picturefilename, 'bmp');
%训练字典图像
for i=1:10
    picture =nnn{i};
    %图像灰度化 ————已经测试———————
    mysize=size(picture);
    if numel(mysize)>2
    picture=rgb2gray(picture); %将彩色图像转换为灰度图像
    else
    picture = picture;
    end
    %转换图像阵列为8位无符号整型.
    picture = im2uint8(picture);
    %将分辨率改为100*100
    picture = imresize(picture, [100, 100]);
    %保存图像

    picturefilename = sprintf('%s\\0%d\\s (%d).bmp', Q, m+1, i);

    imwrite(picture, picturefilename, 'bmp');

  end
  a=inputdlg({'姓名:', '年龄:', '性别:'}, '身份信息输入');
  name =a(1);
  name = name{1};
  age = a(2);
  age = age{1};
  gender = a(3);
  gender = gender{1};
  folder = sprintf('%s\\0%d\\message.txt', Q, m+1);
  fidout=fopen(folder, 'w+');
  fprintf(fidout, '姓名: %s', name);
  fprintf(fidout, '\n');
  fprintf(fidout, '年龄: %s', age);
  fprintf(fidout, '\n');
  fprintf(fidout, '性别: %s', gender);
  fclose(fidout);
  helpdlg('人脸保存完成', '提示');
  a=0;
```

```
else
end
else
    a=0;
end
end

%%%%%%%%%%%%%%%%%%%%%%%%%%%%% s_Interface
function varargout = s_Interface(varargin)
% S_INTERFACE MATLAB code for s_Interface.fig
% S_INTERFACE, by itself, creates a new S_INTERFACE or raises the existing
% singleton*.
% H = S_INTERFACE returns the handle to a new S_INTERFACE or the handle to
% the existing singleton*.
%
% S_INTERFACE('CALLBACK', hObject, eventData, handles, ...) calls the local
% function named CALLBACK in S_INTERFACE.M with the given input arguments.
%
% S_INTERFACE('Property', 'Value', ...) creates a new S_INTERFACE or raises the
% existing singleton*. Starting from the left, property value pairs are
% applied to the GUI before s_Interface_OpeningFcn gets called. An
% unrecognized property name or invalid value makes property application
% stop. All inputs are passed to s_Interface_OpeningFcn via varargin.
%
% *See GUI Options on GUIDE's Tools menu. Choose "GUI allows only one
% instance to run (singleton)".
%
% See also: GUIDE, GUIDATA, GUIHANDLES
% Edit the above text to modify the response to help s_Interface
% Last Modified by GUIDE v2.5 14-May-2017 00:10:53
% Begin initialization code - DO NOT EDIT
gui_Singleton = 1;
gui_State = struct('gui_Name', mfilename, ...
                   'gui_Singleton', gui_Singleton, ...
                   'gui_OpeningFcn', @s_Interface_OpeningFcn, ...
                   'gui_OutputFcn', @s_Interface_OutputFcn, ...
                   'gui_LayoutFcn', [] , ...
                   'gui_Callback', []);
if nargin && ischar(varargin{1})
    gui_State.gui_Callback = str2func(varargin{1});
end

if nargout
    [varargout{1:nargout}] = gui_mainfcn(gui_State, varargin{:});
```

```
else
    gui_mainfcn(gui_State, varargin{:});
end
% End initialization code - DO NOT EDIT

% ... Executes just before s_Interface is made visible.
function s_Interface_OpeningFcn(hObject, eventdata, handles, varargin)
% This function has no output args, see OutputFcn.
% hObject handle to figure
% eventdata reserved-to be defined in a future version of MATLAB
% handles structure with handles and user data (see GUIDATA)
% varargin command line arguments to s_Interface (see VARARGIN)

% Choose default command line output for s_Interface
handles.output = hObject;

% Update handles structure
guidata(hObject, handles);

% UIWAIT makes s_Interface wait for user response (see UIRESUME)
% uiwait(handles.figure2);

path = mfilename('fullpath');
[pathstr]=fileparts(path);
picturepath=sprintf('%s\\Con_resource\\title.jpg', pathstr);

title =imread(picturepath);
axes(handles.Title);
imshow(title);
picturepath=sprintf('%s\\Con_resource\\开始.jpg', pathstr);
B_start=imread(picturepath);

set(handles.Startbutton, 'cdata', B_start);
picturepath=sprintf('%s\\Con_resource\\退出.jpg', pathstr);
B_exit=imread(picturepath);
set(handles.exit, 'cdata', B_exit);

picturepath=sprintf('%s\\Con_resource\\功能信息4.jpg', pathstr);
B_message=imread(picturepath);
axes(handles.Finformation);
imshow(B_message);

picturepath=sprintf('%s\\Con_resource\\主界面照片2.jpg', pathstr);
picture=imread(picturepath);
axes(handles.M_picture);
imshow(picture);
```

```
% … Outputs from this function are returned to the command line.
function varargout = s_Interface_OutputFcn(hObject, eventdata, handles)
% varargout cell array for returning output args (see VARARGOUT);
% hObject handle to figure
% eventdata reserved-to be defined in a future version of MATLAB
% handles structure with handles and user data (see GUIDATA)

% Get default command line output from handles structure
varargout{1} = handles.output;

% … Executes on button press in Start.
function Start_Callback(hObject, eventdata, handles)
% hObject handle to Start (see GCBO)
% eventdata reserved-to be defined in a future version of MATLAB
% handles structure with handles and user data (see GUIDATA)

% … Executes on button press in Startbutton.
function Startbutton_Callback(hObject, eventdata, handles)
% hObject handle to Startbutton (see GCBO)
% eventdata reserved-to be defined in a future version of MATLAB
% handles structure with handles and user data (see GUIDATA)
close(gcf);
run('WKselect');

% … Executes on button press in exit.
function exit_Callback(hObject, eventdata, handles)
% hObject handle to exit (see GCBO)
% eventdata reserved-to be defined in a future version of MATLAB
% handles structure with handles and user data (see GUIDATA)
close(gcf);

%%%%%%%%%%%%%%%%%%%%%%%%%%%%%%%% Selectface
function [ picture , y_double] = Selectface( obj )
%SELECTFACE Summary of this function goes here
% Detailed explanation goes here
    persistent www;
if isempty(www)
    www= guihandles(WKselect);
else
end
    picture = getsnapshot(obj);
    axes(www.axes1);
    picture1 =imresize(picture, [100, 100]);
    imshow(picture1);
```

```
    mysize=size(picture);
    if numel(mysize)>2
    picture=rgb2gray(picture); %将彩色图像转换为灰度图像
    else
      picture = picture;
    end

  a=12;b=8;
  temp=imresize(picture, [a b], 'nearest');
  y=temp(:);
  y_double=double(y);
  end

  %%%%%%%%%%%%%%%%%%%%%%%%%%%%%%%%%%% show
  function b= show( a )
  %UNTITLED2 Summary of this function goes here
  % Detailed explanation goes here
  for m=1:12
      for n=1:8
          b(m, n)=a(m+12*n-12);
      end
  end
  imshow(b);
  end
  %%%%%%%%%%%%%%%%%%%%%%%%%%%%%%%% show_all
  function b= show_all( a )
  %UNTITLED2 Summary of this function goes here
  % Detailed explanation goes here
  for m=1:100
      for n=1:100
          b(m, n)=a(m+100*n-100);
      end
  end
  imshow(b);
  end

  %%%%%%%%%%%%%%%%%%%%%%%%%%%%%%%% train_all
  function A_all = train_all( )
  %UNTITLED2 Summary of this function goes here
  % Detailed explanation goes here
  p1 = mfilename('fullpath');
  [pathstr]=fileparts(p1);
  cd(pathstr);
```

```
Q = sprintf('%s\\train', pathstr);
D = dir(Q);
[m, n]=size(D);
m=m-2;
for j=1:m
  for i=1:10
    A_all(:, i+j*10-10)=get_face_all(get_picture(j, i));
  end
end

%%%%%%%%%%%%%%%%%%%%%%%%%%%%%%%%%%% train_xl
function [Totalface_class, A , K] = train_xl(    )
%UNTITLED3 Summary of this function goes here
% Detailed explanation goes here
a=100;b=100;
%A=zeros(a*b, 7);
p1 = mfilename('fullpath');
[pathstr]=fileparts(p1);
cd(pathstr);

Q = sprintf('%s\\train', pathstr);
D = dir(Q);
[m, n]=size(D);
m=m-2;
K=m;
for j=1:m
for i=1:10
%目前一共m个人脸对象，每个对象中有10张图像
        %每张图都压缩成一个列向量
A(:, i+j*10-10)=get_face_pile(get_picture(j, i));
  end
end
Totalface_class=m;
end
```